U0185430

张宇征·著

包装的力量

好包装驱动销售增长

机械工业出版社
CHINA MACHINE PRESS

随着消费品市场新品牌、新产品不断涌现，企业之间的竞争越来越激烈，企业对产品包装设计工作愈发重视。但是，包装设计工作不仅仅是做出好看的、美的设计，它需要将产品与消费者的使用需求和购买需求匹配起来，还需要帮助企业实现产品销售。本书站在企业商业模式的基础上，从市场营销战略与战术、产品创新、销售渠道终端、市场竞争状况、美学流行趋势等视角出发，多维度地审视包装设计；并总结出一套商业包装的设计原则与方法，以期帮助企业管理者、市场营销人员与包装设计人员找到一条商业包装设计的正确路径，让包装真正成为助力产品销售的利器。

图书在版编目（CIP）数据

包装的力量 / 张宇征著. —北京：机械工业出版社，2022.11

ISBN 978-7-111-71790-4

Ⅰ. ①包…　Ⅱ. ①张…　Ⅲ. ①包装设计　Ⅳ. ① TB482

中国版本图书馆CIP数据核字（2022）第189584号

机械工业出版社（北京市百万庄大街22号　邮政编码100037）
策划编辑：康　宁　　责任编辑：康　宁
责任校对：韩佳欣　陈　越　　责任印制：郜　敏
北京瑞禾彩色印刷有限公司印刷

2023年1月第1版第1次印刷
170mm × 242mm · 16印张 · 1插页 · 269千字
标准书号：ISBN 978-7-111-71790-4
定价：99.00元

电话服务
客服电话：010-88361066
010-88379833
010-68326294

网络服务
机　工　官　网：www.cmpbook.com
机　工　官　博：weibo.com/cmp1952
金　书　网：www.golden-book.com
机工教育服务网：www.cmpedu.com

105 位推荐人

（排名不分先后）

马　赛　清华大学美术学院院长

陈　磊　清华大学美术学院视觉传达设计系主任

王红卫　清华大学美术学院教授、博士生导师，中国包装联合会设计委员会副秘书长

田海婴　清华大学美术学院清尚集团总裁

马浚诚　中央美术学院城市设计学院院长

靳　军　中央美术学院设计学院副院长

刘　刚　中央美术学院国际学院院长

邹　峰　北京工业大学艺术设计学院院长

朱和平　湖南工业大学包装设计艺术学院前院长、教育部艺术学理论教学指导委员会委员

张立雷　天津科技大学艺术设计学院副教授

陈　斌　上海出版印刷高等专科学校校长

王炳南　台湾大专院校教学评监委员、设计学堂计划主持人

黄国洲　两岸文化创意策略联盟执行长

李　耀　北大光华管理学院 EMBA 导师

易建荣　中国人民大学商学院 EE 中心 CMO 学会秘书长

李　华　中国包装联合会会长

何　洁　中国包装联合会设计委员会主任

张滨燕　中国包装联合会包装用户委员会秘书长

郭振梅　中国出口商品包装研究所所长

潘燕萍　国际电子商务包装商会秘书长

蒋素霞　《包装与设计》主编

李铭钰　台湾包装设计协会理事长

枯木（仝亚男）　广东省包装技术协会设计专业委员会副主席、广州市包装技术协会设计委主任

陈海辉　中国之星设计奖组委会负责人
严一民　包联网 CEO
梁　剑　食业头条 CEO
张　新　中国食品行业智库管理委员会科研创新中心副主任
赵　波　新经销创始人
王海宁　全食展组委会主任
赵力军　吉林省吉商商会副会长
林桂枝　著名广告人，智威汤逊、盛世长城、奥美前执行创意总监
杨石头　中国 4A 内容营销副理事长
秋　叶　秋叶品牌创始人
孙　学　华扬联众首席运营官
李明非　奥美（北京）广告创意群总监
赵晓羽　奥美（北京）广告创意群总监
梁　冰　奥美（北京）广告创意总监
石　岩　奥美（北京）广告创意总监
胡　庆　北京杰尔思行执行创意总监
薛　颋　电通（北京）广告执行创意总监
王　伟　BBDO（北京）创意群总监
张　皓　上思广告创意群总监
张浩东　北京 wins 执行创意总监
孙善琨　智威汤逊（北京）广告前创意群总监
张　宇　雀巢（中国）宠物食品市场总监
李　光　雀巢（中国）烹饪食品事业部前 VP
李　婷　雀巢（中国）雀巢咖啡事业部市场总监
沈小沛　雀巢（中国）奶品事业部市场经理
李　婧　雅培营养品事业部市场总监
吕旭瑶　可口可乐大中华区域前市场总监
张　荣　中粮品牌部前总经理、蓝逸品牌创始人
刘　怡　玛氏箭牌糖果（中国）有限公司数字化产品创新和新业务总监
刑姗姗　玛氏箭牌糖果（中国）有限公司市场总监
李　甜　汉高消费品事业部数字化转型总监

张　波　卡夫食品（中国）有限公司市场部前总监、西安杨森非处方药事业部前 VP、伊士曼（中国）投资管理有限公司总经理

刘永平　山东鲁花集团副总裁

王　斌　洽洽食品股份有限公司前副总裁

孙　鹏　北京稻香村食品有限责任公司副总经理

兰　波　盐津铺子食品股份有限公司常务副总经理

冀　蓉　豫园股份集团营销总经理

徐立峰　浙江五芳斋实业股份有限公司视觉总监

傅东晟　上海百雀羚集团市场策略总监

冯国胜　桃李面包市场总监

陈　科　宾堡中国高级品牌经理

张子豪　双汇集团营销总监

刘　彬　雨润集团包装设计研究所所长

邹珊珊　蒙牛集团高级品牌总监

吴　边　伊利集团高级品牌总监

袁建立　君乐宝奶粉事业部市场总监

翟文全　中国飞鹤品牌运营中心设计部总监

曾旭聪　达利食品集团产业品牌部部长

李　瑾　新希望乳业市场部产品总监

杨　柯　天友乳业副总经理

胡　刚　中垦乳业股份有限公司副总经理

陈宏鑫　明一国际营养品集团有限公司 CEO

高田正人　今麦郎食品有限公司国际贸易部高级总监

卢　伟　上海锐澳酒业有限公司设计总监

王新农　旭日森林食品饮料（上海）有限公司 CEO

修艳滨　旭日森林食品饮料（上海）有限公司市场总监

王向阳　李锦记前销售发展总监

高逢勤　三棵树集团品牌中心市调设计部总监

李煌华　康怡冰淇淋市场总监

于连富　抚顺独凤轩骨神生物技术股份有限董事长

付　鹏　江小白集团国际业务部总监

金　渤　中街冰点市场总监
王　辉　石药集团处方药销售公司、果维康销售公司总经理
刘　宇　石药集团零售事业部、果维康销售公司副总经理
严　桢　九牧集团前品牌总裁
徐颖哲　图米其 Tu Meke Friend 品牌联合创始人
潘　虎　潘虎包装设计实验室主理人
陈　丹　正邦品牌顾问服务集团董事长
邓　宇　原研哉设计事务所中国区总经理
袁福寅　上海凸版利丰广告有限公司董事、总经理
马　也　食摄马也品牌创始人、北京电影学院摄影学院特聘讲师
王　熊　宁波家联科技股份有限公司董事长
黄福全　上海沛鑫包装科技有限公司董事长
谢建军　苏州光力丰鼎科技发展有限公司总经理
赵泽良　杭州群乐包装有限公司总经理
李永春　东莞市精丽制罐有限公司销售副总
胡家廉　艾利丹尼森大中华区市场开发总监
William Mark　FEDRIGONI 纸张事业部亚洲大中华区董事总经理
李默寒　FEDRIGONI 纸张事业部亚洲大中华区市场经理
闫庚玉　KURZ 大中华区鉴讯产品线经理
张　晶　柯尼卡美能达办公系统（中国）有限公司 PS 销售支持课课长
赵　旭　运城制版集团色彩管理专家、福瑞森图像技术（上海）有限公司总经理

推荐序一

林桂枝
著名广告人，智威汤逊、盛世长城、奥美前执行创意总监

> 《包装的力量》是一本有分量的书。
> 想速成的，可以从中抽取招式部分阅读；
> 希望对行业有深入理解的，
> 不妨好好琢磨书中的理论及延展部分，各取所需。

宇征是个热情、心宽、认真的人，《包装的力量》是一本内容全面、充满温度、严谨深入的好书。

只有一个真正热爱包装设计的人才会愿意花 3 年多的时间，将自己近 30 年的宝贵经验全部写下来，毫无保留地与人分享。假如这个人的心不宽，他不会这样做，因为书中有太多拿来就能用的招式与秘诀。例如，“不可不知的 11 种流行美学包装设计法”，会带给你实操的好方法；包装设计工作简报示范，可助你在工作中少走弯路，高效将包装做好。

宇征唯恐你不知，担心你不会，所以才会写得如此入微，处处为读者着想，方便从事设计工作的你。比如，书中的包装设计流程图，清晰列明了包装设计的每一步工作，连国家《预包装食品标签通则》规定文字不可低于 1.8mm 都不忘嘱咐，态度之严谨，只有真正的有心人才会想到和做到。

假如你从事的是商业包装设计，你将会从书中得到大量与商业包装设计相关的知识，宏观如包装如何契合人们内心的情感需求，微观如色彩如何创造风格、今天的科技如何实现个性化包装，你都可以通过阅读《包装的力量》得以了解。书中还记录了不少宇征与企业老板们的交流，他对国内外包装设计的见解与心得，均为经验之谈。

《包装的力量》是一本有分量的书。想速成的，可以从中抽取招式部分阅读；希望对行业有深入理解的，不妨好好琢磨书中的理论及延展部分，各取所需。

商业用书讲求实用，容易令人感到冷冰冰。阅读这本书，你可以从字里行间感受到作者对行业的热爱，以及他希望与你分享经验与专长的至诚之心，而且，你还可以隐约看到他心中的理想——让中国的商业包装设计业发光发亮。

推荐序二

李　耀

雀巢中国、葛兰素史克、西安杨森前高管

中欧工商管理学院 EMBA 面试官、MBA 导师

凯度全球智库特邀专家

中国非处方药物协会市场营销专业委员会主任委员

对于销售实体产品的企业而言，

“关键时刻”就是购物者与产品包装的每一次视觉接触。

我做甲方客户与市场营销工作很多年，也认识宇征好多年。在许多人眼中，他只是一位包装设计师，但在我眼中他是一名精通市场营销学的商品规划设计师。他在服务很多家外资与内资消费品企业多年以后，志存高远，立志推动商业包装行业的突破。宇征为写《包装的力量》这本书准备了很长时间，期间走访了很多的消费者、甲方客户及包装设计机构，并查阅了大量资料，他严肃、严谨的态度与使命感深深感染了我。能为他的新书作序，我很欣慰。

沟通是人与人之间最重要的交流、维系关系及协作的工具和手段。“沟”是交流的过程，“通”是就某一件事情达成共识、共鸣、共情，达到目标一致。所以，沟通不仅仅是个动作，更重要的是要有结果。

视觉时代早已来临，商品通过什么来达成与购买者的最佳沟通，促进商业价值实现？任何商品，无论属于哪个品牌、品类，无论想要传递的是功能性利益还是情感性诉说，最直接的沟通手段就是产品的包装。卖场的商品为什么那样摆放？为什么购物者去卖场本来只想买一种东西，最后却心安理得地购买了好多预算外的商品？其中的原因也来自包装的力量。

一般来说，一个商品的包装，如果不能在 2 秒以内抓住购物者的眼球，这个商品将面临不被考虑或者不被选中的危险。包装沟通，这个小小的关键时刻，成了品牌进入顾客心智的决定性力量，从而为计划性或即兴购买提供正向的理由。对于销

售实体产品的企业而言，“关键时刻”就是购物者与产品包装的每一次视觉接触。

即使媒体广告能带给人想要购买某件商品的欲望，购物者也需要通过包装沟通的“那一眼”来激活购买欲望，从而产生购买行为。如果商品的包装不能引起目标购物者共鸣，就会失去本应吸引的潜在购物者，进而导致品牌媒体广告投放和其他一切营销推广的努力都化为泡影。也就是说，从卖方（生产企业）角度看，商品的包装是与销售直接挂钩的最有效的沟通载体，商品包装设计的根源来自于对品牌定位的视觉综合呈现，需要符合品牌逻辑。包装沟通对品牌建设、品牌价值传播都有事半功倍的重要作用。

而品牌营销的本质则是让产品在某一品类中建立绝对的差异价值，并让消费者理解和认同这个差异价值。此外，品牌标识、品牌道德、品牌形象这几个营销 3i 要素，也一定要借助有效的包装沟通得以传播。有了沟通的差异化，品牌视觉锤才可以充分发挥作用，也就是说：“语言是钉子，视觉是锤子。”

一件成功的商品包装，会通过“文字（语言钉）+ 品牌独有图形（IP）+ 功效暗示”，形成独有的视觉锤，将商品所传递的信息像一颗钉子一样打入购物者头脑中，引发兴趣，引起共鸣，引领购买，扎根在目标人群的心智认知中，促进商业结果（销售）的实现，同时帮助企业累积品牌资产。

强有力的商品包装其实是企业战略、企业品牌管理能力的物化，是品牌形象识别中最重要的组成部分，可以帮助品牌拥有“凭证”，能让更多消费者相信品牌，使消费者认知不断向品牌定位靠近，最终成为多数人相信的“事实”。

在营销实践中，控制设计者的“自我”，尊重消费者和购物者的“本我”，用“超我”来实现内在的关联，与购物者共情，实现企业的营销目标和品牌价值，才是商品包装最大的意义所在。

希望《包装的力量》这本书能够得到品牌方、商品设计者和商品需求构思者的欢迎、理解和支持。这本书，我期盼已久。是以为序，为宇征的佳作赞美。

推荐序三

杨石头

中国 4A 内容营销副理事长，智立方品牌营销传播集群创始人

> 这本书，无论对于企业，还是营销公司或包装设计公司而言，
> 都是一本可以放在自己案头，
> 碰到工作难题时经常翻看解决问题的实用工具宝典。

宇征平时“呵呵”多于说话，甚至有点结巴，但一碰上专业问题，就如同拧开了水龙头，说起来顺畅如流。这个在消费品营销与设计领域深耕近 30 年的家伙，对待专业有着一股近乎偏执的热爱。这种重度垂直的钻井者，在日本叫“达人”。这也让我在和宇征专业恳谈的过程中，经常会赶紧拿出小本子做笔记，因为，这水龙头流出来的不是水，而是石油啊。

宇征和我说最早给这本书起名叫“包装战略”，虽然最终他将书名改成了“包装的力量”，但我还是更喜欢“包装战略”。为什么说包装即战略？正如他在书中指出的：企业上市一款产品，首要任务就是给产品设计一款可以带动销售的好包装。包装是产品的第一广告，同时包装代表了产品的货架竞争能力。

《包装的力量》这本书虽然阐述的是商业包装设计法则，但融合了营销学、传播学、设计学三大商业学科，做到了品效销三合一，还详细论述了包装体验的两个核心价值层级：产品说话能力与品牌说话能力。这本书的核心观点，如果用一句话来概括的话，那就是：包装应该传递正确的信息，并正确地传递信息。前者深度地表达出包装对于产品卖点的支撑，而后者恰当地点明包装对于用户买点的激发。这确实需要作者具有多年的行业经验与深入洞察之眼，才能发现隐藏于产品包装设计表象背后的真正的商业逻辑。

这本书，无论对于企业，还是营销公司或包装设计公司而言，都是一本可以放在自己案头，碰到工作难题时经常翻看解决问题的实用工具宝典。对于每一位想从此书中获益的读者，我想说的是：“自己去看，不解释。”

推荐序四

潘　虎

潘虎包装设计实验室主理人

> 我们都是深爱包装设计行业的匠人，
> 对于商业包装设计真谛的思考和探索之路永无止境，
> 愿你我共勉。

结识宇征是30年前的事情了。当时我们都就读于清华美术学院（原中央工艺美术学院）视觉传达专业，我高他一届，算是师兄。我们专业一直有一门最重要的课程，就是包装设计，但如今，我们两个班真正坚持下来还在从事包装设计实践工作的，却屈指可数。

2019年的一次闲聊中，宇征告诉我，自己做了近30年包装设计实践工作，却并没有感到更加轻车熟路，反而产生了更多的困惑。什么样的包装设计才可以称得上好看？产品包装的作用到底是什么？包装设计对于企业的市场营销到底起到什么作用？什么样的包装设计能够更好地助力产品销售？带着这些纠结，宇征说他想写一本关于商业包装设计方法论的工具书，但让我没想到的是，为写此书他竟然花了3年多时间。期间，业内许多伙伴都期待此书可以尽早问世，但是宇征却几易其稿，始终纠结于不够完美。

在我看来，他一定是将此书当成了自己最完美的一部作品来对待。一位优秀的设计师一定要对自己热爱的事业有纠结和较劲的精神。我认识的中国优秀包装设计师很多，但是可以将商业包装设计总结成理论，并形成方法，然后以真诚的态度和质朴的笔锋汇集成书的，却只此一人。

前段时间，仔细阅读完宇征给我的《包装的力量》样稿后，我感受到他努力思考并探寻商业包装设计真谛的态度。本书从不同维度探寻了商业包装的设计法则与精髓，在影响商业包装设计优劣的品牌学与定位理论、产品开发、市场营销与传播、消费心理学、包装美学，以及包装设计的工作标准流程等不同层面都有系统的阐述。

如果说我还算是一名合格的产品和包装设计师，那么宇征则更应该被称为优秀的包装设计导师。所谓师者，传道授业解惑也。他在此书中总结的商业包装设计工作要点，一定可以帮助很多从业人员快速探寻到商业包装的正确方法，从中获益。

宇征还在此书中列举了众多优秀设计师的商业包装实操案例，对自己的每一个观点加以更好地诠释，其中也有我的几个包装作品，在此我感到荣幸。但正如宇征在此书结语中提到的一句话，我再回馈于他："我们都是深爱包装设计行业的匠人，对于商业包装设计真谛的思考和探索之路永无止境，愿你我共勉。"

若想了解商业包装的真谛，掌握设计的方法，真诚推荐大家细读这本书。

自　序

> “在商言商”才是产品
> 包装设计的本质

1997 年，我从中国商业设计最高学府中央工艺美术学院（现清华美术学院）视觉传达专业毕业后，进入到当时中国最好的广告公司之一北京智威汤逊（J. Walter Thompson）做了 8 年广告传播创意，从初级美术指导开始一直做到创意部负责人。2003 年，我成立了紫珊品牌营销公司。这期间无论经历了多少变化，我都始终喜爱并专注于消费品行业的市场营销、传播推广和创意设计工作。

我早先服务的是一些国际知名品牌，包括雀巢、可口可乐、百事可乐、达能、卡夫、奥利奥、玛氏、金佰利、滴露、家乐氏、宾堡、百吉福奶酪、联合利华、好时、李锦记、不凡帝范梅勒、雅培、西安杨森、拜耳等；之后陆续又服务过很多国内品牌，包括中粮福临门、鲁花、西王、伊利、蒙牛、飞鹤、新希望、君乐宝、洽洽瓜子、明一、辉山、天友、广泽、双汇、汇源、达利食品、康师傅、今麦郎、百雀羚、亲亲、果维康、蓝逸等。在我近 30 年的职业生涯里，有一项工作几乎每天都伴随着我，它就是产品的包装设计。

通过近 30 年的工作实践，我逐渐认识到产品包装设计工作不仅需要将产品与消费者的使用需求匹配起来，更需要帮助企业实现产品销售。**“在商言商”才是产品包装设计的本质。**

然而今天，许多企业负责包装设计的市场营销人员，以及包装设计公司的设计师，对产品包装设计工作还存在着很多认知误区。他们对包装设计的创作思考与优劣评判，往往停留在个人主观美学视角的自我潜意识里。但是，产品包装作为消费品企业的核心市场营销要素之一，承载着助力产品销售的重要使命。包装是企业将产品转化成商品的核心工具，更是企业在销售终端面对竞争对手产品时最有力的市场营销竞争武器。

所以，单纯从美学视角出发永远看不清产品包装设计的本质，只有从消费品行业商业模式的本质出发，站在企业市场营销战略与战术的高度，并结合产品销售终端、市场竞争状况，从商品视角出发多维度审视，才能看清产品包装的本来面目。

在今天的中国消费品市场，新品牌、新产品不断涌现，企业之间的竞争越来越激烈。身处在这个不断变化的时代，消费品行业曾经的巨头，如宝洁、雀巢、可口可乐、娃哈哈、康师傅，似乎已经没有了当年的夺目之光，面临着完美日记、三只松鼠、三顿半、自嗨锅、拉面说、元气森林、李子柒等创新品牌的不断挑战。很多品牌对产品包装设计工作愈发重视，甚至将其提升到了市场营销战略的高度。我在不断操盘包装设计的过程中，也逐渐认识到，把包装作为企业营销战略的组成部分，乃至作为产品战略的一部分，是非常有必要的。如今，包装设计已经成为许多企业市场竞争的重要赛道。

如今，中国消费者每年都会接触到几千种新产品。据 AC 尼尔森统计，仅 2018 年，中国饮料市场就增加了 2632 个新产品，糖果零食品类增加了 8642 个新产品。数量众多的同质化产品，在满足消费者更多需求的同时，也给他们的选择带来了极大挑战。今天的消费者除了关注产品质量与品质外，还会将目光投射到产品包装上。调研显示，30% 的消费者产品购买驱动来自包装；60% 的消费者之所以愿意尝试新产品，是因为看到了符合自己购买需求的产品包装；80% 的冲动性购买是因为产品包装而产生的；包装对于产品购买的驱动力甚至比电视广告、广播广告、户外广告等更加有效，投资回报率是广告的 50 倍。因此，如果企业没有太多的市场费用投入，最好的营销方式就是为自己的产品设计一款可以带动销售的好包装。企业在新产品的研发阶段，就需要把包装设计纳入市场营销战略计划之中。

一项针对中国年轻消费者的购物调查显示，75% 的受访者会因为好看的包装购买产品。很多 17~30 岁的年轻人，愿意通过社交媒体分享他们觉得好看的产品包装。许多带有互联网传播属性的产品包装能够创造出更多的话题，为企业打造品牌影响力、提升产品销量带来有效帮助。在互联网数字营销时代，产品包装已经不再是传统观念认为的保护与展示产品的工具，而是企业与年轻消费者之间的沟通桥梁。学会从互联网传播角度审视产品包装，对企业制定包装策略与营销战略有着重要的意义。

如今，从国际化到“国潮”、从浪漫典雅到二次元、从经典复古奢华到简约现代时尚，越来越多的包装设计风格被大众接受，进而促进了包装视觉创意的多元化。中年消费者关注包装的方便性与环保性，“银发人群”注重包装的功能性，而Z世代年轻消费者注重包装的社交属性。互联网科技的进步以及线上电商的发展所带来的销售渠道、传播路径及消费观念的变化，为企业的包装设计工作带来了许多崭新思考。包装设计不仅需要考虑大众审美需求，更需要与企业的商业布局、产品目标受众、产品卖点、品牌价值、销售渠道紧密关联。包装设计已经成为一项兼具设计师艺术美学表达与企业商业传达双重属性的工作。

但是目前，包装设计行业内的国际奖项，如红点、Pentawards、IF、Dieline Awards等，大多都是从包装设计美学视角进行评定的，鲜有从商业价值与美学价值两个维度综合评判的。关于产品包装设计的书籍与评论文章也出了不少，但令人遗憾的是，至今还没有一本真正从企业市场营销角度思考，并结合互联网数字营销时代的变化，系统论述企业包装战略的书籍。然而，产品包装作为产品与消费者沟通的第一广告，决定了消费者对于产品的第一印象，能对产品销售起到非常大的促进作用。一个成功的产品包装要能够在遍布竞争产品的货架中，第一眼就被消费者发现，并且激发起他们的购买欲望。产品包装设计的价值评判不仅在于其美学价值体现，还在于对产品商业价值的体现。**我写此书的根本目的就是希望：将企业对商业包装设计的优劣评判，从个人的主观美学价值判定转为客观的商业价值评估，从而建立起一套大家共同认可的、客观的、可被衡量的商业包装设计准则，进而推动企业的包装设计工作朝着正确方向发展。别让错误的包装耽误了销售。**

我写此书还有另外一个目的，希望能总结出一些商业包装设计的原则与方法，帮助企业与设计公司相关人员找寻到一条商业包装设计的正确路径，让包装真正成为助力产品销售的利器。因此，此书将从市场营销战略与战术、产品研发、产品生命周期、线下销售渠道、电商销售渠道、互联网数字营销、包装美学、包装设计流程、包装印刷签样这几个影响包装设计成败的关键因素出发，来解读商业视角的包装设计。

同时，在此书中，我除了总结一些包装设计实用方法与评判准则外，还列举了大量案例。这些案例与其说是补充说明，不如说是开启包装设计创意方法的一把把钥匙。其中部分案例也可调换位置，供读者从不同角度反复思量，因为获得市场认可的好的产品包装设计通常在许多方面都做得十分出色，比如，第1章的农夫山泉案例也可以作为第4章、第6章的案例。

此外，我在本书中不仅展示了大量自己总结的包装设计案例，还参考了其他市场营销专家与机构的书籍和观点，摘录了众多国内外优秀包装设计师的作品，在此向他们致敬。

企业的产品包装设计工作涉及的营销思考范围与设计方式多样且多变，没有一本书能够仅凭一己之力就详尽透彻地阐述清楚。我虽然在这里进行了一定的总结思考，但也越发感到对产品包装设计真谛的研究与探寻犹如浩瀚大海一样广阔无边。所以我希望阅读此书的行业同仁，无论是品牌商、市场营销公司，还是设计公司、制造商的伙伴们，在我无法表述清楚某一部分时可以原谅我，并且可以帮助我继续对此书进行补充完善，尽可能解决企业与设计公司在包装设计过程中遇到的问题与困惑，从而帮助更多企业获得市场成功。

我撰写此书 3 年多时间，写作的过程也是自己对消费品企业的市场营销、传播推广以及包装设计工作重新梳理、思考、总结与再学习的过程。站在企业层面的市场营销维度，从一个没人真正看清的视角审视产品包装设计工作的全貌，做一件自己内心渴望做的事，帮助包装设计行业捡拾、拼合起那些支离破碎的思路，让产品包装回归“在商言商”的本质，这件事既让我痛苦，也让我兴奋，但我最终还是坚持了下来。

同时，我也因写此书，重新整理了自己多年来的包装设计成果。值得庆幸的是，这些产品包装无论品牌大小，都还在为企业持续创造着源源不断的价值。当然，**一件成功助力销售的产品包装设计的诞生，是企业与设计公司共同努力的结果。设计师永远是站在企业身后的那个人，你的幕后工作就是要让所服务的企业产品更好卖，让所服务的品牌更伟大。**

本书所有个人收益的 50% 将用于公益用途，捐助给那些身患重疾但无钱医治的人。在此感谢每一位购书者与推荐人对本书的支持。愿大家一起携手，让这个世界充满爱意。

360 行，隔行如隔山，
既然无法通吃，不如专注一行。
一万小时定律许多人都知道，
但这一万小时，不是指你在这个行业待了多长时间，
而是指你为了做好这一行，
真心付出了多少时间。

目 录

CONTENTS

第二部分　包装驱动销售的秘密

第三部分 完整的工作流程造就好包装

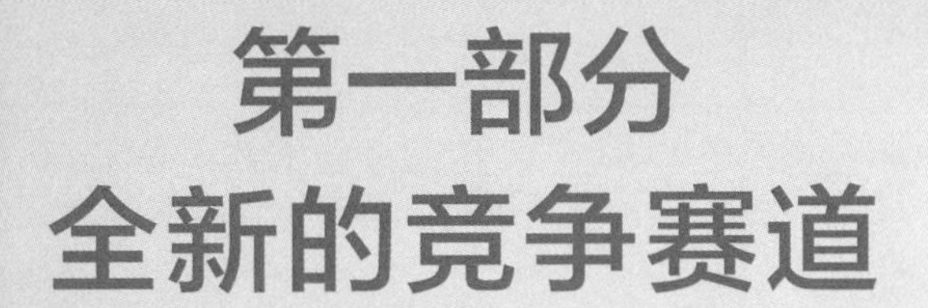

第一部分 全新的竞争赛道

这个世界唯一不变的，就是变化本身！

所谓适应变化，

就是发现不变的本质，

再跟上变化的脚步。

只有找到本质才会回归本心，

只有拥有本心才能发现本真。

第 1 章

什么才是好包装，你真的了解吗？

2020 年年初，FBIF 食品饮料创新论坛邀请我针对“好看的包装是否可以带货”这个话题，开展一期面向企业家的线上视频讨论课程。这门课程虽然因为一些原因没有实现，却引发了我对这个问题的思考。也许很多人都会认为“在颜值经济时代，好看的产品包装一定可以带货”，但在我看来，“好看的包装既可以带货，又不能带货”。这个看似模棱两可的回答，却是基于我对于产品包装在四个维度上的深入思考：

- 什么是产品包装？
- 什么样的产品包装才算是好看的包装？
- 产品包装设计对于企业的市场营销到底起到什么作用？
- 什么样的产品包装设计才能够助力销售？

1.1 别让错误的包装设计理念耽误了销售

包装作为产品的第一广告，承载着企业重要的产品销售使命。包装设计工作永远伴随企业的市场营销工作进行。市场竞争环境的变化，企业根据市场反馈做出的销售调整、品牌升级、产品创新、产品迭代，以及目标顾客新的消费需求，都会对包装设计产生影响。所以，包装应该是企业的市场营销人员与包装设计师一起对市场、产品、消费者进行深入研究后，通过设计师的设计表达呈现在消费者面前，引导和吸引消费者购买产品的工具。但是今天，许多人对于产品包装设计的理解掉入了认知陷阱。

陷阱一：包装设计忽略了产品力与品牌力

现在，许多企业不重视产品的研发与品牌的持续建设，片面认为推出一个新产品并使之成为爆品的唯一条件就是要设计一款十分漂亮的产品包装。但实际上再漂亮的产品包装也只能吸引消费者初次购买尝试。真正畅销的产品，永远强调产品复购率，也就是有多少消费者在初次尝试后，还愿意重复购买你的产品，这就是产品力。这就需要企业首先做到产品好，并且比竞争对手更具优势，这才是消费者愿意复购的根本。同时，企业还需要不断刺激消费者熟悉并喜欢上你的品牌，提升品牌力，从而促进重复购买。**消费者对于产品的忠诚，永远始于包装的颜值、定于产品的品质、忠于品牌的可信赖。**

陷阱二：过于放大产品包装的作用，忽视了全面市场营销要素对产品销售的助力作用

很多企业市场营销人员虽然工作了许多年，但由于受到所属部门以及职权范围的限制，对于企业的商业模式，以及市场营销战略与战术要素并没有系统完整的认知与理解。这些人只是简单地认为包装设计对产品销售有非常重要的作用，但往往忽略了全面市场营销要素对包装设计工作的指导价值，以及对产品销售的整体带动作用。他们往往并不清楚自己到底需要一款什么样的包装，甚至在开始进行包装设

计工作前，都无法准确撰写一份清晰的包装设计工作简报。他们对设计公司提出的包装设计要求，往往是“高大上”“有品质”“好看”“有视觉冲击力”这类空洞的话术。但是，这种没有明确衡量标准与工作目的的包装设计要求经常会使包装设计工作陷入无休止的反复修改中，甚至导致工作无疾而终，却不知问题出现在哪里。

全面市场营销要素的每一点对于评判包装设计都有着重要影响。**企业的市场营销人员一定要充分理解全面市场营销要素的所有内容，知道包装与其他营销要素的彼此关联性与相互支撑点，才能对产品包装设计工作的优劣做出正确评判，从而驱动企业产品成为真正热销的商品。**

陷阱三：把商业属性的产品包装设计当作美学艺术的个人表达

今天，还有很多包装设计公司简单地把包装看成是一种美学艺术表现作品。这些包装设计公司的主创人员不关注产品卖点与品牌定位，不研究消费者需求与市场竞争环境，不思考包装在不同销售终端货架上的差异展现，不知晓包装如何助力产品销售。他们采用小众的美学表现方式，却忽略了大众消费类产品包装必然存在的商品价值特性。

同时，许多企业负责包装设计工作的市场人员在看到一些获国际大奖的漂亮包装作品后，也简单认为产品包装只要设计得好看，就一定可以获得消费者青睐。这些人通常愿意通过电脑屏幕来判定经过设计师精心修饰的包装效果图是否符合自己的审美标准。在提出对包装设计的修改意见时，他们最爱说的一句话就是“不好看”，并且很喜欢把自己对于包装如何设计得“更好看”的独特认知强加给设计师。但几乎可以断定，这种没有从商业角度思考的个人审美根本不是消费者需要的。并且，由于这些人大多没接受过专业美术训练，因此根本无法清晰描述出他们认知里的“好看”标准，这更使得包装设计工作反复不定。设计师对于这种因人而异的让包装“更好看”的修改意见往往也会感到茫然、不知所措。

包装设计要好看没有错。但是好看因人而异，审美标准各自不同。产品包装不是摆放在洁净的橱窗里、展示在干净的电脑屏幕上供人欣赏的美术作品，更不是设计师的自我美学表达。**包装设计的目的不是好看，而是要让商品更好卖。任何脱离商业目的的包装设计都是不负责任的行为。**

陷阱四：受流行趋势影响，忽略了包装对于企业品牌建设的长期作用

今天，许多针对年轻人的消费品牌都在努力尝试采用符合潮流的、新颖漂亮的

包装设计形式，以期与同样追求潮流的年轻消费群体产生共鸣，拉近产品和年轻人的距离。一些传统消费品企业在追求品牌年轻化道路上也受到流行趋势影响，简单认为包装设计只要追赶上潮流，就可以让品牌重新焕发活力。但是年轻人喜欢追求潮流，也意味着他们容易喜新厌旧。企业要想始终捕捉到他们的“嗨点”，让网红产品真正成为“长红”品牌，需要投入更多精力不断探索。同时，每一个时代的审美都有一定的时代特征，流行往往转瞬即逝，一味追潮流的包装设计很可能让你的产品昙花一现，甚至让品牌迷失方向。

包装货物类产品的制造商应该使用一切营销手段来建立强有力的品牌。“品牌之父”、奥美广告创始人大卫·奥格威说过：“创建一个品牌并不是一件容易的事情，需要的是头脑和坚忍不拔。品牌的持久力形成很慢，可是一旦形成，会对企业健康发展产生长远的影响。**企业的一切市场营销行为，都是为了建立持久长青的品牌。**”

陷阱五：没有完整的包装工作流程规范，导致好设计无法最终呈现

企业负责产品包装的经理人经常会遇到的一个问题是，印刷厂最终的包装印刷成品与设计过程中在电脑屏幕上看到的漂亮设计稿件的效果相差很远，有时甚至在包装印刷成品上还会出现诸多文字错误、尺寸错误等低级错误，影响产品上市时间，导致企业蒙受很大损失，但这些经理人却不知应该如何解决这些问题。

包装设计工作从起始到最终完成，分为前期市场思考、中期设计执行、后期印刷落地三个阶段。一件完美的包装设计涉及企业产品经理人、包装设计师、完稿师、包装材料供应商、制版公司、印刷厂等不同专业的企业与个人，是各方紧密配合的一系列工作的结晶。**企业负责包装工作的经理人和包装设计师，必须遵照一套完整的包装设计流程规范，掌握各个环节的技术要点，才能最终产出一件符合企业与市场需求的完美包装。**

陷阱六：忽略了互联网给传统营销思维下的包装美学设计原理带来的颠覆性改变

今天，阿里巴巴、京东、拼多多、抖音、小红书、B 站等售卖型电商平台和内容型电商平台的强势崛起，给企业的市场营销行动和消费者购物行为带来了巨大影响。在互联网数字营销时代，很多保守传统的消费品企业逐渐丧失了竞争优势，不断面临着被拥有互联网营销思维的创新品牌挑战的窘境。在这个“颜值经济”时代，许多人认为这些新锐品牌的崛起是因为其包装设计颜值更高，从而让产品获得

了年轻的互联网“原住民”的青睐。但事实并非如此。当你仔细观察，就会发现这些企业的包装并没有超出常人对“好看”的通俗认知，甚至很多新品牌的产品包装都谈不上“美”。

如果说苹果电脑、Photoshop、Illustrator 的出现与迭代给设计师提供了进行包装设计的更好、更自由的发挥空间，那么包装印刷工艺、油墨、材料、包装印刷与生产设备的不断进步则帮助包装设计有了更好的呈现效果。但以上这些包装设计领域的改变，仅仅停留在技术范畴。然而，互联网科技与数字化营销给包装设计带来的思维改变，已经完全打破了设计师对商品包装设计原理、设计原则与展现形式的固有认知。这种改变可以说是一场颠覆我们每个人思维意识的革命。而这些新锐品牌正是在充分理解了互联网数字营销逻辑之后，重新建立了一套区别于传统包装设计原理的互联网包装设计新原则，才快速获得了市场认可。

所以我也希望在此书中与大家共同探讨一下，科技、互联网、数字化营销、线上电商发展乃至人类发展给包装设计带来的深远影响。借用科特勒咨询集团中国合伙人王赛先生在《数字时代的营销战略》一书中说过的一句话：**“数字革命更是一场思维的革命。”**

1.2 你的包装给消费者留下独特记忆了吗？

包裹与包装是不同的，如图 1-1 所示。包装承载着从产品出厂到销售完成过程中保护产品、方便储运产品、促进产品销售三个重要功能，而其中最重要的功能就是促进销售，帮助企业获取商业价值。但并不是所有包装都具有商业价值，比如快递包装就是如此。那些承装没有进入销售流通环节的产品的、只起到保护与储运产品作用的包装不应称为包装，而应该称为包裹。所以，**产品包装的正确定义应该是：一切进入销售流通环节的、具有商业价值的产品外部包裹形式称为产品包装。**

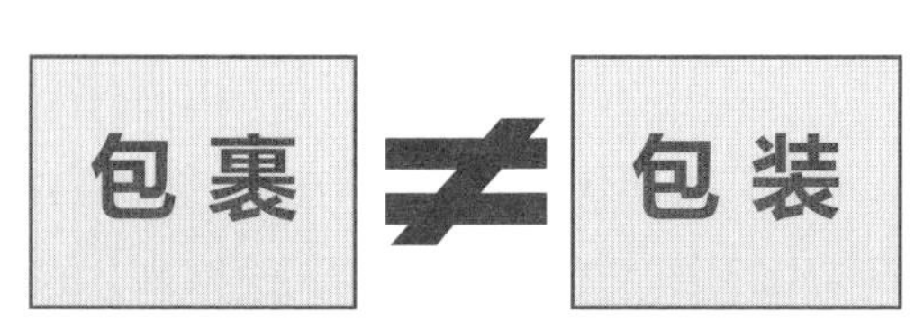

图 1-1 包裹与包装不同

企业生产的产品只有经过包装以后，才能成为可以上市销售的商品。企业通过销售商品，满足目标消费者的需求，不断获得利润，支持企业持久健康发展。任何一个消费者都不会购买一件对自己没有价值的商品。消费者对于商品的需求来自两个方面：产品功能利益价值和品牌情感利益价值。包装能够帮助商品建立起品牌概念，赋予其品牌情感利益价值。没有包装的产品无法体现品牌。例如，冰淇淋是产品，但如果没有包装，消费者就不知道它是哈根达斯、雀巢、伊利、蒙牛还是钟薛高的冰淇淋，也就不知道哪个是自己喜欢的品牌产品。包装还向消费者传递出不同产品的功能利益卖点，引导他们购买。比如，消费者会通过包装上的信息了解到，不同品牌洗发水的主要功能是防止脱发、去除头屑还是让头发更加柔顺有光泽。

产品和商品对企业的作用是不同的，包装对于两者起到了至关重要的衔接作用，如图 1-2 所示。所以，**包装是企业实现从产品到商品的品牌价值转换、传递产品卖点、引导消费者购买的重要工具。包装也是将企业生产的产品转化为可销售的商品的唯一实物载体。**

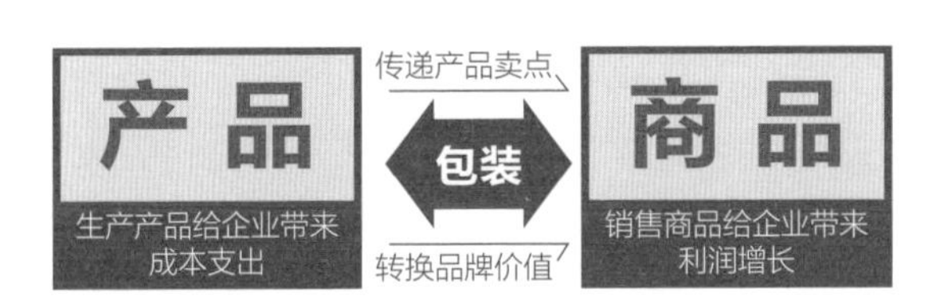

图 1-2　包装与产品、商品的关系

从包装对产品的保护、储运、助力销售三个功能看，产品包装包括三层设计范畴，即产品内层包装容器、产品外层包装标签和产品包装外箱。每层包装的作用、设计方式与设计注意事项都不尽相同。

产品内层包装容器

产品内层包装容器起到了承载与保护产品内容物的双重作用，可以使用塑料、纸、金属、玻璃、陶瓷等不同材料制作。优秀的内层包装容器设计，应该具备方便运输、方便加工、方便保管、方便使用、方便记忆、成本可控、美观实用等功能，是材料、造型和功能完美结合的作品，如图 1-3 所示。

包装容器设计需要从立体造型设计维度思考，在设计过程中还需要考虑包装容器对于产品销售的帮助作用，具体包括容器的尺寸、规格、形状、材料、工艺、结

图 1-3　不同形式的产品内层包装容器

构、造型、色彩，以及对产品的保护、密封与方便运输，还要考虑包装容器的成本、生产线限制条件、消费体验舒适度与使用方便性、产品终端货架陈列效果等众多因素。

内层包装容器的结构与材料创新往往也会对销售起到很大的促进作用。眼动追踪技术对包装容器的测试得到过两个有趣的结论：对于圆柱形与方形包装的测试表明，当瓶型为圆柱形时，被试更容易关注产品口味或风味信息；而当瓶型是方形时，被试更容易关注产品的品牌。此外，对于陈列在终端货架上的同样净含量的包装容器，消费者更愿意选择正面看起来较大的包装。为此，我在给双汇骨汤调味品进行包装升级时，在不改变原有包装容器 330 克净含量的情况下，对原本的圆锥瓶型进行了压扁、倒放调整，使整体包装在货架陈列时显得更大，取得了很好的终端展示效果。

不同的产品包装容器可以带来不同消费体验，如图 1-4 所示。将黄油的容器上盖设计成一副木质小餐刀造型，既方便了消费者开启包装，又可以利用木质餐刀轻松方便地取用黄油，带来了很好的产品使用体验。Soy Mamelle 牛奶包装容器被设计成一只奶牛乳房形状，容器材质是天然乳胶，手感很棒，让人忍不住想捏一捏，体验一下挤牛奶的感觉。在 2009 年获得了被誉为包装界的奥斯卡的 Pentawards 金奖的舒洁（Kleenex）纸巾包装，设计最巧妙之处也是内层包装的纸结构造型。设计师将装纸巾的纸盒设计成了各种切开的水果形状，提醒购买者吃完水果后，记得用舒洁纸巾擦擦嘴。2013 年获得 Pentawards 金奖的 ZZZ 蜂蜜包装容器的设计同样

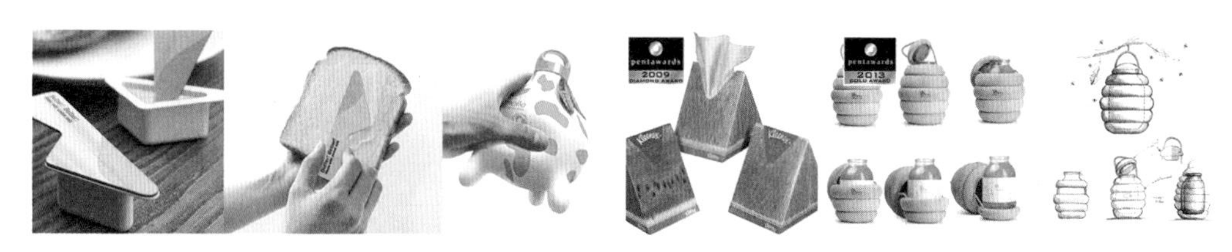

图 1-4　不同的产品包装容器可以带来不同消费体验

出挑，设计师的灵感来自蜂巢造型，实木材质的外包装恰如其分地体现出品牌倡导的源自天然的产品特性，给消费者留下了很深的印象。

2019 年，百事公司的苏打水饮料品牌 Game Fuel 推出了一款带有可重复开启的密封盖的易拉罐产品，如图 1-5 所示。该包装容器的特点在于，在开口处设计了可单手打开且可重复密封的盖子，带纹理防滑、易开口，非常适合那些在玩游戏时无法立即停下的玩家，他们在游戏时无须分神，只要单手就可以轻松打开盖子，合上盖子则更便于保存饮料气泡。

图 1-5　Game Fuel 包装容器的特殊开盖设计

如今的消费者对包装容器提出了更高的要求。由全球领先的包装解决方案供应商 Evergreen Packaging 发布的《2019 年食品和饮料包装趋势》报告指出，消费者强烈认为包装容器要更加注重保护产品的新鲜度、味道和营养。76% 的购物者表示，当他们购买食品时，不影响口味的包装容器对他们来说极其重要；66% 的购物者表示，保持产品新鲜而不含防腐剂的包装容器非常重要；70% 的购物者表示，包装容器在保护食品中的营养成分这一点上非常重要。

产品外层包装标签

产品外层包装也称为产品外层包装标签。一些使用纸张、塑料包膜、金属罐容器的产品，也会直接把包装标签印刷在内层容器上。标签上的信息传递对产品销售起到了至关重要的促进作用。

如图 1-6 所示，包装标签设计不仅需要顾及与包装容器的契合度，更重要的是必须从目标消费者的购买需求出发，做到品牌、色彩、图案、文字说明内容的明确

图 1-6　不同的包装标签设计呈现方式

性与规范性，需要考虑众多产品信息如何在标签上合理布局，既要充分展现出产品的功能利益价值，也要充分体现企业希望向消费者传递的品牌情感价值，还要契合目标受众对于包装的审美需求。

包装标签的制作材料与印刷工艺非常多样。包装标签可以运用不同材质的纸张、塑料、金属、不干胶贴纸等。不同材质标签的印刷工艺也不尽相同，包括胶印、水印、丝网印刷、柔版印刷、凸版印刷等。

非传统的铝箔压印为 Greenfield 茶增添了现代感。使用激光全息箔呈现出的抽象彩虹光泽使 K11 产品的包装看起来就像一件现代时尚艺术品。Awanama 酒的包装标签使用了带有几何纹理的黑色亚光聚烯烃薄膜，呈现出非常高级的“水晶玻璃”质感，很好地诠释出品牌的经典奢华调性。随着科技的进步，数字印刷、荧光印刷、二维码、AR 技术等新技术也为包装标签的设计和印刷注入了新活力。Crown Holdings 的饮料包装采用对温度敏感的油墨印刷，在不同温度下可以呈现不同的图案颜色。该新包装上市的第一个季度，产品销量增长就远远超过了公司预期。不同的包装标签制作材料与印刷工艺的呈现效果如图 1-7 所示。

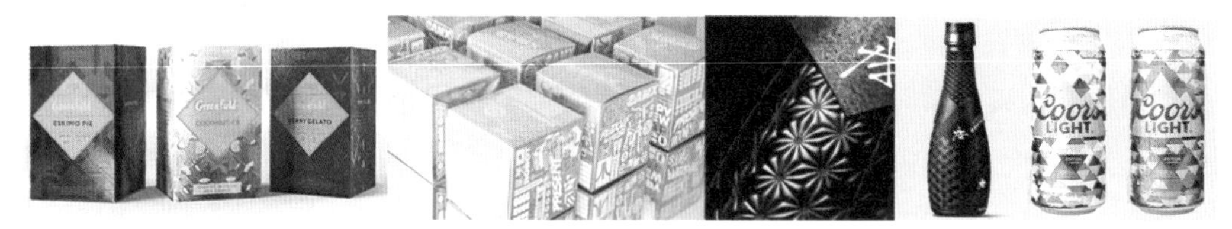

图 1-7　不同的包装标签制作材料与印刷工艺的呈现效果

产品包装外箱

产品包装外箱除了起到保护产品、方便运输的作用外，还能在产品进入分销阶段时，方便销售人员在库房中辨识产品货号、规格、不同 SKU。有时产品包装外箱在一些特殊销售渠道也可以起到展示宣传、促进产品销售的作用。

包装外箱的设计需要充分考虑产品理货原则，方便分销人员在堆满货物的库房中，一眼辨识出产品。大多数常规外箱采用牛皮纸胶版印刷。不同的颜色印刷在牛皮纸上，由于受到印刷工艺的限制，套色的误差往往会很大；并且，由于牛皮纸的颜色很深，印在牛皮纸上的颜色还会产生严重偏色。所以在进行多色牛皮纸外箱设计时，需要特别注意不同颜色套色的准确性，以及不同颜色印在牛皮纸上的偏色和不清晰问题。

如图 1-8 所示，因为考虑到牛皮瓦楞纸印刷偏色和套色误差问题，飞鹤奶粉常规包装外箱采用连贯单色大色块设计，做到了对产品的品牌、货号、规格、理货注意事项等信息合理清晰的显示，品类名称采用填白亮色处理，方便分销人员在库房迅速理货与查找。

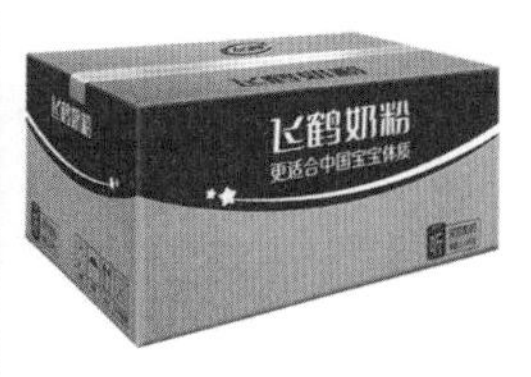

图 1-8　飞鹤奶粉的牛皮纸包装外箱

许多时候，由于受到线下销售渠道陈列条件限制，企业无法运用更多渠道宣传物料来促进产品的销售达成。这时，包装外箱在某些终端市场可以事半功倍地起到展示和宣传产品的作用。如图 1-9 所示，伊利的金典和蒙牛的特仑苏常温牛奶在销售终端采用整箱售卖，所以厂家非常重视产品包装外箱的展示陈列效果。雀巢醇品和鲜萃咖啡包装外盒的特殊切割开启结构设计，既可以在常规状态下起到保护产品与方便储运产品的作用，又可以让包装外盒成为在不同销售终端渠道宣传展示产品的 POSM 促销陈列工具。

图 1-9　兼具保护和宣传展示产品双重作用的包装外箱

1.3 你的包装充分展现产品卖点了吗?

许多企业负责产品包装工作的市场营销人员和包装设计公司的设计师往往忽略了包装的商业价值属性，习惯用包装颜值作为评判产品包装设计优劣的核心标准。**但是，在产品包装设计中，不仅要考虑美学角度的“好看”，更重要的是准确传递产品的商业价值—— 契合目标消费者的需求，清晰展现产品卖点，进而达成销售。**

基于创作者自我意识的主观美学艺术表现

美学艺术是创作者通过自我想象，运用自己的美术技巧创作出来的个人作品。美学艺术作品因为有欣赏者而存在。观者会凭借自己的主观判断与喜好，欣赏创作者对于美的独特创作能力。对于美的欣赏每个人都会有所不同，就像对于绘画，有人喜欢西洋画，有人喜欢中国画。哪怕是同一位画家的不同作品，也是有的人喜欢这幅，有的人喜欢那幅。就如对于梵高的绘画作品，你喜欢的也许是他的星空，但我喜欢他的向日葵。美学艺术作品的优劣是观众非常主观的评判，所以“喜欢、不喜欢、好看、不好看”这种评价没有问题，完全是每个欣赏者通过个人主观意识做出的自我评判，如图 1-10 所示。

图 1-10　基于欣赏者主观审美意识判断的美学艺术作品

满足目标消费者购买与使用需求的客观商业设计

商业设计是企业的市场营销人员与设计师一起依据市场洞察、目标消费者需求、产品特性和品牌定位，以及竞品差异状况共同创作出来的作品。商业设计以达成企业商业目的为原则，必须满足目标消费者对于产品的购买和使用需求。

如图 1-11 所示，商业设计评价是客观的商业评价，所以用“我喜欢，我不喜欢，我觉得它好看，我觉得它不好看”这种说法评价商业设计是有问题的，因为这些都是基于个人主观意识的审美评判方式。所以，每次当你认为一件商业设计很好

图 1-11　基于客观商业设计原则的产品包装设计

看时，你应该清楚，这种好看只是自己认为的好看，并不是其他消费者认为的好看，更体现不了他们对于商品的需求。

商业包装设计的核心价值在于助力产品销售

企业永远需要培养忠诚的消费者，提升忠诚消费者的重复购买率。市场研究公司基于企业销售成本的评测报告指出："吸引一个初次购买的新顾客的成本，是维护一个重复购买的忠诚顾客成本的 5 倍"。如图 1-12 所示，**好看的包装设计也许可以吸引消费者初次购买产品，但是只有经过商业思考的包装设计才能驱动消费者重复购买。**

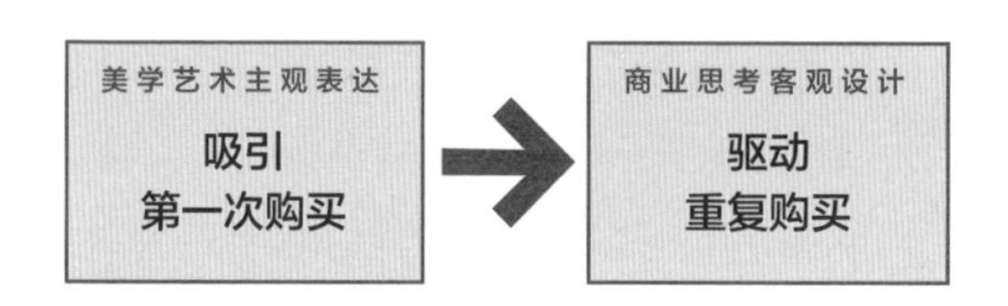

图 1-12　美学艺术主观表达与商业包装设计对消费者购买驱动的不同之处

产品包装设计的核心价值在于：充分满足目标消费者需求，清晰展现产品功能利益点和品牌情感利益点，让产品在销售终端迅速获得消费者的识别与关注，进而激发购买冲动，同时让消费者在购买与使用产品的过程中获得美的享受与便捷的体验，最终达成企业销售任务。

1.4 你的包装充分体现竞争优势了吗？

企业进行市场营销的目的是让企业的产品满足目标消费者的需求，促使他们购买，最终为企业换取利润。然而，企业除了自己可以提供产品获得消费者青睐外，市场上还有许多竞争对手也可以提供相似的产品，满足同一群消费者的需求。企业在市场上需要面对的并非企业与目标消费者之间彼此忠贞的一段"双人婚姻"关系，而是有着不同竞争对手的"多人追逐恋爱"关系，如图 1-13 所示。因此企业就需要面对一个非常棘手的问题："与市场上的竞争对手相比，我的竞争优势在哪里？"而消费者也不得不面临一个选择难题："生产类似产品的企业很多，这些企业的产品到底有什么不一样？哪个可以更好地满足我的需求，我更爱哪一个？"

企业时刻都面临着竞争压力，企业进行市场营销的本质就是赢得竞争优势。所以，现代营销学之父菲利普·科特勒在其著作《营销管理》中，给出了世界上最短的市场营销定义：市场营销就是要比竞争对手更有优势地满足目标顾客需求，并且获得利润。

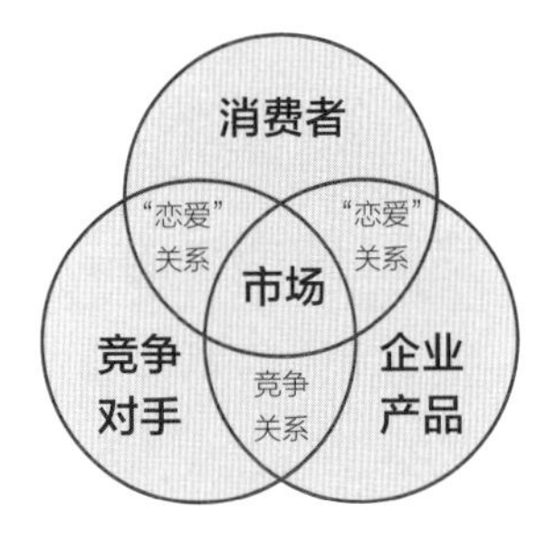

图 1-13 市场竞争"三角关系"

然而，如何做到比竞争对手更有优势地满足目标顾客的需求，的确是所有企业都面临的一个最大的生存与发展课题。放眼今天的中国消费市场，每个品类都充满着众多企业和品牌。在竞争激烈的红海市场中，许多企业都渴望避开与众多对手的正面交锋，搜寻到一片尚未开发的蓝海市场，找到属于自己的发展空间。W. 钱·金与勒妮·莫博涅合著的《蓝海战略》一书指出，企业专注于红海市场等于接受了商业环境的限制条件，却没有意识到商业社会永远具备开创新世界的可能。尽管一些蓝海市场是在已知的红海市场边界外发现的，但多数蓝海市场是在红海市场内部进行细分开拓出来的。采用蓝海战略的企业以"差异化创新"为竞争原则，考虑如何突破竞争壁垒，努力寻找或开创无人竞争的全新市场空间。

应对市场竞争的差异化包装设计原则

表 1-1 展示了 6 种差异化蓝海市场竞争的思考维度。企业开创差异化的蓝海市场有多种形式，如可以通过产品创新细分市场，满足细分消费者新的需求；也可以通过整合细分市场，获得企业价值链资源优势；或者重新设定市场游戏规则等。

表 1-1 6 种差异化蓝海市场竞争思考维度

企业价值链	细分市场	产品创新	价格	销售渠道	广告宣传
通过整合企业价值链 增加、减少、改进、优化 获得总成本领先优势	地理因素 人口统计因素 心理因素 行为因素	产品的功能价值属性 形式、特色、性能、口味、一致性、可靠性、品质、包装设计…… 品牌的情感价值属性 相信品牌的力量	高价 适中价格 低价	分销体系 渠道适应 覆盖面 专长 效绩	广告语 标志 媒介 气氛 公关事件 促销手段

在竞争激烈的饮料行业，红牛细分出了功能饮料市场，从而占据了全球功能饮料细分品类的领先地位。脉动推出的维生素饮料，细分出轻功能饮料市场。许多人不太了解的唯怡豆奶，通过重新设定饮料行业销售渠道游戏规则，避开了饮料市场

竞争最激烈的线下传统流通渠道，专注于深耕饮料品类竞争并不太激烈的餐饮渠道，从而获得了成功。

任何企业在实施差异化的蓝海市场竞争战略过程中，都绕不开产品与品牌的差异化。包装作为将产品与品牌结合的唯一实物载体，为产品设计一款与众不同的、区别于竞争对手的包装是企业赢得竞争的关键。产品包装的差异性设计有两个设计原则。

原则一：创造一个区别于竞争对手产品包装的独特视觉符号。

很多市场营销人员都听说过终端销售理论“三秒定律”。“三秒定律”强调在激烈的市场竞争环境中，任何一个普通消费者在销售终端购物时，驻足在一个产品前的时间一般不会超过三秒。产品包装必须做到在最短时间内从众多同质化竞品中脱颖而出，吸引消费者的眼球。如果你的包装没有做到第一眼被消费者发现，产品就会失去最佳销售时机。

面对货架前令人眼花缭乱的同质化产品，如何让顾客在第一时间通过包装记住你的产品，对于企业负责包装设计工作的市场营销人员来说尤为关键。

图 1-14 是我在给一些企业做培训时做过的一个有趣实验。即使将这些产品包装的品牌名称全部去掉，你也一定可以在 3 秒内马上认出这些包装是什么品牌的。正是作为包装核心部分呈现在消费者视觉中的，特殊且独有的产品造型、容器造型、品牌标识符号、特殊图形符号、IP 形象、专属颜色让你可以记住并且很快地识别出这些品牌。**其实不是消费者不愿意记住你的品牌，而是你的产品包装没有留给他们可以记忆的独特的品牌视觉符号。**

图 1-14 不同品牌产品包装的独特视觉符号

原则二：做到清晰的产品力与品牌力传达。

企业的市场营销人员和设计公司对包装差异化的理解，往往仅停留在视觉层面的差异化符号表现上，并没有从产品销售角度完整认知包装的差异化设计原则。这种为了差异而差异的设计方式极其危险，有时甚至会给产品销售带来灾难性后果。

图 1–15 是我针对包装设计差异化进行的另一项有意思的测试。对图中展示的不同品牌的包装，将产品需要传达的所有信息内容从左至右逐步简化，直到最后仅仅在产品包装上保留品牌视觉符号，让受众评判哪种包装设计更能吸引你的目光，进而产生购买需求。

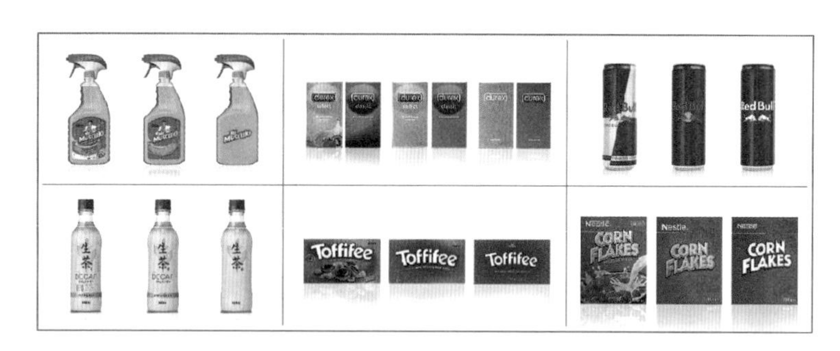

图 1–15　不同程度展现商品卖点的包装对比

多数观者一开始都认为右边简洁的仅保留品牌视觉符号的包装设计，整体画面干净整洁，品牌非常清晰，一目了然，更加吸引人的注意。但是不同品牌的产品对应的购买者的购买需求不尽相同。过分追求简洁的产品包装，往往忽略了产品对于消费者的不同购买利益驱动，反而让消费者无法选择。比如，左上角的威猛先生（Mr Muscle）洁净剂，左侧的产品包装可以清晰地向消费者传递出产品用途到底是擦窗户、洗碗，还是清洁卫生间，同时包装上威猛先生的形象还向产品的目标消费人群——家庭主妇传递出了威猛先生就是你家庭清洁好帮手的品牌感召力，让消费者对于品牌的记忆更加形象生动。在图 1–15 里，你是否注意到杜蕾斯（Durex）避孕套还有充满情趣的水果味？一大碗充满食欲、让你垂涎欲滴的雀巢牛奶麦片会诱惑到你吗？

消费者不会购买一件与自己完全没有利益关联的商品。包装不仅要有可供消费者清晰记忆的视觉符号，更需要充分、准确、清晰地展现出不同产品的产品力与品牌力，这样才能更加有效地体现出不同商品的差异化价值特点。**包装只有做到充分展现商品的卖点，才会让消费者有买点，引发他们的购买行为。**

别被头部企业的包装设计同质化市场跟随竞争战略迷惑

除了差异化的市场竞争战略，一些存在竞争关系的行业头部品牌也经常会采取相似包装设计的营销战略。如百事可乐与可口可乐的碳酸饮料品牌七喜与雪碧、美年达与芬达的包装都很类似。乳品行业双巨头伊利与蒙牛的多款产品，如优酸乳和酸酸乳、QQ星和未来星、金典和特仑苏、安慕希和纯甄，包装设计也十分类似。速冻食品领先品牌三全与思念的包装，也经常在货架上被消费者混淆。这就出现了一个问题，对于不同的产品品牌来说，究竟应该如何把握包装设计上的差异化和同质化呢？

2020年康师傅推出了喝开水，进入瓶装饮用水熟水细分品类。许多行业人士看到它的产品包装后惊呼，怎么和今麦郎年销售额已经达到20亿的凉白开包装如此相似，难道饮料龙头也开始不耻抄袭了？

其实，商场如战场，讲的是谋略，拼的是手段。熟水市场刚刚由今麦郎完成消费者基础教育工作，品类规模与市场竞争格局尚未形成，今麦郎凉白开也还没有完成对熟水品类市场的护城河构筑。作为食品饮料龙头企业的康师傅，拥有比今麦郎更完善且强大的销售渠道掌控力，借助喝开水与凉白开产品包装设计的相似性，减少了消费者市场教育成本，借力今麦郎凉白开，迅速抢占已经被今麦郎开辟出来的瓶装熟水细分市场。

行业龙头企业运用相似性包装设计营销战略实现市场反超的案例举不胜举。如今有200多亿年销售额的常温酸奶品牌安慕希，正是通过采用和国内常温酸奶开创者光明莫斯利安相似的品牌定位、产品命名方式和产品包装设计，再凭借强大的全国渠道掌控力及品牌宣传攻势，完成了对莫斯利安的成功超越。

行业头部企业将包装设计得与其他品牌相似有两个目的。一是骚扰竞争对手，不让竞争对手做好。二是凭借更强大的企业价值链优势与品牌认知优势，完成对竞争对手的超越。不同行业领先品牌相似的包装设计如图1-16所示。

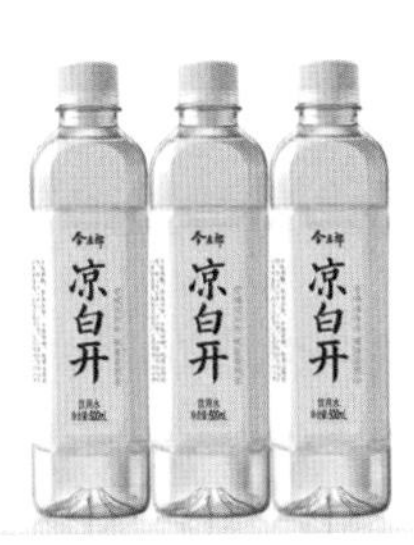

图1-16 喝开水与凉白开、莫斯利安与安慕希包装对比

但是，别被行业头部企业的包装设计同质化市场跟随竞争战略迷惑。不同产品的品牌由于所处市场地位不同，应对竞争的策略也会有所不同。企业在制定竞争战略时，应该根据自己的产品品牌在不同目标市场所处的竞争地位，制定不同战略。

市场竞争地位可以划分为：领先者、挑战者、追随者、补缺者和创新者。

即使是同一家企业，不同产品品牌所处的市场竞争地位也不相同。雀巢在速溶咖啡市场处于绝对领先地位；而在宠物食品市场，雀巢的普瑞纳、康多乐、喜跃三个品牌则扮演挑战者的角色，要和玛氏的皇家、伟嘉、宝路等品牌展开激烈的市场竞争；雀巢能恩奶粉则面临着与惠氏、美赞臣、雅培、美素佳儿、爱他美、飞鹤、君乐宝等众多中外强势奶粉企业的竞争，扮演的是市场追随者角色；雀巢巧克力业务受到德芙和好时两大品牌夹击，始终扮演的是补缺者角色；雀巢的冰淇淋业务同样受到来自和路雪、蒙牛、伊利，甚至更多区域型冰淇淋品牌的市场冲击。

其实，一些存在竞争关系的行业头部品牌之所以采取相似的包装设计营销战略，是因为在市场营销实践中有一条“二八定律”。许多品类中 20% 的领先企业占据了整个品类市场总销量的 80%，其余 80% 的企业占据总销量的 20%。但是在这个“二八定律”背后，还有一个容易被忽略的现象，那就是同品类的几家头部企业之间看似极其惨烈的竞争，反倒令彼此不断壮大，共同筑起品类护城河，让其他市场后进者难以在这个品类获得成长。

可口可乐与百事可乐在碳酸饮料市场采用同质化的产品包装战略，在彼此激烈的竞争中也让其他对手很难进入。伊利与蒙牛虽然相互竞争了近 30 年，但两家企业在液奶市场的整体占有率超过 60%，将其他乳企远远甩在了身后。所以，市场领先企业采用相似产品包装设计的目的，是在消费者心中建立产品品类的认知共性，采用合围战术，利用行业“二八定律”，阻止其他市场竞争者的进入，从而获取最大的市场利益。

但是，一些追随型和补缺型企业也喜欢将产品包装设计得和头部企业的产品包装相似，以为这样就会有市场机会。然而良好的愿望往往难以变成美好的现实，因为消费者的心智是有限的，对于同一品类的产品消费者往往只能记住 2 ~ 3 个头部品牌。他们在购买商品时，永远只会选择知名的品牌，而将其他不太知名的同类商品排除在自己的购买选择之外。

所以，跟随型与补缺型品牌一定要做差异化的产品创新，通过细分不同市场，满足特定目标人群的需求；在包装设计上也需要从竞争差异入手，努力体现自己品牌与产品的差异化特点。在细分市场里抢占大份额，而不是在大市场中抢占小份额，如此才能取得市场成功。

竞争战略之父迈克尔·波特在 1980 年提出了三大竞争战略：总成本领先、差异化和聚焦战略。当企业无法通过规模化优势获得总成本领先，也无法通过品牌加持获得消费者认知优势时，只有通过产品和品牌形象的差异化竞争战略，才有机会获得市场成功。

案例：功能饮料乐虎巧妙运用同质化与差异化包装视觉符号，获得市场成功

在今天的中国能量饮料市场，红牛、东鹏特饮以及达利集团推出的乐虎，三大品牌销量遥遥领先。然而作为市场后进者，到底是什么原因使达利集团的乐虎成功从竞争激烈的能量饮料市场中杀出重围？

2012年，达利看到了能量饮料市场的发展潜力，找到我们设计包装，并针对品牌规划与产品包装设计提出了相应需求。当时国内能量饮料市场的竞争已经十分激烈，红牛早已牢牢占据了市场第一，东鹏特饮也已经上市几年，国内饮料巨头娃哈哈也推出了启力能量饮料，还有众多小品牌也都涌入了市场。达利能量饮料的品牌定位与产品包装应该如何做，才能够取得市场突破，是摆在企业与我们面前的一道棘手的难题。

在对市场竞争环境进行充分调研后，我们发现红牛无论其品牌形象还是金色易拉罐包装，都已经牢牢占据了消费者对于能量饮料品类的认知。然而，东鹏特饮并没有推出与红牛一样的易拉罐包装，而是选择了饮料市场普遍采用的PET塑料瓶包装。而启力则选择了与红牛一样的易拉罐包装形式。经过与企业一起深思熟虑，我们最终制定了跟随红牛品牌特点与产品包装设计形式，迅速获得消费者认同，同时通过包装差异化抢夺能量饮料市场的营销战略。

达利对品牌进行命名时和红牛对标。对应红牛的“牛”作为品牌命名核心，达利选取了“虎”。无论是中文品牌“乐虎”（对标“红牛”），还是英文品牌“Hi-TIGER”（对标“Red Bull”），都做到了既有关联又更加充满力量。品牌色也采用了与红牛一样的红、黄配色。

在包装设计上，乐虎的易拉罐采用了与红牛一样的金色罐身，并且视觉核心符号也运用了和红牛相近的版式布局。这样的品牌命名和产品包装设计形式，也许会有很多人认为太过“山寨”。我曾经和雀巢的一位市场高管闲聊，他就嘲笑说这样的品牌标识与包装设计，你可千万不要向人提及是你设计的。但是当我表明乐虎上市仅几年年销售额就已经达到40亿时，他在惊讶之余也产生了疑问，难道乐虎的市场成功仅仅是因为模仿吗？其实乐虎成功的一部分可以说是来自对红牛的模仿，但是乐虎市场成功的真正原因却是来自差异化的产品包装设计。

乐虎在产品上市时就推出了罐装与 PET 塑料瓶装两种包装形式，可许多人并不了解两种不同包装的市场销售量占比。其实，乐虎罐装占产品总销量的比重不到 5%，另外 95% 以上的销量都来自 PET 塑料瓶装的产品。那么乐虎为什么还要上市销量占比如此少的易拉罐包装？

在产品上市之前，企业通过对市场的深入调研得知，由于能量饮料口感普遍很甜，消费者很难一口气喝完。但是易拉罐包装在没喝完饮料的情况下，无法像塑料瓶一样拧上盖子方便下次饮用。同时，达利作为深耕饮料市场多年的企业，深知饮料品类的最大销量来自塑料瓶容器包装。乐虎推出易拉罐包装的真正目的其实是作为品牌营销传播工具，通过与占据消费者心中超强认知的红牛产生直接关联，迅速建立起大家对于乐虎能量饮料的品牌认知。采用与红牛相似的易拉罐包装设计形式，还为企业节省了产品上市初期建立消费者品牌认知的巨额宣传费用。同时，乐虎又通过差异化的、消费者更愿意购买的、方便使用的塑料瓶包装迅速扩大了市场份额。2017 年，一项针对能量饮料市场的消费者调研显示：乐虎仅次于红牛，是被消费者提及率第二的能量饮料品牌。

东鹏特饮当时只有塑料瓶包装，没有罐装产品，在看到乐虎推出易拉罐以后才迅速跟进，推出了自己的易拉罐包装。然而娃哈哈推出的能量饮料启力虽然一开始就采用了易拉罐包装，但是另辟蹊径的包装标签设计背离了品类特征，使得消费者难以接受，最终导致今天市场上已看不到启力的产品。图 1-17 充分展示出达利乐虎是如何巧妙运用同质化与差异化包装设计获得市场成功的。

图 1-17　乐虎与其竞品包装对比

1.5 好包装设计的 10 条原则

包装是美学艺术与商业逻辑结合的产物。只有从美学与商业两个维度审视，才能对包装设计的优劣进行准确评定。所以，商业包装设计工作不仅要求设计者具备一定的美学设计能力，还要求其具备相应的市场营销思维。最终为包装买单的是消费者，一个包装设计成功与否的最终决定权在市场手中。但是，在包装投入市场之前，如何判断一个包装设计是否能够满足美学和商业的双重需求？好包装能否有一套基本评判标准呢？

20 世纪 70 年代末，全球最具影响力的商业设计大师迪特·拉姆斯（图 1-18）认为，对于商业设计的形式和颜色等一系列要素美丑的评判，都变得愈发难以捉摸和混乱。于是他问了自己一个重要问题："我的设计是好设计吗？什么样的设计才是好设计呢？"伴随对这个问题的思考，迪特·拉姆斯总结出了好设计的 10 条重要原则，这些内容也成了现代产品设计的指导原则。

图 1-18　迪特·拉姆斯和他的设计作品

在此，我对这 10 条原则进行了重新梳理和调整。这 10 条原则也同样适用于对包装设计的评判，可以称之为"好包装设计的 10 条原则"。

1）**好包装是创新的。**创新的可能性永远存在并且不会被消耗殆尽。

2）**好包装是关注产品目标消费者需求的。**好包装设计必须充分考虑目标消费者的需求，关注他们对产品需求的每一个环节。所以，好包装不但要展现出目标消费者对产品的功能需求，而且要体现出目标消费者对品牌的心理需求。

3）**好包装是带有约束性的。**产品的包装既不是装饰物也不是艺术品，不能够为了体现设计师自己的独特美学个性而任性表达。好包装必须服务于品牌与产品本身，必须带有商业设计的约束性，要像工具一样能够达成企业的商业目的。

4）**好包装会让产品自己说话。**好的包装设计将产品信息传递得清晰明了，甚至能让产品自己说话。最好的包装设计是一切不言自明。

5）**好包装是诚实的。**好包装不过分夸张产品本身的功能利益，不试图用实现不了的承诺去欺骗顾客。

6）**好包装是唯美且精湛的。**包装的美感是其功能价值不可或缺的一部分，但是只有精湛的东西才可以称作是美的。

7）**好包装是关注细节的。**好包装设计师对于任何设计细节都不能敷衍了事或是怀有侥幸心理。只有关注到了每个细节的设计，才可以称得上是精致的好包装。设计过程中的细心和精确更是对顾客的尊敬。

8）**好包装历久而弥新。**好包装设计能使产品避免成为短暂的时尚，而是看上去永远都不会过时。和时尚设计不同的是，好包装会被人们接受并使用很多年。

9）**好包装简洁却更好。**好包装设计要做到简洁，但是更好。因为它浓缩了产品与品牌所必须具备的因素，剔除了不必要的内容。

10）**好包装是美学与商业双重价值的体现。**好包装设计不仅要做到提升产品美的品质，而且要充分体现出产品的商业价值，好包装最终的评判者永远是市场。

案例：农夫山泉瓶装水包装完美践行了好包装的设计原则

在国内消费品行业中将品牌理念与产品包装设计结合的最完美的企业当属农夫山泉。农夫山泉对产品包装的看重尽人皆知，被许多人戏称为一家“包装设计公司”。农夫山泉 CEO 助理周震华曾说：“包装是和消费者沟通最直接的销售工具，包装放在那里，消费者一眼就能看到。所以我们想传递给消费者的信息，在包装设计里一定要体现出来，让消费者第一眼就知道我们想做什么。”

农夫山泉正是通过产品包装持续演绎“我们不生产水，我们只是大自然的搬运工”的企业品牌故事，成就了农夫山泉中国瓶装水第一品牌的市场地位。

为了让产品包装讲好品牌故事，企业历时三年，邀请 5 家国际顶尖设计公司参与设计，历经 58 稿才选定包装设计。新包装创造性地将长白山生态环境融入包装设计中，折射出对自然生灵的敬意。包装瓶身仿佛一颗下落的水滴。标签设计选择了长白山森林中的 4 种动物、3 种植物、1 种典型的气候特征作为图案，并配以相关的数字和文字说明，每一个数字都代表了一个故事，显示出浓浓的生态关怀气息。透过媒体对农夫山泉新包装设计公司英国 Horse 工作室创意合伙人的采访，我们可以感受到一位优秀设计师对好包装设计的执着。

问：你亲自去到长白山的考察，对设计最大的帮助是什么？

Horse 工作室创意合伙人（以下简称“H”）：如果不去长白山，我无法想象那里有多棒。去长白山看水源地有助于理解产品，并感受我们需要去表现的东西。那里充满着灵感，激发着我们的创作。这也是我们常和客户说的，对设计师而言最好的灵感来自去看、去感受的过程，这样才能够更好地理解产品。

问：你如何理解包装和产品之间的关系？

H：包装设计师首先要相信产品。我们可以做出非常符合市场营销的包装，让消费者产生购买欲望，但是如果产品不好，他们会失望，只会消费一次，就不会再有人去购买，不管这个产品包装看起来有多么棒。所以，我们不会为我们不相信的产品去设计包装。农夫山泉有自己的产品哲学，高质量产品对我们双方而言都很重要，我们希望产品是诚实的。

问：说到生产环节，农夫山泉的高端水产品包装设计工艺非常难实现，在这个过程中，你和农夫山泉是怎样共同实现它的？

H：作为设计师，我不得不说设计落地生产是最具有挑战性的一部分。构思出好的想法本身就很难，还要考虑包装成本和客户期望等因素。我们经常面临一些对包装理解的挑战，我们必须非常努力地推进供应商的工作，找到最好的供应商。农夫山泉高端水整个瓶身是有弧度的，要在这样的瓶身上大面积丝印插画，对印刷工艺的要求非常高，需要专门的机器和技术，但是这方面的专家非常难找，我们花了相当一段时间，克服了许多困难才得以实现。

所有的努力都不会白费。好包装的产出需要企业与设计师有着共同的信念和动力。图 1-19 展示了农夫山泉优秀的产品包装设计，这些包装让所有的消费者都牢牢喜欢上了它的品牌。

图 1-19　农夫山泉的产品包装

第 2 章

不考虑市场营销要素是包装设计的最大盲区

企业的全面市场营销工作对于产品销售起到整体带动作用，并对评判包装设计的好与坏有着重要的影响。然而，很多企业负责市场营销的人员虽然工作了许多年，但由于受到所属部门以及职权范围限制，对于企业全面市场营销工作并没有完整的认知，对待每天的工作也往往是单一的目的导向思维。

包装作为企业全面市场营销工作的一部分，与其他市场营销工作关联紧密。企业负责包装设计的人员一定要充分了解全面市场营销的所有工作内容，知道包装与其他市场营销工作的彼此关联性与相互支撑点，才能对产品包装设计工作做出正确的商业评判。同时包装设计师也应该充分了解这些工作内容，才能设计出符合客户和市场预期的真正带动销售的好包装。

企业的全面市场营销工作，是由许多营销要素组成的一套完整组合工具。这些营销要素围绕着企业的商业模式，依据企业发展阶段、市场环境与营销目的进行，覆盖从企业制定“营销战略”到实施“营销战术”的所有工作。所有这些营销要素相互关联，彼此作用。

营销人员掌握这些营销要素，可以对市场营销工作各部分内容理解得更加透彻，从而找到正确方法来顺利完成工作。而企业负责人是全面市场营销工作各种要素的组合者与管理者，需要对各种营销要素进行有效的统筹协调和组合运用，保证营销行动得以顺利完成。优秀的全面市场营销工作，可以使产品提供的价值与目标消费者的需求相吻合，让消费者自动产生购买冲动，从而形成产品的自我销售。**所有市场营销要素的组合，也可以称之为对企业产品的外在形象与品牌内在价值进行的“全方位包装”。**

2.1 设计之前重新审视商业模式

许多企业的市场营销人员虽然学习过许多市场营销理论知识，但是在实际工作中还会出现许多问题。这主要因为不同类型企业的商业模式差异很大。然而，很多市场营销理论都是普遍适用于所有行业的通用理论，无法清晰诠释出基于不同行业商业模式的市场营销的内在奥秘。市场营销人员在了解全面市场营销要素的所有内容前，首先要了解不同行业企业特有的商业模式。**商业模式的核心源自企业创造价值、传递价值、获取价值三个环环相扣的关键环节。三者彼此连接，围绕企业面对的市场形成商业模式的基础架构。**

每个企业都有自己的商业模式。对于任何一家企业来说，完善且运转良好的商业模式都是企业得以健康发展的基础。如图 2-1 所示，企业商业模式有以下三个关键环节：

1）创造价值。指企业基于目标顾客的需求，提供满足顾客需求的有形产品或无形服务。

2）传递价值。指企业通过资源配置与组织协调，向目标顾客交付有形产品或无形服务的路径。

3）获取价值。企业需要发现目标顾客的购买需求，通过企业特有的营销模式从目标顾客那里持续获取利润。

图 2-1 企业商业模式的三个关键环节

实体型消费品类企业的基础商业模式，同样围绕着创造价值、传递价值、获取价值三个关键环节。与之相对应的是：产品与品牌、分销体系以及目标消费者。

1）消费品企业创造价值的主体。产品与品牌是消费品企业创造价值的主体。企业通过不断的产品创新与营销来塑造与维护品牌，持续满足目标消费者的需求，进而促进销售业绩不断增长，为企业不断创造价值。

2）消费品企业传递价值的保证。运转良好的分销体系是消费品企业传递价值的保证。消费品企业的分销体系由代理商、分销商、直销商、批发商、销售终端以及运输商组成。企业通过对分销体系的合理管控与有效促进，让产品顺利传递到销售终端，被消费者购买，最终实现企业的商业价值。

3）消费品企业获取价值的对象。目标消费者是企业获取价值的最终对象。企业通过对目标消费者的需求进行充分捕捉，不断创造出满足他们需求的产品，在不同销售终端触达有需求的消费者，满足企业获利需求。

不同企业的商业模式，又会依据企业各自经营方式的不同，对不同因素进行调整。而不同企业的这种调整能力往往也是其他企业难以模仿的，从而又形成了不同企业差异化的商业模式特点。企业的成功往往来自对这三个环节调整的准确判定与完美执行。这使得企业相比较于竞争对手，要么可以给更多顾客提供产品，要么可以向顾客提供额外的差异化产品，要么可以让顾客以更低的价格获得类似产品，要么可以让顾客用同样的价格获得更多利益。

合格的商业模式，必须能够回答商业模式画布中提出的九个问题。商业模式画布以简练的图表方式帮助企业管理者进行企业分析，审视现有业务、发现新市场机会、精准定位目标客户、制定正确的市场营销策略、合理决策与执行，从而降低企业的风险。图 2-2 完整展示了商业模式 9 宫格画布。

同时，任何企业的商业模式都会围绕企业的目标市场展开。一般人理解的市场指的是企业与顾客进行商品实物与货币交换的真实场所。所以，企业的目标市场往

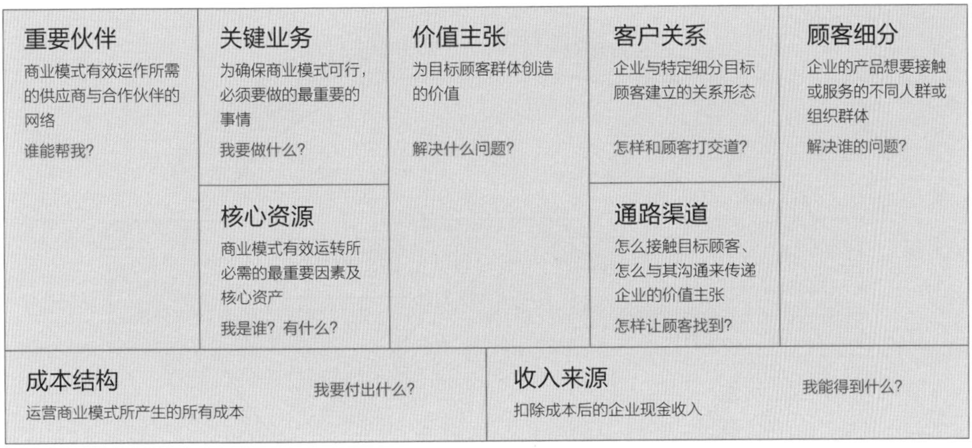

重要伙伴 商业模式有效运作所需的供应商与合作伙伴的网络 谁能帮我?	关键业务 为确保商业模式可行，必须要做的最重要的事情 我要做什么? 核心资源 商业模式有效运转所必需的最重要因素及核心资产 我是谁？有什么?	价值主张 为目标顾客群体创造的价值 解决什么问题?	客户关系 企业与特定细分目标顾客建立的关系形态 怎样和顾客打交道? 通路渠道 怎么接触目标顾客、怎么与其沟通来传递企业的价值主张 怎样让顾客找到?	顾客细分 企业的产品想要接触或服务的不同人群或组织群体 解决谁的问题?
成本结构 运营商业模式所产生的所有成本 我要付出什么?		收入来源 扣除成本后的企业现金收入 我能得到什么?		

图 2-2 商业模式 9 宫格画布

往也会被认为是不同销售终端的真实场所，包括面对大众顾客的零售 to C 市场——线下传统零售终端（大卖场、超市、便利店、街边夫妻店，以及餐饮店、校园、公园等特殊渠道）和线上电商平台（淘宝、天猫、京东、苏宁易购、拼多多、微信小店、抖音小店等），以及面对企业顾客的 to B 市场。

但是，大多数企业并不是直接将产品传递给目标消费者的，而是通过企业分销体系中的经销商、直销商、批发商、零售商等合作伙伴将企业的产品最终传递给目标消费者。所以，企业真正的市场，除了面对普通大众消费者的销售终端市场外，还有一个容易被忽略的无形市场空间。在这个无形市场空间中，企业一方面通过运转良好的分销体系，先将商品传递给分销体系中的合作伙伴，再通过他们使产品进入真实的销售终端市场，销售给有需求的最终目标顾客；另一方面则运用广告宣传方式，通过无形的市场空间，将商品信息直接传递给目标顾客，进而促进商品的销售，同时目标顾客也通过这个无形市场空间不断将需求信息提供给企业，进而促进企业不断创造出满足顾客需求的产品，提升品牌价值。

所以，**企业的完整市场概念是一个围绕着企业、分销体系、目标顾客三者的无形市场空间与真实的销售终端共同组成的大市场**，如图 2-3 所示。**三者在这个大市场中相互连接，传递价值，进而获得各自不同的利益。**

如今，还有许多传统型企业只意识到真实的销售终端市场，运用落后的商业模式与营销思维运营企业。这些企业在生产出产品后，仅通过设计一个产品包装和一些终端渠道助销 POP 物料，在真实的市场中做一些渠道助销活动来促进销售的达成。这些企业的新产品研发工作也往往是在销售终端真实市场中寻找类似产品进行

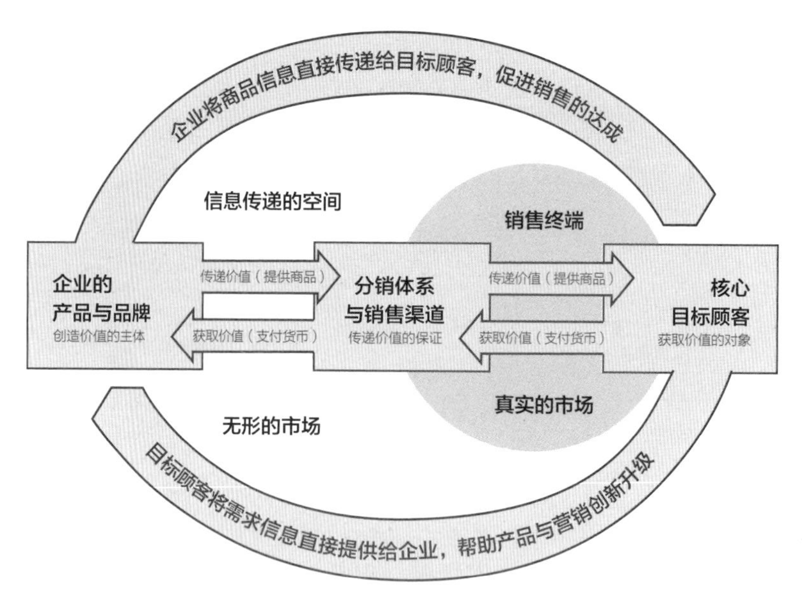

图 2-3 企业的完整市场示意图

模仿与跟随。然而，另外一些表现卓越的行业标杆企业充分意识到了这个无形市场空间对于企业的产品研发创新、品牌价值提升与销售达成的巨大促进作用。在这个无形市场空间中，这些企业一方面通过与分销体系中的商业伙伴的深度合作，牢牢掌控住了企业销售终端；另一方面通过不同媒介载体，向大众消费者不断传递品牌与产品的商业价值，从而让企业的产品与品牌更加深入人心。

在互联网大数据时代，这个无形的市场空间得到了具有互联网思维的企业的关注。今天任何一个普通顾客在互联网上留下的购买、搜索、阅读、浏览、反馈、分享印记，都可以通过数据整理被企业捕捉、收集、归纳和分析。这使得企业可以更加了解目标顾客的需求，为企业的产品创新与市场营销服务。同时，移动互联网也改变了企业以往通过传统媒介进行的单向叫卖式广告传播方式。丰富的、形式多样的企业与目标顾客之间的双向互动传播沟通方式在移动互联网世界得以实现。更有企业通过这个无形市场空间，创造出私域流量社交电商型企业经营新模式。

企业在根据新的市场环境进行商业模式调整时，也需要对产品包装设计进行调整。

企业在面对新的商业机会时，通过对商业模式的调整获得新的发展。今天，许多长期依赖传统线下渠道销售的企业，面对线上电商渠道的强劲增长都十分渴望参与其中，纷纷在天猫、淘宝、京东商城开辟企业线上销售商店，但销售成绩却十分可怜。这主要是因为线上电商销售方式与线下传统渠道销售方式非常不同。消费者通过线上电商平台购买产品时，不仅仅追求方便、省事。线上电商平台更便宜的销售价格，也是众多消费者选择在电商渠道购买的重要原因。

此外，线上电商渠道的互联网开放性、客户信息数据管理与反馈的及时性，以及销售方式的特殊性，对于企业的产品创新能力以及企业与消费者之间的互动能力要求也更高。企业在电商销售过程中不仅要经营好销售类电商平台的站内流量，还要运作好诸如抖音、B 站、快手、小红书、百度等内容类社交平台的站外流量。

但是大多以线下渠道起家的传统企业，销售模式采用的是经销商和代理商制度。企业长期以来扮演的只是一个批发商角色，并不与消费者真正产生交流与互动，所有的交流互动都是通过经销商、零售商、广告公司、活动公司完成的。这样的企业在开展线上电商业务时，往往缺乏直接和消费者沟通的经验与能力。而一家企业在线上电商平台与线下渠道销售同样的商品，也容易造成窜货现象。这就需要企业通过调整产品的内容物或包装，对线下与线上销售的相同商品进行差异化区隔。

“拉面说”和“钟薛高”作为这两年的新兴消费品牌，在企业成立之初依托互联网电商平台售卖，在产品获得了许多年轻消费者喜爱后，开始布局线下渠道。为了防止串货现象发生，两家企业都将自己在线上平台销售的产品与线下渠道销售的相同产品，在包装设计上进行了有效区隔。“拉面说”在线上电商平台采用纯文字版纸盒包装，而在线下盒马鲜生、ole 等高端超市销售的产品包装以袋装与碗装形式为主，画面采用实物摄影方式，增强产品的食欲感，进而刺激消费者产生购买的冲动。而“钟薛高”在线下渠道销售的产品包装上，除了清晰地标注出“线下专供”文字外，在盒马鲜生销售的包装正面还特别印刷上了盒马的品牌标识加以区分。“拉面说”和“钟薛高”在不同销售渠道的产品包装如图 2–4 所示。

图 2–4 “拉面说”和“钟薛高”不同销售渠道的产品包装

在互联网营销时代，当企业遇到发展瓶颈或者面对新的市场发展机遇时，企业领导者必须转变思维，重新审视自己曾经赖以成功的商业模式，对其进行相应调整，才能实现企业的跨越式发展。

2.2 好包装源于好战略：洞察、细分、优先、定位、产品、品牌

企业的市场营销要素分为“战略要素”和“战术要素”两个部分。许多企业非常注重渠道深度分销、广告宣传推广等营销战术要素，却往往忽略营销战略要素，这是错误的做法。商场如战场，而战略则是指导战争全局的计划和策略。争一时之长短，用战术就可以达到，但如果要“争一世之雌雄”，就需要从制定战略规划的全局角度出发。

所以，**任何企业的市场营销工作必须是制定战略在前，执行战术在后。没有营销战略指导的营销战术只是企业的短期行为，会让企业失去未来长期发展的动能与方向。**企业的市场营销战略要素包含洞察、细分、优先、定位、产品、品牌 6 个方面，每个营销战略要素都会对产品包装设计工作起到非常关键的指导作用。

洞察：发现市场机会

企业进行市场营销战略规划的首要任务就是洞察市场。市场洞察的目的是发现市场机会，共分为三个维度：行业发展趋势洞察、市场竞争环境洞察、企业优劣势分析。行业发展趋势以及市场竞争环境洞察，可以通过专业的调研公司与数据公司协助完成，在如今开放的互联网商业社会，也可以通过收集网上已经公开的行业数据与竞争对手数据获得。

之后，市场营销人员还需要针对获得的相关数据进行企业 SWOT 分析。优势（S）：找到企业实现其市场目标的内在优势；弱势（W）：规避企业内部可能阻碍其实现目标的弱势问题；机会（O）：发现对企业具有吸引力的外部市场机会；威胁（T）：避免可能影响企业获得市场机会的外部威胁。

洞察市场是一切市场营销行动的起点。企业通过市场洞察发现市场机会，确定竞争对手，找到自己产品与品牌的竞争优势，才能设计出具有市场竞争力的产品包装。

细分：找准目标受众

没有一款产品可以满足所有消费者的需求。而细分指的是企业市场营销人员依据不同消费者的需求、购买行为和购买习惯差异，把某一产品的整体市场划分为若干拥有相同需求目的消费群体的细分市场，从而锁定产品面对的核心目标消费人

群。每一个细分目标市场都由具有类似消费需求倾向的一群人构成。

企业进行目标消费者市场细分的标准可以概括为地理因素、人口统计因素、心理因素和行为因素四个方面，每个方面又包括一系列市场细分变量因素。表 2-1 展示了企业进行目标消费人群细分的不同维度。

表 2-1 目标消费人群细分维度

消费者维度	细分变量
地理因素	国籍、民族、宗教、地理位置、城镇大小、交通状况、人口密集度等
人口统计因素	年龄、性别、社会阶层（职业、收入、教育）、家庭人口等
心理因素	性格特点、购买动机、社交群体意识等
行为因素	购买时间、购买地点、购买频率等

企业在进行市场细分时必须要注意两个问题：一，细分市场过多，会导致企业产品线无限延长，使得企业生产成本和营销费用相应增长，最终难以获得利润；二，过于细分的市场，会造成目标市场人群数量少，一个产品如果没有较大的消费人群基数做支撑，就没有销量，不管它多么有特色也没用。

企业进行市场细分的目的是让自己销售的商品充分满足细分市场目标消费者的需求，所以发掘出目标市场核心消费者的真正需求非常关键。然而，发掘目标消费者的需求并不是一件容易的事情。人的需求多种多样，不同的需求会影响到不同消费者为什么买、买什么、怎么买、在哪里买、何时买以及买多少？

需求不是企业市场营销人员自己创造出来的。人的需求存在于自己的表面意识与潜意识深处。有些需求是由消费者的生理情况引发的，如渴了、饿了、馋了等，这些可以理解为人类的生理需求。但消费者在选购产品时，还会受到潜在心理需求因素的影响。这些需求是由人的心理因素激发形成的，如归属感、被尊重、自我价值实现等。这些可以理解为人类的内在心理需求。而这部分潜意识需求往往不被人明显察觉，因为这种心理需求只有当人的潜意识被激发到足够程度时，才会转化为真实的需求。可以将消费者的需求分为表面简单需求、潜意识需求与深层需求三个层级。

表面简单需求：指人对于食品和饮品饱腹、解渴的基本需求，对衣服、清洁用品整洁、耐用、干净等基础功能需求，以及对于健康、营养、漂亮、温暖、舒适、安全等基础心理感受需求。表面需求是人物质与心理感受方面的基础需要。这种需要可以转化为人们对某种有形物质或无形体验的需求。

潜意识需求：潜意识需求由人的社会背景、经济收入以及个性决定。一个可以自由支配财富的人，潜意识里会需要与自己收入相匹配的奢侈品；而一个经济拮据的人潜意识里则需要基本的生活用品。我们对服装的表面需求是保暖和遮体，但一个年轻人对于服装的潜意识需求可能还包括好看且符合潮流，而一个年长者也许更关注衣服的舒适度与耐磨性。

深层需求：指人更高层次的、基于认同感与归属感的需求。每个人的深层需求会受到文化教育与社会价值意识以及年龄、阅历等方面的影响。从这个层次讲，获得尊重和接纳、追求自身的成功、具有环保意识等都属于人的深层需求范畴。许多品牌的产品正是抓住了目标消费者的这种深层需求，使品牌形象价值的塑造与之相契合，进而获得了他们的长期青睐。

满足不同消费者需求的产品，为企业带来不同的市场价值，也决定了企业的品牌在消费者心中的高度以及企业的市场地位。图 2-5 的马斯洛需求理论将人的需求划分为生理需要、安全需要、社会需要、尊重需要、自我实现需要，其中底层需要是对功能利益的生理需求，金字塔尖是对情感利益的心理需求。满足消费者表面需求的产品品牌价值较低。满足消费者心理需求的产品品牌价值较高。聪明的品牌善于发现、挖掘与嫁接深层次的消费者需求。企业生产的产品一旦激发起消费者的潜意识需求和深层需求，往往可以产生足够大的能量驱动他们购买。

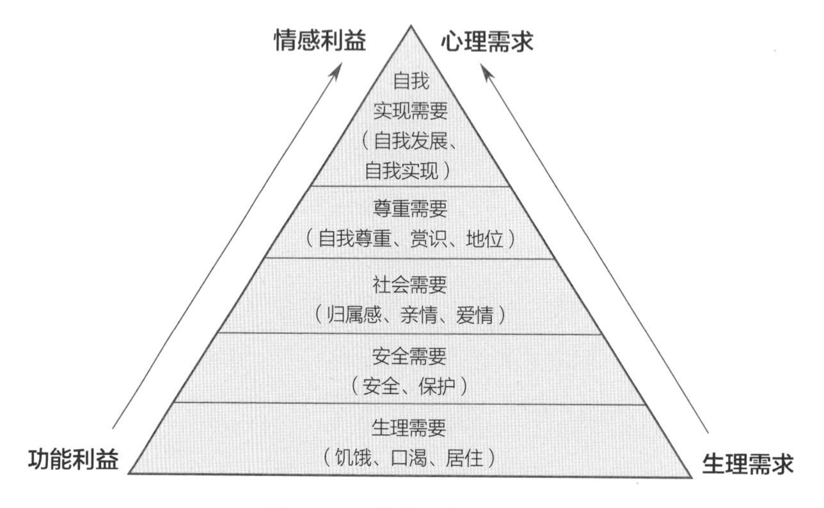

图 2-5　马斯洛需求理论构架

细分人群对企业包装设计的前期思考具有关键指导作用。不同细分人群对产品包装的需求非常不同。如孩子喜欢可爱的卡通包装、青年人喜欢潮酷靓丽的包装、一线城市的高知人群偏爱品质包装、老年人往往偏爱实惠包装。性别、年龄、生长环境、收入水平、民族等人口、地理因素，甚至生活方式、购买用途等因素，都会影响产品包装的设计方向。所以，包装设计前期必须要明确产品的核心目标消费者是谁，以及他们对于产品的需求到底都有哪些。

优先：选好销售市场

企业销售产品时需要面对不同销售区域以及不同销售渠道的市场，不可能同时进入所有销售区域和销售渠道的市场，这就需要企业选择优先进入的市场。考虑优先市场的可进入性，是确定企业营销行动可行的关键。企业选择优先进入的销售市场时，需要考虑 4 个层面的问题：

（1）企业的产品是否适合在这个市场销售。

（2）这个区域以及渠道市场是否是企业目标人群的主要消费市场。

（3）优先进入的区域以及渠道市场是否具备足够大的消费能力。

（4）企业是否具有进入这个市场的能力与优势。

企业选择优先进入的销售市场不同，对产品包装设计的要求也不尽相同。为了防止串货，对线上电商与线下传统销售市场的产品包装形式需要加以区分。不同线下渠道的产品包装，在包装设计要求上也不尽相同。比如，面对餐饮渠道 to B 市场的调味料、米面粮油等产品，受成本控制因素影响，会采用大规格的包装形式；在餐饮渠道销售的饮料与啤酒更偏爱可回收的玻璃瓶包装，在高档酒店、KTV 销售的饮料则习惯使用易拉罐包装，面对 to C 市场的便利店与街边小店销售的饮料则比较偏爱 PET 塑料瓶包装。

定位：抢占消费者心智

企业所有市场营销行动中，最重要的战略决策就是要抢占一个定位，使品牌成为某一类产品的代名词。定位的目的是在目标消费者心智中建立相比竞争对手更具优势的市场地位。正确的定位是指导产品研发以及后续一系列营销战略与战术的关键。现代竞争战略之父迈克尔·波特指出：**“战略的核心就是创建一个有利的定位。”**

克劳德·霍普金斯是现代广告传播理论的鼻祖，也是定位理论的“奠基者”。他成功打造了畅销全球百年的桂格麦片、喜力啤酒等品牌的广告。20 世纪 20 年代，霍普金斯在其著作《科学的广告》一书中明确提出了产品差异化与品牌印象的概念，强调了消费者的心理需求与广告的承诺对传播的重要性，从而确立了定位理论的基础框架。他坚持认为，只有认真研究消费者需求，才能使广告传播达到最佳效果。霍普金斯做广告时秉承的基本原则是：从不号召大家购买我的商品，广告只讲承诺与服务。他尤为看重承诺的重要性，着重指出："广告的承诺要具体、明确。"霍普金斯对广告的诠释是这样的：**广告的形式并不重要，关键是看效果，老老实实地把产品信息传递给消费者并不是一件坏事。**他坚持认为，由于产品的使用群体是普通大众，所以广告词不能故作高深，而是要用他们听得懂、能理解的方式介绍，必须迎合人心。

基于霍普金斯的这种思想，从图 2-6 中，我们可以发现一百多年前桂格燕麦的包装设计，已经奠定了其现今包装的构成要素基础。这款包装上的品牌标志、IP 形象、色彩，产品卖点的表述以及与消费者的沟通方式，都非常简单且直接明了。

图 2-6　桂格燕麦百年前与现在的包装

20 世纪 50 年代，广告大师罗瑟·瑞夫斯在产品力与消费者需求的关联性基础上，提出了著名的 USP 理论（独特的销售主张，Unique Selling Proposition）。瑞夫斯指出，广告是将产品信息植入消费者头脑的艺术，而消费者心智容量是有限的，无法记住所有产品信息，所以广告口号必须是竞争对手无法提出或者区隔于竞争对手的，并且能够有力促进产品的销售。USP 理论奠定了定位理论的基石，其核心在于：**广告必须向消费者陈述一个独特的、能够带来销量的产品卖点。**它有三个特点：

（1）每个广告都要向消费者明确提出一个包含产品特定利益承诺的销售主张。

（2）这个主张必须是唯一且独特的，是其他同类竞争产品不具有或没有提出过的。

（3）这个主张必须有利于促进产品销售，并且能够吸引大量的消费者。

USP 理论的创造性在于揭示了产品力的精髓。瑞夫斯最经典的案例是帮助玛氏公司 M&M's 巧克力豆创造的"只溶在口，不溶在手"的独特销售主张，这句广告语让这颗普通的小小巧克力糖豆至今仍然是全球消费者的最爱，并且使得M&M’s品牌成了糖豆品类的代名词，让所有竞争对手从此再难复制和超越。M&M’s巧克力豆独特的产品包装如图2-7所示。

图2-7　M&M’s巧克力豆独特的产品包装

之后，“品牌之父”、奥美广告创始人大卫·奥格威又通过品牌形象论对定位理论加以进一步完善。他指出：**消费者购买产品的驱动力来自两个因素：产品实质的功能利益带来的理性需求和品牌情感利益带来的感性需求。在某些产品的功能利益点非常微小，或者和竞争对手的产品过分相似，很难让消费者信服的情况下，就需要将产品的品牌形象化，以区别于竞争对手的品牌，从而触达消费者更深层的心理利益。而一旦将品牌情感利益植入消费者心中，品牌的情感价值在消费者心中将很难被取代。当一个产品拥有一个强大的品牌时，它为企业带来的市场价值不可估量。**

大卫·奥格威同时指出，所有的好广告都源自一个伟大的好创意（Big Idea）。好创意并非是一句简单的广告语，而是对于目标消费者需求的深刻洞察。所以，一个伟大的好创意必须从消费者的需求中发现，进而驱动他们购买。大卫·奥格威进一步明确了品牌定位的核心基础来自对消费者需求的深度挖掘。

以品牌形象论来审视农夫山泉两个阶段的著名定位，从之前提出的“农夫山泉有点甜”产品功能利益，到之后“我们只是大自然的搬运工”的品牌情感利益，这两次定位为农夫山泉带来了超高品牌估值。我们亦不难理解品牌形象论的意义所在了。

之后，特劳特和里斯两位市场营销大师，将克劳德·霍普金斯、罗瑟·瑞夫斯、大卫·奥格威的理论结合，引入到定位理论中。他们在《定位》一书中指出：随着市场竞争激化，同质化或相似化的产品日益严重，这时单纯从满足消费者需求的单向维度思考无法做到差异化的定位，那么就必须要从市场竞争角度出发，以树立强大的品牌为核心基础，找到比竞争对手更具优势的差异化定位。定位的核心是使品牌实现竞争区隔。同时，他们也提出定位分四个步骤：

（1）分析行业竞争环境（找到品牌差异化的竞争优势）。

（2）寻找区隔概念（为品牌提出一句竞争对手没有提出的、差异化的有力口号）。

（3）找到支持点（为这句口号找到产品与品牌能够提供的、消费者足以信赖的支持与承诺依据）。

（4）全力传播（集中企业营销资源优势，全力向消费者宣传这一定位）。

后来，特劳特和里斯又从普鲁士军事家克劳塞维茨的《战争论》和达尔文的进化论中得到启发，在其著作《品牌的起源》和《商战》两本书中对他们提出的定位理论的不足之处加以补充，将定位理论从原来的传播学原理提升到市场营销战略和品类战略的高度。

他们指出，**品牌起源于分化，分化后形成品类。定位的精髓是让品牌占领一个品类的消费者认知。因为品类是隐藏在品牌背后的关键力量，消费者通常都会先从品类选择来决定购买什么产品，再通过品牌来确定到底要购买哪家企业的产品。**此外，他们结合企业的不同发展状况，将企业的营销战分为四种类型：防御战、进攻战、游击战、侧翼战。

20世纪80年代初，美国的许多行业都进入到充分市场竞争阶段。基于此，现代竞争战略之父迈克尔·波特先生，在他最著名的《竞争战略》一书中提出**“竞争战略的核心就是创建一个有利的定位”**。迈克尔·波特不仅在此书中提出了竞争战略定位理论，而且还针对企业的竞争来自哪里，提出了著名的“五力模型”。该模型包括来自行业内现有对手的竞争、来自市场中新生力量的威胁、市场外替代者的商品、供应商的还价能力、消费者的还价能力五种力量。波特还提出了“总成本领先、差异化、聚焦”三大企业应对竞争的战略执行法则。之后，波特又在他的另一本著作《竞争优势》中提出，**企业获得最大竞争优势的核心是获得企业价值链的整体优势，而其核心竞争定位就是在企业的整条价值链中，企业经营者需要在哪些环节上进行布局。**

后来，现代企业营销之父菲利普·科特勒先生，又将定位理论引入企业市场营销要素之中，作为其“STP市场定位理论”的重要组成部分。STP理论指出：**企业首先要确定好产品面对的细分目标人群（Segmentation）以及他们的需求；其次要选择好优先进入的目标市场（Targeting）；最后把产品定位（Positioning）放在满足目标市场和细分目标人群需求的位置上，从而指导企业所有的市场营销活动。**

现代企业管理之父彼得·德鲁克先生基于企业的不同商业模式，也强调了企业定位对于企业管理的重要性。企业定位即首先要确定你公司是干什么业务的

（What’s your business），企业所有的管理必须围绕公司业务发展进行。该理论将定位从企业市场营销维度提升到企业管理高度。

如今，许多市场营销人员难以做到准确运用定位，究其原因，一方面是因为许多人仅仅将定位理论理解成一句简单的广告语，但是其广告设计却缺少了真正满足消费者需求的品牌力与产品力的核心承诺支撑。同时，有些人在给自己的产品进行定位时，会不自觉地陷入自我意识状态，为了定位而定位。他们的定位方式往往是首先考虑自己的企业能生产什么产品，之后才会考虑面对的目标消费者需要什么，而对于定位理论的核心——与竞争对手的差异点——根本不去考虑。甚至还有一些企业模仿市场上销售状况良好的同类产品，采用更低的销售价格，或者不断促销打折的削价策略，希望获得市场成功。这种方式更不可取。因为定位的根本目的是让产品的品牌获得更大市场价值，而不是低价定位。

另一方面，之所以无法准确运用定位理论助力企业成长，是因为缺少了一个正确的定位工具。定位工具非常重要，因为基于特劳特和里斯的理论，定位的核心是解决消费者对品牌与产品的认知问题，但却无法解决消费者购买意愿的问题。就像定位口号中经常被提及的“我是品类第一”“我是行业领先”，但是即使你的产品是第一，或者做到了家喻户晓，可并不一定就是消费者愿意购买的产品。基于市场营销理论的定位工具，能解决消费者的实际需求与购买偏好问题。图 2-8 展示的定位工具涉及三个核心：

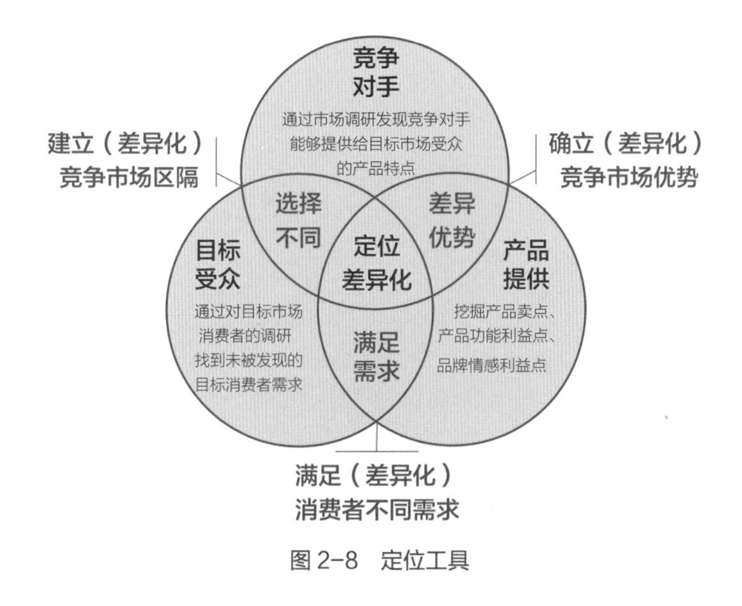

图 2-8　定位工具

建立差异化竞争市场区隔：自己的产品和品牌与竞争对手相比有哪些优势？

满足差异化消费者的不同需求：目标消费者还有哪些尚未被满足的需求可以被满足？与竞争对手相比，目标消费者为什么会选择我的产品？

确立差异化竞争市场优势：企业通过何种市场营销手段，确立自己差异化的竞争优势？

优秀的市场营销人员必须充分了解和掌握定位工具。正确的市场定位是指导产品研发以及后续一系列市场营销行动的关键，更是评定产品包装设计正确性的关键。可以直接地说：**定位一旦出错，无论你的产品包装设计有多好看，都不可能取得市场成功。**

产品：发掘产品机会

产品要素注重产品的创新性、产品品质以及对产品独特卖点的发掘。企业都有自己的产品，但这并不代表你的企业拥有的是一个好产品（关于什么是好产品，我在此书的第三章会有更详细的阐述）。好产品才是驱动消费者再次购买的真正原因。好产品可以让企业获得更高的市场利润，并且为企业带来更大的品牌价值，是企业得以持久健康发展的保证。

许多企业习惯先出产品，再找营销公司来进行定位。但是，优秀的企业总会先发现比竞争对手更具优势的市场机会，以及消费者未被满足的需求，找到自己的差异化市场定位，再针对性地进行产品创新研发，这样才有机会获得消费者的持久青睐。

产品要素是指导包装设计的关键元素，产品的形状、成分、品质要求等因素都会对包装设计的容器与标签产生影响。企业在产品研发完成以后，还要对产品独特的卖点进行精确提炼，并将其呈现在产品包装上。**只有产品有卖点，消费者才会有买点。**

品牌：确立市场地位

品牌作为消费者对于企业或产品可视并可读的工具，是一个有形的名字、标志与符号设计的组合。同时，品牌对于企业而言也是一种与顾客建立起可信任关系的无形资产。一个好品牌代表了企业的产品具有更好的市场竞争力，也代表这家企业生产的产品值得顾客信赖。宝洁、可口可乐、奥利奥、雀巢、伊利、飞鹤这些消费者耳熟能详的品牌都代表着某类好产品。**“品牌之父”大卫·奥格威指出：**

企业一切市场营销行动的最终目的，就是在消费者心中建立一个拥有强大号召力的品牌。

品牌分为企业品牌与产品品牌两种不同形式。企业在实施品牌战略规划时，有单一品牌战略与多品牌战略两种形式。多品牌战略还可以分为独立品牌、主副品牌、母子品牌 3 种不同形式。企业采取何种品牌战略方式，依据三个品牌管理原则决定：一，企业发展阶段与发展规模；二，满足不同目标消费者需求的产品品类属性；三，对不同产品线的品类管理规划。

品牌包含的内容非常丰富，“现代品牌营销之父”戴维·阿克认为品牌的核心资产包括认知度、知名度、忠诚度、美誉度、品牌联想、品牌议价能力、品牌盈利能力。这些品牌资产通过多种方式向消费者和企业提供不同的价值。

品牌命名是塑造品牌的第一步。营销大师里斯指出：从长远看，对于一个品牌来说最重要的就是名字。产品拥有一个让消费者记忆深刻的好名字，相当于成功了一半。好品牌的名字不需要太复杂。简单直接的名字是品牌快速做到人尽皆知的关键。“飘柔”让人感受到头发的柔滑顺泽，“红牛”让人感受到力量，“六个核桃”让人感觉在产品中真的会有六个核桃，“豆本豆”可以让人直接联想到豆奶品类产品。同时，为品牌设计一个可以让消费者深刻记忆的视觉标识也非常重要。在产品包装上的显著位置放置一个能让消费者记忆深刻的品牌标识，可以帮助产品获得最大的品牌价值。在消费者心中建立一个强大的品牌分 4 个步骤：

1）进行品牌诊断。进行自我品牌诊断是明确品牌与消费者之间的关系，确定品牌给消费者创造的目标价值的重要工作。品牌诊断的最终目标是为品牌建立起品牌金字塔或品牌屋。图 2-9 的品牌金字塔和品牌屋有着不同构架方式，但是制定原

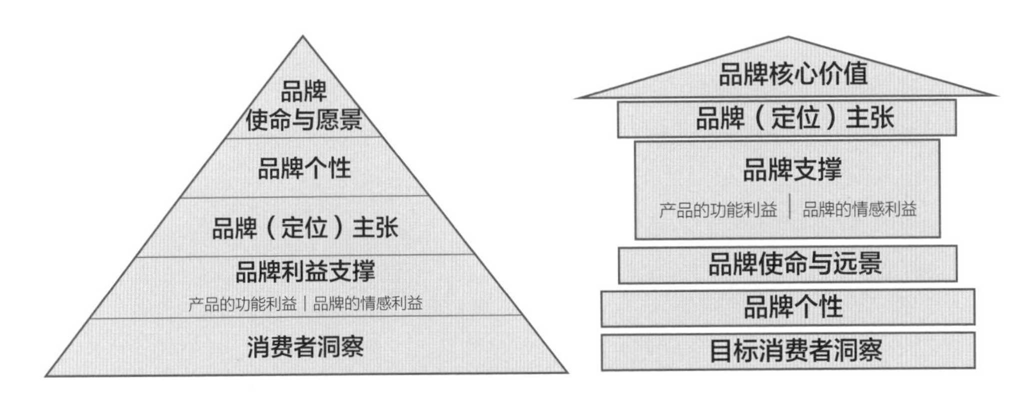

图 2-9　品牌金字塔和品牌屋的构架图对比

理与功能作用都是一样的。品牌金字塔是品牌未来发展的指导方针，能够让企业知道自己为什么要做这个品牌以及这个品牌为消费者创造了什么样的价值，在告诉消费者品牌“是什么”的同时，还告诉他们品牌“不是什么”。

2）**建立品牌形象识别系统。**围绕着品牌形成的品牌形象识别系统，是品牌用何种形象呈现在消费者面前的精髓，被称为品牌钻石落地工具。图 2-10 中的品牌钻石落地工具导图，不同于传统意义上的品牌 VI 识别系统。它包括品牌可以触达消费者感知层面的 6 个关键内容：品牌名称、品牌标识和形象符号、品牌颜色（主色调）、产品包装、品牌的广告语、品牌主视觉。

图 2-10　品牌钻石落地工具导图

3）**建立品牌推广体系。**要让消费者对品牌留下深刻记忆，还需要企业围绕品牌钻石落地工具的 6 个方面，通过不同传播载体进行持续的品牌传播推广，进而保证品牌形象与消费者心智之间的持久连接。

4）**建立品牌资产管理体系。**品牌资产管理以建立品牌的知名度为核心，以建立品牌的品质认知、品牌的消费者联想和维持品牌忠诚度为指导原则，包括准确定义品牌、规范管理品牌，从而最大限度地提升品牌的市场价值，最终最大限度地提升企业利润。

可口可乐作为全球最具价值的品牌之一，为其品牌建立了一套非常完善的品牌形象识别管理系统指导手册，其部分章节如图 2-11 所示。可口可乐品牌形象识别管理系统作为企业在全球不同国家指导产品包装的品牌设计呈现以及在不同传播载体上的品牌呈现的设计使用规范，很好地维护了可口可乐在全球消费者面前的品牌一致性，提升了可口可乐的品牌市场价值。

图 2-11 可口可乐品牌形象识别管理系统指导手册

洞察、细分、优先、定位、产品、品牌 6 个要素，组成了企业的营销战略核心。营销战略一旦制定就不能随意更改，必须持续地贯彻执行，除非市场出现问题，才需要重新做出调整。定位理论的开创者杰克·特劳特和艾·里斯先生更是指出：**商场如战场，事实上无论承认与否，今天很多企业，甚至是商业领先者都忽视战略，重视战术。这对于企业是一个极危险的错误。只有在开战之前制定正确的战略，才能确保赢得整个战役的胜利。**

许多产品的问题都出在“没有好战略”上。2004 年，雀巢推出了含有天然活性膳食纤维的功能饮料水护养，不但请香港著名设计师陈幼坚先生设计了十分漂亮的产品包装，而且还签约著名主持人代言，但是这款产品不到三年就匆匆下市了。2007 年，可口可乐推出草本植物茶饮料茶研工坊，主打健康、轻养概念。其产品包装设计得十分漂亮，并且斥巨资请大明星代言，然而却以失败告终。2016 年，农夫山泉打奶茶时尚好看的产品包装在货架端十分醒目，“打出柔滑，不打不奶茶”的广告一经播出，便引起了许多消费者注意。但是该产品从名噪一时到悄无声息更是不到一年。三家如此有实力的企业推出的三个产品，从包装的颜值、广告传播手段以及市场推广力度这些营销战术看，都下了足了功夫，但最终都没卖好。究其原因，其实他们都犯了几乎一样的营销战略错误。

首先，在产品研发方面，口感出现问题是导致销售不畅的硬伤。虽说口感因人而异，但三个产品都为了追求养生与健康的新概念，对产品配方和生产工艺进行了深度调整，从而和消费者早已熟悉的、在市场上已经存在很久的同类产品的口味出现极大差异。打奶茶甚至被许多年轻人在网络上评选为最不好喝的奶茶饮料。

其次，水护养、打奶茶和茶研工坊推出的都是小容量、高价格的产品包装。但是当时市场上的同类产品都是500ml的大包装，且价格便宜了将近一半。因此，很难让消费者付出比同品类产品高近一倍的价钱，买到的却是一瓶更小容量的产品。雀巢、可口可乐、农夫山泉作为三家超有实力的企业，对于全国销售渠道的掌控力都早已做到了近乎完美。企业推出的产品必须要与自己的渠道掌控力对应。产品定位高端细分市场，反而让三家企业拥有的全国渠道优势不能得到充分发挥，做起来得不偿失，最终只有选择下市。图2-12展示了水护养、茶研工坊、打奶茶的产品包装。

图2-12 水护养、茶研工坊、打奶茶的产品包装

最后，三个产品的品牌命名也值得探讨。是否可以在命名时跳出水、茶、奶茶品类，去努力创造一个新的品类？王老吉凉茶有着一股中药味，定价也比普通茶饮贵，净含量更少。但在品牌命名时却避开了大众熟悉的“茶”字，品牌定位主打“怕上火喝王老吉”，消费者反而接受了产品奇怪的口味。2004年，今麦郎曾经上市过一款名为“水果多水”的果味水，没有成功。但是几乎差不多同期上市的另一款果味水，在品牌命名上选择了“脉动”，主打果味维生素概念，创造了轻功能型饮料品类，进而取得了市场成功。

里斯在《品牌的起源》一书中提到品类分化创造品牌。当企业的产品定位与市场上同类产品不一样时，可以考虑在品牌命名时，避开原有品类的命名范畴，去努力创造一个新品类的新品牌，让消费者乐意接受不一样的产品。

无论企业多么辉煌，市场都是残酷的。可口可乐的成功并不代表茶研工坊可以成功，同样雀巢咖啡和农夫山泉瓶装水的成功也无法复制到水护养和打奶茶上。如果没有正确的市场营销战略指导，再好看的包装、再大的市场投入都无法让产品获得成功。

案例：单身狗粮薯片依靠精准的好战略、大胆出跳的包装设计获得成功

中国的薯片市场早已被乐事、可比克、上好佳三大品牌占据了大半江山。同时，品客、好有趣、亲亲、盼盼等不同品牌的薯片产品也已深耕多年。但在2017年，由一家名不见经传的公司推出的单身狗粮薯片刚上市，就受到了众多年轻消费者追捧，其新颖的产品包装更成了他们在社交媒体上分享的载体，这款薯片迅速成为爆红零食。单身狗粮之所以获得市场认可，关键是企业对市场营销战略的精准把握。

在产品上市前期，企业首先对薯片市场进行了全面了解。中国零食大品类增长迅速，薯片更是受到年轻一族喜爱。企业在对这群核心消费者进行深入研究后发现，中国单身人口已达到2.4亿，超过7700万人处于独居状态，且大部分都是90后年轻人，这些年轻的单身人群中的绝大多数爱自由、喜分享、不将就、有个性，愿意选择单身生活，有着很强的经济实力和消费能力，并且是零食的主要目标消费者，“单身经济”正成为越来越火的消费趋势。于是，企业借由这些单身青年常常用来自嘲的“单身狗”话题标签，准确把握住了目标消费人群的心态，采用了令人记忆深刻的品牌名字“单身狗粮”。同时，产品包装大胆以狗头作为主形象，不同口味的包装上印有不同的狗头。消费者走进薯片货架，立刻会对单身狗粮的包装产生深刻的记忆。

单身狗粮的包装不论从颜值还是品牌名称上看，都成为单身人群的社交话题，如图2-13所示。产品一上市，众多单身年轻人就在微博、微信平台拿着产品包装进行分享评论，这些人一方面在自嘲与调侃，另一方面也借助单身狗粮包装满足了自己的社交需求，同时帮助企业进行了很好的品牌推广。产品上市仅一年多，单身狗粮就打开了市场，销售额超过了一个亿，但企业真正投入的广告营销费用只有区区25万元。

图2-13　单身狗粮的不同产品包装

在互联网数字营销时代，单身狗粮的创始人曾瑞露认为“吃了不分享，就是失败的产品”。单身狗粮正是因为前期对市场战略的精准把握，才设计出了不一样且够大胆的产品包装。相信没有哪家传统消费品企业敢将给人吃的薯片产品命名为“狗粮”，将狗头形象大大地呈现在给人吃的产品的包装上。但正是这样出奇的、略显自嘲的命名与包装设计形式，在当下立刻受到了单身一族的疯狂追捧与传播。行业内许多人都评价：单身狗粮，很会玩，而且玩得很高级、很大胆。

2.3 好战略依赖好战术：包装、价格、渠道、传播、售后

制定一套完善且全面的市场营销战略是企业赢得市场竞争的核心，但是再好的战略，也需要可落地执行的有效战术做保障，没有战术执行力的战略就是纸上谈兵。**企业的营销战术包含包装、价格、渠道、传播、售后 5 个要素。市场营销战术要素遵循可变原则，企业根据市场状况的变化不断对其进行调整。市场营销人员可以通过调整 5 个战术要素中的某一环节或几个环节，帮助企业产品销售不断增长。**

包装：战术第一要素

产品包装是产品转换成商品的重要工具，也是企业市场营销战略到战术转换的第一要素。一个优秀的产品包装设计要能够充分体现企业的市场营销战略意图，既要与市场定位相吻合，又要充分体现品牌的价值。在堆满众多同质化竞品的货架上，要让消费者迅速发现企业的产品，包装起到至关重要的作用。产品的品牌、品类属性、产品卖点、产地、生产标准、产品规格等驱动消费者购买的信息，通过包装准确地传递给购买者。包装设计的好坏直接关系到产品是否吸引目标消费者，进而促使其产生购买的欲望。包装设计需要仔细考虑 4 个方面的基础问题：

（1）符合目标消费者的购买与使用需求。

（2）准确向消费者传递产品的卖点。

（3）充分体现产品的品牌价值。

（4）区别于竞争对手的产品包装。

价格：驱动购买的关键

每一种商品都有它的价格，物价的改变会直接影响人们的生活质量以及他们对产品的购买意愿。产品定价更是决定了企业盈利的能力。研究发现，如果产品价格提升 1%，企业盈利能力可以提升 10.29%。关于产品定价有许多误区，许多公司会

采用一些传统简单的定价方法，但是简单的未必就是好的方法。好的定价应该遵循顾客导向、差异化、灵活三个定价原则，还要考虑产品的目标销售量、渠道分销费用、市场推广费用、竞争情况、目标客户普遍接受度等许多因素的影响。

产品的定价从两个基础维度考评：产品成本加成与品牌价值加成。在产品成本加成测算中，非常重要的一项就是产品的包装成本。包装容器的工艺与材料、包装标签的材料和印刷工艺都会对包装成本产生影响，从而最终影响产品的市场定价。

产品定价对于企业非常重要，太低会减少利润，太高会减少需求。有些企业的产品会采用成本定价法，用物美价廉、薄利多销的方式赢得市场。而一些品类头部品牌的产品，更愿意采用品牌价值加成定价法，产品定价一般都会高于同品类竞品平均线，并且产品包装也设计得更有品质感，进而促使消费者接受产品的高价格，令企业获得更多的利润。

但是今天，也有某些网红品牌，期望自己的产品可以获得追求颜值的年轻消费者的喜爱，在设计产品包装时不计成本，过度包装，从而导致产品定价过高，这种做法是不可能最终赢得市场的。

渠道：强大的销售保障

战术端的渠道不仅仅指的是销售终端，而是指企业的产品经过不同层级的分销商，最终到达不同销售终端的整体分销体系。企业选择渠道时需要考虑：

（1）如何将产品更顺利地送抵消费者手中？

（2）产品的最佳销售渠道在哪里？

（3）企业的资源、能力、产品和所选渠道是否匹配？

（4）企业是否在这个渠道具备竞争优势？

（5）所选渠道是否为产品目标人群经常购买的渠道？

（6）是否可以优化企业的分销体系，使得企业销售成本与产品周转更加快捷可控？

（7）企业的销售渠道是否可以进行同一区域的不同渠道扩容，或者进入未曾进入的销售区域，使得产品可以销售给更多目标消费者？

许多企业的一线销售人员，甚至分销商，更了解销售终端状况，经常会给出很好的包装设计指导建议。同时由于线上电商销售产品的分销体系与线下销售产品的分销体系非常不同，许多依赖电商销售的企业会特别重视产品包装的开箱体验设计。

传播：提升消费者认知

企业通过广告创意内容，利用各种媒介与目标消费者进行沟通，在消费者心中建立强大的品牌认知，进而促进产品的销售。消费品企业要想做大做强，绝对不能忽视广告传播的力量。分众传媒创始人江南春在其著作《人心红利》中提出，企业必须通过广告传播手段，广泛地向目标消费者持续地传递品牌价值和产品承诺。企业在做传播时需要考虑 7 个方面：

（1）哪些传播方式更适合企业？

（2）哪种传播方式对目标消费者更有效？

（3）传播的内容是否能够吸引目标消费者的关注？

（4）选择传播的媒介载体是否可以有效触达目标消费人群？

（5）传播媒介资源与产品销售区域是否匹配？

（6）企业是否为传播资源准备了充分的市场预算？

（7）企业如何对市场传播费用进行合理分配？

包装作为广告传播的主角，包装中的许多元素会被运用在广告画面之中；同时，产品广告中的明星肖像等元素，也经常会被用在产品包装设计里。

售后：建立持久信赖

企业通过售后服务保持和消费者的交流，增进彼此的亲密关系，从而让他们更信赖企业的品牌，愿意再次购买企业的产品，并且喜欢与他人分享。在互联网营销时代，产品售后对企业的销售影响变得更加重要。每一位消费者在购买、使用完产品以后，都有可能成为企业产品和品牌优劣评价的传播者，淘宝、小红书、抖音、B 站等众多互联网平台都成了消费者购买产品后进行评论的传播窗口。网上对于企业产品的一条好评可以带来更多人的争相购买，一条差评也会给企业造成不可估量的损失。

众多企业现在都积极利用线上流量平台，与消费者进行互动沟通，再对消费者的评论进行数据汇总与整理，指导企业后续的市场营销工作。还有一些企业会通过消费者的评判，指导下一次的包装设计调整。消费者的售后维护既可以说是企业全面市场营销行动的终点，也可以说是下一次市场营销行动的新起点。

市场营销战略 6 要素——洞察、细分、优先、产品、定位、品牌，以及战术 5 要素——包装、价格、渠道、传播、售后，构成了企业全面市场营销工作的全部核心内容（图 2-14）。这些市场营销要素围绕企业的商业模式展开，涉及企业发现市场机会、研发创新产品、营销激活市场、获得市场反馈 4 个重要阶段，作用于从企业销售活动开始前的产品研发阶段，到产品销售活动中的促进销售阶段，再到产品售后服务阶段的全过程，贯穿企业发展始终。

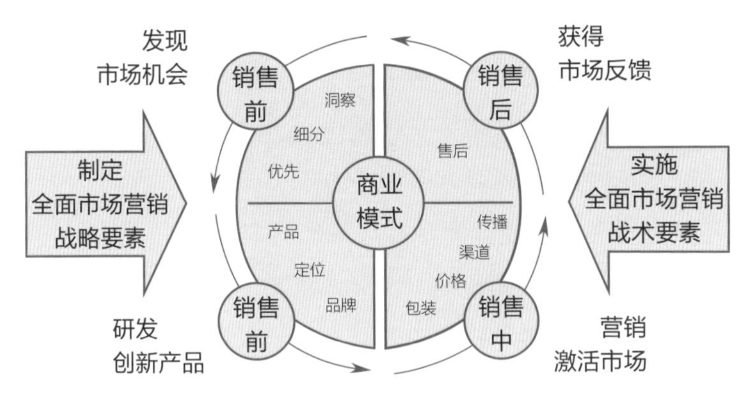

图 2-14　企业全面市场营销工作的全部核心内容

企业参与全面市场营销行动的人员必须从整体营销目标出发，统筹管理所有全面市场营销要素的各个环节，使之成为一个有效的营销整体，推动营销行动，保证营销战略的顺利贯彻。

包装与其他营销要素关联非常紧密。企业制定完市场营销战略以后，在产品投向市场前，实施市场营销战术的第一步就是给产品设计一款好包装。所以也可以说，**包装是企业从营销战略到营销战术的转换核心。好包装对企业的市场营销工作的成功起到十分关键的作用。**

同时，市场营销人员对其中任何一个市场营销要素的调整，都会对包装设计工作产生重要影响。企业制定的营销战略规划，更是直接对包装设计方向起到关键指导作用。因此，建立与培养企业负责包装设计工作人员的全面市场营销思维非常重要。同时，包装设计公司也应该努力深入了解企业的全面市场营销要素。只有了解客户的生意，才能设计出符合企业市场需求的好包装。

企业的全面市场营销核心要素的 8 个显著特点

1）顺序性。统筹管理全面市场营销的各个要素不是对其进行简单地相加或拼凑集合，必须先思考清楚企业的营销战略，再制定出企业的营销战术，最后匹配相对应的市场营销手段。

2）**组合性**。企业的不同营销要素是一个完整组合体，不能仅依赖其中某一个要素驱动企业的市场营销工作，而应在企业统一的营销目标指导下，使各要素彼此配合、相互补充，用全面市场营销要素的组合效应为企业带来持续健康成长。

3）**全面管理性**。全面市场营销要素内容广泛，这也就意味着营销已经不仅仅是企业单一市场营销部门的工作，更是跨部门的协作，这强调企业市场营销领导者要有全面营销视野。也就是说要在企业首席市场营销官的带领下，驱动企业整体价值链上的不同部门、不同人员、不同合作伙伴为企业全面市场营销努力工作。优秀的企业市场营销行动更是一项企业营销管理的艺术。

4）**不固定性**。所有的这些营销要素都不是固定不变的，而是不断变化的。营销要素的不固定性来自企业外部环境与内部调整两个方面。外部环境受到如行业政策法规的调整、目标消费者消费行为的改变、竞争对手推出的新产品和营销策略的改变、自然灾害、原材料价格以及生产成本的上涨、上下游供应商变化导致采购与储运和销售环节的变化等因素的影响。企业内部关键营销人员变动、营销部门调整、营销合作者变更等变化，也同样会导致企业市场营销要素发生变化。

5）**可调整性**。所有这些营销要素都是企业可以调节、控制和运用的，企业要根据自身实际情况，持续进行深入的市场研究，不断掌握市场变化，依据变化不断调整各营销要素，从而决定企业的市场在哪里、面对什么样的消费人群、生产什么产品、确定什么样的品牌定位、制定什么价格、选择什么销售渠道、采用什么宣传方式、改进与完善什么样的售后服务来适应市场，让目标消费者更加满意。

6）**战略不变性与战术多变性**。营销战略一旦制定，除非发现重大战略失误或者某一要素发生了变更，要坚持不变原则。但是，营销战术则需要依据企业营销战略的调整以及市场状况变化，随时做出调整。

7）**可持续性**。企业的全面市场营销工作贯穿企业发展的始终，持续坚持十分重要。

8）**可落地性**。所有这些营销要素都不能是纸上谈兵，需要让市场营销人运用在实际工作中，才能成为保证企业健康发展的有力武器。

面对今天越来越激烈的市场竞争环境，任何一家企业都不可能依赖某个市场营销手段获得成功。其实从企业市场营销大维度来审视，**企业制定与实施的所有全面市场营销战略与战术要素，都是在为企业生产的产品进行持续不断的包装，最终目的是帮助企业实现销售目标。但这个包装并不是一般情况下所认为的漂亮的、有**

形的产品外包装，而是由许多市场营销要素组成的一个无形的大包装。企业将这个更大范围的产品无形包装设计得更好看，一定可以为企业实现产品销售的持续增长。

案例：双汇运用全面市场营销要素指导的包装设计为企业赢得市场

2019年，中国最大的肉制品企业双汇集团，看到了中国调味料市场每年两位数的销量增长，找到我们，希望为企业原有的复合调味品双汇骨汤调味料制定新的市场营销推广方案，并进行全新的产品包装升级。对于一个已经上市几年但却一直悄无声息的产品，在展开包装设计工作前，必须重新对营销战略与战术进行梳理。

正确的市场营销战略指导：我们首先针对市场状况、竞争环境、目标消费者的核心需求、产品利益四个方面，与权威市场研究公司AC尼尔森一起重新进行了深入的调研梳理。从整体中国调味品行业和骨汤调味料市场状况审视，2018年调味品市场规模突破千亿，其中复合调味品增速最快，近几年都实现了两位数的市场增长。随着注重生活品质的新中产家庭主妇以及85后、90后、95后逐渐成为调味品市场新的目标消费群体，他们对于健康营养、美味多样、方便快捷的烹饪提鲜产品的需求越来越明显，消费升级趋势已经到来。但是市场上现有的主要骨汤类复合调味品却有着一个显著的问题：产品诉求过于聚焦在煲汤单一功能上，只有小部分消费者知道骨汤调味品拥有更多烹饪提鲜用途，这限制了骨汤调味料品类的市场规模。而与骨汤调味料形成竞争关系的鸡精则是复合调味品市场的第一大品类，占据整体市场28%的份额，使用渗透率更是高达64%。同时，消费者在购买骨汤调味产品时，影响其选择的主要因素依次排序为：品牌、原材料、价格、包装、口味和保质期。而方便省事、有营养（补钙）、可以增加菜肴及汤底的风味与鲜味，是消费者愿意购买骨汤调味料的3个重要因素。原材料备注和配比量是产品的重要吸引点。最终我们得出结论：骨汤调味料市场潜力巨大。双汇骨汤调味品应该进行更深入的产品市场机会探寻，找到更明确的、更合适的定位，深入挖掘更大的市场潜力。

品牌重新定位：通过对整体市场的前期分析以及对消费者的深层了解，我们重新梳理了双汇骨汤调味品的产品利益：一，适合炒、焖、蒸、煮，一瓶多烹饪场景使用；二，提鲜美味，液态配方入味快；三，3小时慢火熬煮，低温原汤萃取，保留骨汤高钙营养成分；四，甄选天然香辛料熬制，不添加防腐剂和着色剂，双汇全产业链品质保障；五，食品级 HDPE 瓶体，材质安全，使用方便，专利回吸技术，瓶口干净不粘黏。最终我们得出结论：双汇骨汤调味品是一款营养健康、安全便捷，可以满足不同家庭需求的多用途提鲜产品。

之后，我们针对性地提出需要重新对双汇骨汤调味料进行市场定位，从而建立更明确的消费认知，发掘更广阔的市场机会。通过品牌金字塔分析（图 2-15），我们提出双汇骨汤调味品的市场突破点在于：系列产品的“鲜”不是只在煲汤时使用的小众提鲜产品，而是适合家庭多种烹饪需要的、营养方便的多用途的“鲜”。双汇骨汤调味品是改变中国家庭调味习惯、引领调味品从“提鲜添加型”向“营养健康型”转变的旗帜产品，是开创中国骨汤调味料品类“营养鲜时代”的产品，是寻求消费升级的家庭更健康、更天然的厨房调味“鲜”选择，拥有更广阔的市场空间。

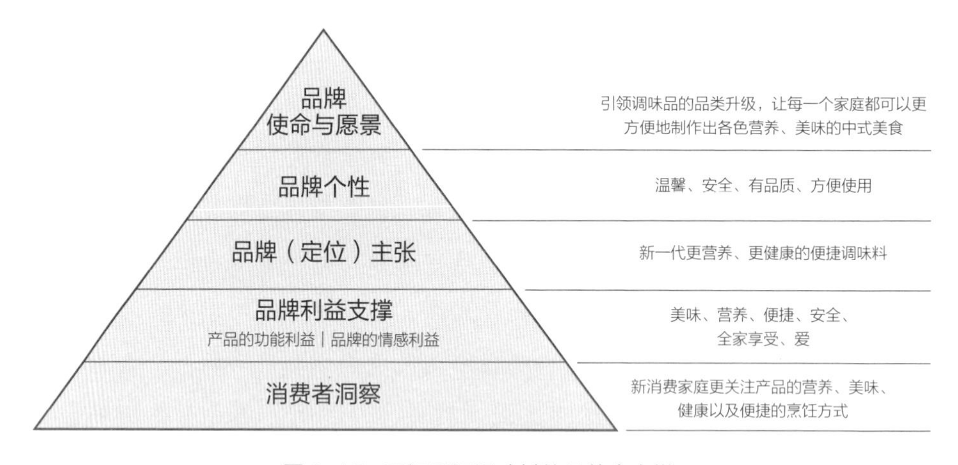

图 2-15 双汇骨汤调味料的品牌金字塔

品牌重新命名：经过前期的市场研究与分析以及对品牌定位的新思考，我们对双汇骨汤调味品原来的品牌名“珍煲高钙骨汤”提出了质疑，旧名字太聚焦于煲汤场景，限制了消费者的使用范围，需要对产品进行重新命名。最终“甄骨鲜”从众多名字中脱颖而出。新名称符合产品新的市场定位与品类卡位特性，既准确反映了产品特点，又进入了提鲜调味品大市场，还做到了朗朗上口、容易记忆。甄骨鲜赋予了双汇骨汤调味品品类开创者的身份。同时，由于“双汇”在消费者心中是火腿肠品类知名品牌的固有认知，继续沿用双汇品牌会影响消费者对于骨汤调味品新品类的消费感知。我们建议将双汇作为品牌背书出现，这样既能发挥双汇品牌已有的广泛声誉影响，又不会产生品类认知混淆。

品牌广告语提炼：“甄骨萃取 调味鲜锋”一句话带来了很大的力量。前四个字表达了产品萃取骨中精华，慢火熬制、精工制造的特点，后四个字表达了甄骨鲜是提“鲜”调味料换代升级的开路先锋产品。简单且直接的表述，是产品广告语可以迅速深入人心的前提。

品牌标识设计：视觉语言的提炼可以成为品牌和产品与消费者沟通的桥梁。甄骨鲜品牌定位为中式调味料，其品牌标识设计应该具有中式风格，最终我们从中国书法的篆书里面寻找到了再创作的灵感。新的品牌字体兼具篆书的中式底蕴与字体结构圆润的特点，同时又结合了现代简约的美学表现。同时，我们也从甄骨鲜产品本质特点挖掘，创造了独特的品牌标识符号“一只大骨”。它结合品牌名称、品类名称与核心卖点，形成鲜明的品牌视觉锤，寓意“骨中精华”，有利于消费者形成对品牌长久的记忆与识别。图 2-16 展示了双汇骨汤调味品的新品牌标识与新广告语设计。

图 2-16　双汇骨汤调味品的新品牌标识与新广告语设计

产品包装设计：在充分考虑了产品终端的货架陈列原则以及消费者使用场景后，我们针对甄骨鲜的包装容器与标签画面创意提出了大胆构思，决定设计一款利于销售陈列和方便使用的产品包装。产品容器在原有容量不变的基础上，进行压扁、加宽处理，增加了产品在销售终端货架上的展示面积。同时，我们颠覆了旧包装产品正向直立陈列方式，改为倒立式瓶口朝下的瓶形设计，使其在货架陈列端显得与众不同，让消费者在购买过程中可以第一时间发现甄骨鲜，而且倒立式瓶拿握时不容易滑脱，挤压使用也更便捷。在产品标签画面设计上，从大骨中流淌出的骨汤鲜汁，向消费者展示出产品的液体状态。品牌视觉锤两边的不同美味菜肴搭配，提示产品可以用于不同中式烹饪用途，同时又区分出猪骨、鸡骨调味产品。同时，我们对应炒、涮、煲、煮四大烹饪场景设计了四个醒目的图标，展示在包装背面标签最上端，清晰地表达出甄骨鲜产品一瓶就能满足家庭烹饪提鲜的多样化需求。在产品包装配色上我们选择了靓丽的粉色与蓝色，让产品更容易从货架中凸显出来，也更符合新家庭的审美观。在重新梳理后的营销战略指导下的甄骨鲜新包装设计（图 2-17），相较旧包装有了完全不一样的表现。

图 2-17 双汇骨汤调味品的新、旧产品包装设计

全面市场营销战术配合：在完成了产品上市初始阶段的包装设计工作后，我们又紧锣密鼓地展开了对于双汇甄骨鲜上市后的市场营销推广的规划，构建线上线下并重的完整营销传播链条，用合适的推广手段精准触及目标消费人群，创造专属甄骨鲜消费场景的四大核心记忆点，不断在宣传推广中强化双汇甄骨鲜“甄骨萃取 调味先锋”的广告语以及更营养快捷的中式提鲜调味品类革新者的品牌新定位，改变消费者对于骨汤调味品只能在煲汤时使用的固化认知，输出双汇甄骨鲜作为营养提鲜调味品的新品类认知，进一步获得消费者的信任。此外，双汇用销售终端场景配合线上传播矩阵，使得甄骨鲜一上市就取得了良好的销售成绩。图 2-18 展示了双汇骨汤调味料的传播物料创意设计。

图 2-18 双汇骨汤调味料传播物料的部分创意设计

在如今中国市场营销手段愈加多样的消费品新时代，行一步要思百步。只有通过精准的市场营销战略，配合完善的营销战术执行，才能给产品带来优秀的销售表现。

第 3 章

包装是面子，产品是里子

我经常碰到许多企业，拿着没有经过仔细打磨的新产品来找我做包装设计，希望通过漂亮的包装获得消费者对产品的持久青睐。这时，我往往更愿意和他们一起针对企业的产品进行深入的探讨。因为再漂亮的产品包装也仅仅会激发消费者的初次购买冲动。包装是面子，产品是里子，两样都要好，消费者才会持久买单。

今天许多企业都充分认识到好产品对于企业发展的重要价值，但是企业努力研发出来的好产品并不一定是一个拥有品牌号召力的好商品。产品和商品是两个完全不同的概念。任何企业健康发展的前提保障都是获取利润，而企业研发与生产的是产品，销售的是商品，研发和生产给企业带来成本支出，销售才能让企业获得利润。

把“产品”片面地等同于“商品”是错误的。只有进入了价值交换阶段的劳动产品才可以被称之为“商品”。当商品经过价值交换阶段，完成销售任务后，进入使用过程的商品又变回了产品。所以，**商品包含了产品的本质特征，但是只有在销售进行阶段的产品才可以称之为商品。产品仅具有满足消费者使用的单一功能价值属性，而商品除了具有满足消费者功能需求的价值属性外，还具有满足消费者对品牌的情感价值需求的属性，以及满足企业获取利润的需求的价值属性。**

任何企业上市一款新产品，要想取得市场成功都不是一项简单的工作。企业做完产品内容物研发后，还要进行市场营销战略定位、产品品牌命名、产品卖点提炼、定价，而所有这些营销要素都会直接体现在产品包装上。如图 3-1 所示，**包装是连接企业生产的产品和销售的商品之间的唯一实物载体。只有当产品包装设计完成，使之成为可以上市的商品以后，企业的产品研发工作才算全部结束。**

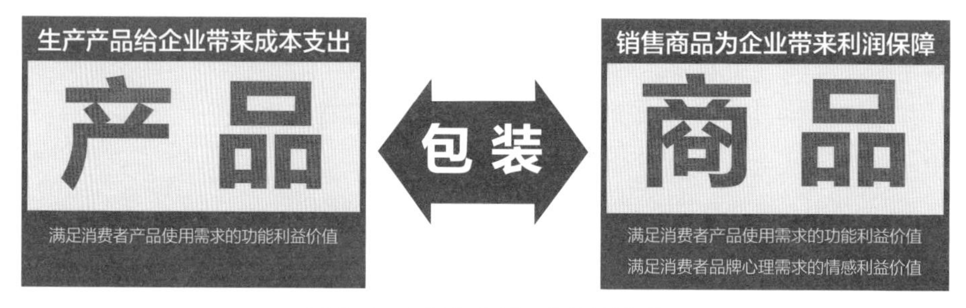

图 3-1　包装与产品、商品的关系

获得市场认可的好商品需要企业的市场部、研发部、生产部、销售部等多个部门配合完成，涉及研发前期发现市场机会的产品构思阶段、研发中期产品创新阶段，以及产品上市以后的营销激活阶段三个不同时期所有市场营销战略与战术要素的组合工作，如图 3-2 所示。**真正可以为企业创造巨大价值的好商品，是企业的好产品 + 好品牌 + 好包装的价值总和，更是企业全面市场营销价值的完美体现。**

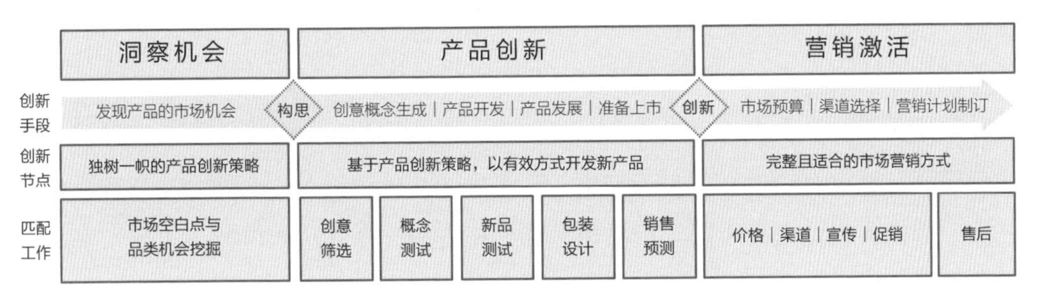

图 3-2　企业产品创新与营销的全流程运营图

3.1 产品创新的 8 种形式都离不开包装设计

产品创新对于企业的健康发展至关重要，可以持续为企业注入活力，带来利润增长。近年来，随着中国消费者“尝新”意愿的提升，产品创新在企业市场竞争中起到的战略作用越来越显著。AC 尼尔森对中国消费品市场调研显示，近 10 年来，创新产品撑起了超过 60% 的国内消费品增量市场。阿里研究院《2020 中国消费品牌发展报告》也显示，产品的品类创新对市场规模扩大的总体贡献度达到 44.8%。但是，产品创新对于许多企业来说是一项非常困难的工作。AC 尼尔森另一项针对消费品的调研数据显示，所有新产品真正可以在市场上存活下来的仅有 2%。创新产品如何才能获得市场认可，是所有企业必须面对的问题。

一个好的创新产品需要从多维度思考，AC 尼尔森中国总经理韦劭先生提到：**“面对日益成熟的中国消费者和他们对于高品质产品诉求的不断提高，企业在新产品研发时需要通过对产品概念、功能、消费趋势、消费场景、品牌价值定位、包装及口味等多方面创新，以不断迎合消费者对更高品质生活的追求。”**

现在，有些企业不重视产品创新，推出的新产品无论命名，还是包装，都高度模仿头部品牌，希望消费者购物时不小心看错了，从而购买了自己的产品。这种侥幸心理不会为企业带来任何好的发展结果。消费者永远是聪明的。他们会非常容易发现购买到的产品不是自己期望的品牌，从此再也不会购买这种“山寨”产品。

另外还有一些企业通过生产与市场领先品牌一样的产品，但是采用更便宜的价格、更大分量的规格，希望获得企业长期发展。但是低价是任何企业都能想到的营销手段，市场上永远没有“最低”只有“更低”价格的产品。在不损失产品质量和品质的前提下，价低量大的产品也必然会导致企业利润受损。残酷的市场竞争告诉我们，销售极低利润甚至没有利润的产品，对企业持久发展有害无利。而且，企业的产品一旦被消费者贴上低价标签，企业的品牌价值也会大打折扣，很难翻身。

此外，还有些企业过分追求产品极致化，坚持认为只要开发出拥有极致品质的好产品就不愁没有销量。但是，如果一味追求产品极致提升，必然会导致产品成本上涨，市场零售价格高于同类产品的平均价格许多，令购买人群减少，该产品的未来市场整体规模不会太大。

我曾经服务过的一家国内著名肉制品企业，每年都会开发数量众多的新产品，但真正在市场上存活下来的却很少。这家企业的产品开发理念有两个维度：每一款新产品都要保证让所有人都喜欢，做到让所有人感到好吃。这种新产品开发理念是非常笼统与错误的，因为没有任何一款产品能够让所有人都感到喜欢和好吃。

好产品是人类想象力与创造力的智慧结晶

所有企业都渴望研发出具有市场竞争力的好产品。许多人认为只要将自己的产品做到好吃、好喝、好用，就属于好产品。但是，这些只是好产品必须具备的基础条件，仅仅满足了消费者的基础需求，真正的好产品还要满足消费者更深层次的需求，这样才会让他们成为忠实的拥护者。然而，什么样的产品才可以称得上满足消费者更深层次需求的好产品？

我们购买洗发水时，买的不仅仅是洗发水，而且是洗发水发明人的想象力与创造力。最早出现的洗发水通过添加活性洗涤剂成分，只起到简单的清洁头发的作用，之后的产品人通过更深入地挖掘消费者需求，并且不断学习市场上已有洗发产品的配方与工艺经验，研发出可以更深层次地清洁头发、护理头皮、防止脱发、让头发更柔顺等更好的洗护头发产品。今天，众多食品和饮料品类的热销新产品都是产品开发者通过自己的想象力与创造力创造出来的更健康、更便捷，有更多功能的好产品。所以，**真正的好产品是人类想象力与创造力的智慧结晶，是产品研发人怀揣着美好的梦想，通过不断发掘消费者内心需求，努力学习，创造出的超越竞争对手的产品。好产品代表了人类对美好事物的不断追求与探索。**

产品创新的 8 种形式

由于多数消费品本身产品研发技术含量不高，且容易被模仿，导致企业之间的产品同质化比较严重。所以，在消费品领域所有的创新产品中，其实只有 7% 的创新产品属于完全性创新产品。大多数新产品还是对现有产品升级和改进的微创新。消费品企业的产品创新有 8 种形式，每一种都离不开包装设计：

1）**开发全新产品。**出于对目标市场补缺的目的，在消费者未知的全新领域创造全新产品，如光明乳业首创的常温酸奶莫斯利安，太太乐发明的鸡精，以及这两年在方便食品市场出现的方便米饭、自热锅。

2）**重新开发之前该品类市场没有的、但是已经存在于其他市场中的成熟产品。**企业通过深入探寻其他相关市场的成熟产品，经过重新研发与工业化生产将其转化为自己的核心产品。例如，凉茶在广东街头已经流行了百年，之后被加多宝和广药集团制造成了可量产的王老吉凉茶产品。

3）**对市场上表现优异的产品进行微创新。**企业根据品类发展趋势以及对消费者新需求的深层挖掘，对市场上已经得到消费者充分认可的产品进行改进和微创新。比如这两年逐渐流行的零糖、低脂、无添加等健康食品饮料就是通过添加或减少产品配方实现的微创新。

4）**向全新品类延伸。**开发企业之前没有的但已经建立了消费者市场认知的全新品类产品，如达利集团 2015 年推出的植物蛋白豆奶豆本豆，飞鹤奶粉 2020 年推出的儿童液奶产品茁然。

5）**重新定位目标市场。**在企业已有产品的基础上，开发以更加细分的市场为目标的新产品，如亿滋针对早餐细分市场研发的焙朗早餐饼干、吗丁啉胃药针对儿童细分人群推出的小吗丁啉混悬液。

6）**对企业现有产品线进行增加与补充。**在企业现有的产品线上增加新产品包括在原有产品基础上增加新口味、新规格。

7）**对企业现有产品进行改进、调整与更新。**企业对于已经提供给目标市场的现有产品进行产品升级，用来替代现有产品。

8）**对现有产品进行包装换新改进。**企业为了防止品牌老化，紧跟流行趋势，针对现有产品重新设计包装。

产品创新的 9 个失败陷阱

产品创新对企业来说，在研发、生产、营销各方面的投入都会非常巨大。众多的新产品甚至还没有让消费者在市场上完全见到，就已经胎死腹中。而且由于消费者对新产品的认知是陌生的，新产品在推向市场时也存在着很高风险。

娃哈哈作为中国最大的饮料企业之一，巅峰时期销售额超过 700 亿，但是从 2015 年开始，其销售额一路下跌到 400 多亿，近乎腰斩。许多人认为娃哈哈出现问题的核心原因是不注重产品创新，太过依赖营养快线、爽歪歪、AD 钙奶等少数大单品的销售，当核心产品卖不动时，企业就出现了问题。其实，娃哈哈在自成立以来的 30 多年时间里，非常注重产品创新研发，每年都会推出几十乃至上百个新产品，曾经一度被业界称为“食品饮料行业的新产品实验室”。但娃哈哈的许多创新产品都昙花一现，以失败告终。娃哈哈的产品线涵盖蛋白饮料、饮用水、碳酸饮料、茶饮料、乳饮料等十余个品类、200 多个品种（图 3-3）。

图 3-3　娃哈哈的众多饮料产品

其实，产品创新有许多失败陷阱。在美国有一家新产品展示和学习中心，里面收集了约 80 万件曾经的创新产品，但其中绝大多数都遭遇了市场失败。那里有一条给产品创新者的留言：“失败是为了下一次获得甜蜜的成功。”企业产品创新有 9 个失败陷阱：

1）没有清晰完善的新产品创新规划。新品研发不是创新而是跟进，觉得市场上哪个产品卖得好就跟哪个产品，甚至有时企业负责产品创新的人会不顾市场调研已经得出的否定结果，依照个人喜好强行推荐自己喜爱的产品。

2）没有仔细深入地挖掘消费者的需求。在产品创新过程中定位错误，推出太过奇异的创新产品，为了追求差异而差异，导致新产品卖点与消费者的需求出现很大偏差。

3）过分追求产品极致化。固执地认为只要研发出极致的好产品就不愁没有销量。但是一味追求极致品质，必然会让产品成本上涨，使得终端售价远高于市场同类产品的价格。虽然消费者愿意花更多的钱为好产品买单，但是每一样产品在消费者心中都会存在品质预期和价格预期两种购买心理驱动力。产品品质低于消费者预期，或者产品价格高于消费者预期，都会令购买人群减少，甚至导致产品滞销。

4）同一时期推出数量众多的新产品。企业同一时期推出过多新产品，用批量方式进行产品研发，哪一个产品可以存活就做哪一个产品，必然导致企业无法将有限资源集中投入到核心产品的市场营销推广中。同时，经销商对于没有营销推广与销售奖励政策支持的新产品，销售积极性也不会高。经销商没有销售动力，会使得更多滞销新品积压库存，这使经销商更不愿意销售，从而形成新品滞销的恶性循环。消费品企业的产品研发工作是一项定制化系统工程，没有方向的"碰运气"，新品成功概率必然不高。

5）聚焦窄众市场。面对竞争更加激烈的市场环境，企业不得不把新产品研发方向聚焦于过分细分的小众市场，而不是大众市场，导致企业的经销网络与渠道资源优势无法充分发挥出来，新产品的销售量自然无法上涨。

6）产品研发周期过长。与药品、科技产品等相比，多数消费类产品没有太强的技术壁垒及专利保护政策支持，产品研发时间以及具备差异性的新产品市场存在的时间相对较短，产品容易迅速被仿制。企业新产品开发周期如果过长，往往会失去抢先进入市场的机会。

7）企业没有耐心培养市场。新产品上市不久，企业看到销售业绩不佳就匆匆将其下市。任何一个新产品在刚推向市场时，由于消费者对新产品认知缺乏，销售量都会经历一个缓慢增长的过程。统一的汤达人刚推向市场时不温不火，但是企业始终没有放弃，现在汤达人已经成为统一最畅销的方便面大单品之一。市场调研机构的研究表明：消费品企业推出一款新产品，从上市到市场成熟一般需要7年时间。

8）企业市场营销意识混乱且模糊不清。企业没有完善的营销战略与有力的营销战术配合就匆忙上市新品。产品上市后仅依靠自然动销，无法迅速建立新产品的护城河，从而一方面导致消费者对新品牌的产品认知模糊，另一方面市场上同类相似产品迅速出现并分流市场，使产品难以摆脱销售不起量的困境。反之，如果企业的营销推广成本过高，导致销售没有利润，甚至出现亏损，也将难以长期维持。

9）产品包装设计与产品和品牌不符。消费者往往会通过包装第一时间了解新产品。有些企业为新产品设计的包装，没有将产品特点充分清晰地表达出来，包装不符合目标人群的审美与购买需求，没有做到与竞品的差异化区隔，产品最终被淹没在了满是同类产品的销售终端货架上。产品的里子要好，包装的面子同样要好，酒香也怕巷子深。

产品创新的 6 项成功原则

（1）好产品的创新必须以满足目标消费者需求为前提。

（2）在开发前已经有明确市场定位的产品更容易获得成功。明确的定位可以让企业在产品研发阶段针对性地提出产品开发要求，同时仔细思考产品上市后的市场营销工作，界定目标市场、配备生产资源、预估市场份额、判定产品利润。

（3）紧跟市场发展趋势的好产品更容易获得成功。例如，近两年在食品饮料领域，消费者对健康生活品质的追求越来越高，主打健康和天然概念的产品备受推崇，许多有着这类卖点的新产品都取得了不错的销售成绩。

（4）好产品需要具备比竞争对手更具优势的独特产品力。市场研究表明，相对于竞争对手，非常有优势的产品成功率为 98%，比较占优势的产品成功率为 58%，稍占优势的产品成功率为 18%。

（5）包装作为产品的第一广告，是产品上市时获得消费者认可的关键营销手段。企业必须为产品设计一款充分体现产品利益点、满足目标消费者需求，且具备差异化市场竞争优势的好包装。

（6）要赢得市场不能止于产品创新，企业必须在产品上市后，通过有效的渠道行销激励和传播推广手段等市场营销行动，激发消费者的购买欲望。

3.2 产品创新匹配正确的包装设计，是企业赢得市场的前提

焙朗（belVita）饼干是亿滋推出的一款健康型早餐饼干，2012 年在北美市场取得了不错的销售成绩后被引入中国。亿滋希望通过焙朗阳光健康早餐饼干，切入目标消费者的早餐消费场景，改变国人传统的早餐习惯。企业不仅设计了漂亮的包装（图 3-4），还投入巨额市场推广费用。但是，产品上市后始终不温不火，亿滋不得不在 2020 年下架了该产品。焙朗高投入却没有带来高销售的原因其实很简单。首先，企业在产品研发阶段，没有考虑到中国人有着不同于西方人的早餐习惯，中国人更喜欢吃包子、小面、馄饨、豆浆等，早餐吃饼干的场景很少出现；其次，聚焦窄众市场，也是产品销售不起量的原因。产品没有大市场就意味着没有大销量，不管它多么有特色也没用。

图 3-4 焙朗（belVita）早餐饼干包装

令人遗憾的是，有时同一家企业会在同一个地方不断摔跤。其实早在 2009 年，亿滋中国（那时叫卡夫食品）就开发过一款针对早餐消费场景的饼干产品，由我帮助设计了产品包装。包装设计和市场营销方案出来后，因为当时没有市场经验，我和客户都觉得很满意，但随后产品严重滞销，没多久便匆匆下架了。也许，面对今天越来越关注饮食健康的中国消费者，焙朗饼干在产品包装上不加“早餐”两个字，而是充分放大产品拥有的低糖、低油、全麦纤维助消化、全谷物营养等健康属性，更有机会赢得市场。

失败永远是成功之母。企业的产品创新需要从失败中学习和总结宝贵的经验，失败是为了下一次获得甜蜜的成功。只有通过好的产品创新再配合正确的包装设计，才是企业赢得市场的前提保障。

案例：香港狮球唛“炒、蒸、炸、拌”食用油，体现好产品 + 好包装的价值

2018 年，专注食用油 80 余年的香港狮球唛集团历时 10 个月，开发了食用油品类完全创新的“炒、蒸、炸、拌”系列产品。

从红海市场中找寻蓝海市场机会，改变传统食用油研发思维：狮球唛首先从发现市场机会入手，针对中国食用油市场状况进行了深入研究。国家粮油信息中心市场数据显示，中国食用油市场增长逐年放缓。头部企业优势明显，仅前三强就占据了小包装食用油 70% 的市场份额。同时，几大领先品牌都已经在消费者认知上深耕多年，如金龙鱼调和油“1∶1∶1”、鲁花花生油“5S 压榨”、西王玉米油“非转基因玉米胚芽”、多力葵花籽油“充氮保鲜”等，牢牢占据了某一品类食用油的品牌价值优势，很难超越。

然而，长期以来，中国食用油行业几乎所有的产品创新都围绕着可榨油作物进行研发。不同品牌的相同调和油、大豆油、菜籽油、花生油、玉米油、葵花籽油产品充斥着市场，同质化产品竞争已经对消费者选择造成了困扰。另外，一些企业研

发的如米糠油、亚麻籽油、木棉籽油、红花籽油、牡丹油等小众油种，一方面终端售价高，另一方面产品卖点模糊不清，需要长期进行消费教育，同样给企业的发展破局造成了困扰。

通过了解食用油行业的市场状况，企业研发团队提出：狮球唛的新产品需要转变食用油传统研发方式，从消费需求出发，要做到既有独树一帜的创新，又能让消费者更容易接受。

以满足消费者需求为导向的产品创新，为企业发展带来动力：食用油主要购买者是传统家庭主妇。她们对于使用什么样的食用油有着固有认知，往往更关注食用油的风味与价格，不会轻易改变自己的烹饪习惯。于是，研发团队对狮球唛新产品的目标消费者重新进行了划分，聚焦更加注重营养健康、享受美味、追求品质的中高收入新家庭主妇。

这些更年轻的家庭主妇大多不太擅长做饭，但也希望为自己的家人做出一顿美味可口的饭菜。她们喜欢社交，关注健康，注重品质，愿意尝试新的产品，对于使用什么样的食用油没有一成不变的规矩，在食用油的选择上更喜欢小包装产品。对于她们当中的许多人来说，健康用油意识已经形成，知道油应该换着吃，不同烹饪方式应该使用不同的油。但是市场上却缺乏相应的新产品。

狮球唛新产品的创新，让食用油回归做饭的本质：通过了解目标消费人群的需求，研发团队提出了狮球唛的产品创新方向：满足新家庭主妇对于食用油健康、营养、美味、使用便捷的4大核心需求，找到差异化竞争优势，形成被消费者接受的独特品牌认知。要确认新产品会得到她们的信赖和喜爱，必须回答以下问题：

- 我是谁？从消费者使用场景出发，以科学用油角度思考消费者到底需要什么产品。
- 我提供给消费者的是什么？新产品需要树立更专业的烹饪用油形象，提供更方便的使用体验。
- 消费者为什么相信我？新产品是健康油：依据烹饪方式，推荐最合适油种，让用油更安心更健康；营养油：科学配比，保证在使用不同烹饪手法做饭的过程中，减少营养元素流失，防止有害物质生成，让烹饪用油不再纠结；美味油：依据不同烹饪特点，充分发挥不同油品配合特色，做到色、香、味皆佳；便捷油：解决消费者在用油过程中的使用痛点。

明确了研发方向以后，基于新定位的新品开发思路应运而生。中式菜肴有着炒、蒸、炸、拌不同烹饪技法，而每一种烹饪方式用油也不尽相同。比如，“炒”一般用旺火热油，油温需要控制在160度以下，油的烟点要高，不起泡才不会产生对人体有害的物质，同时还要兼顾菜品色泽和风味。而“炸”需要旺火、多油，将油用旺火烧滚，油温达到200度左右后，才会将食物下锅，炸成焦黄酥脆色即可。对于炸油的要求是，具备高稳定性，有良好的起酥性能，残油率低。而“拌”油作为凉菜与拌馅的重要制作原料，讲究清而不腻，爽滑润口、提香锁鲜。结合“炒、蒸、炸、拌”不同中式烹饪方式，经过科学配比调制的食用油，是市场上还没有的品类，将其作为企业创新产品卖点，更容易被消费者认可。

专业的事要找专业的人做。借助狮球唛在香港餐饮界的影响力，企业联合香港四大名厨之一、名厨会会长、“食神”戴龙先生一起研发。他们经过几个月努力，研发出了更符合中式烹饪需求的食用油新产品。狮球唛“炒、蒸、炸、拌”新产品，完全突破了传统食用油企业的产品研发方向，回归中式餐饮传统烹饪方式。研发完成后的概念产品经过市场调研测试，得到了93%以上年轻家庭主妇的认可。

创新性的产品包装容器设计，给消费者提供良好的购买与使用体验：在产品研发中期，企业就已经展开了新产品包装瓶型的设计工作。针对年轻家庭更喜欢小包装食用油的特点，企业决定采用900ml小容量的包装，考虑到“拌菜”用油量会更少，对“拌”的食用油选择了300ml更小容量的瓶型。

图3-5展示的瓶体造型设计，从产品货架陈列效果、与竞品的差异化区隔、消费者使用便捷性3个方面考虑，上小下大的瓶体比同类900ml的竞品瓶型显得更高，扁圆的瓶身加大了包装标签的可视面积，在销售终端更容易第一时间吸引购买者关注。瓶子两边的8个凹槽，既给消费者带来舒适的握手感，也能有效防止油瓶滑脱。对瓶盖的设计，经过反复实验，实现了倒油顺畅、回油不漏。企业在新包装容器设计完成以后，还专门申请了瓶型与瓶盖设计专利。

产品标签设计，让美味自己说话：包装标签设计不仅仅要传达视觉美感，而且要体现产品商业价值。在包装标签中心位置，采用中式行楷书法字体，最大化突出“炒、蒸、炸、拌”的产品特点，让消费者一眼就可以清晰辨识出不同的产品，如图3-5所示。标签图案直接运用垂涎欲滴的美味中式菜肴照片，黑色衬底使得菜品看上去靓丽生动、品质十足，更加诱惑目标消费者。红、蓝、黄、绿四种配色分别

图 3-5 狮球唛食用油的包装容器、瓶盖及标签设计

对应“炒、蒸、炸、拌”四个产品，方便消费者的选择与辨识；金色火漆印章标示出的“源自香港”让产品更加值得信赖。

精准传播，用包装打通销售环节的最后 100 米：一个新产品从建立起消费者认知到让消费者认同的过程，从来不是一件简单的事。狮球唛“炒、蒸、炸、拌”食用油新产品，处于消费者对新产品的认知阶段，上市后的传播工作十分重要。

线下终端卖场是家庭主妇购买食用油的重要场所，也是她们做出购买决策的最后 100 米。通过强力渠道进行助销宣传对促进销售非常重要。狮球唛新产品上市时，企业通过对包装的外箱和礼盒的设计，构建了完整的线下营销传播链条。

图 3-6 展示的狮球唛礼盒包装在考虑送礼需求的同时，兼顾了产品的货架展示。将礼盒包装打开放置在货架上，立刻就可以成为一组漂亮的产品货架展示陈列工具。产品外箱包装设计也同样做到既方便储存运输，又可以用作卖场内堆箱陈列的销售工具。

图 3-6 狮球唛食用油的包装礼盒与外箱设计

消费品企业在开发新产品时，要避免掉入产品创新陷阱，要从市场竞争环境出发思考，发现消费者更深层次的需求，努力发挥产品营销人的想象力与创造力，通过全面市场营销要素激活市场，创造出更有市场竞争力的、获得消费者青睐的好商品，才是企业产品创新的致胜关键。

3.3 正确的产品升级与延展，让企业健康持久发展

现代设计界先驱迪特·拉姆斯说过：“好设计是持久的（Good design is durable）。”相较于可口可乐、奥利奥、养乐多等历经几十年，甚至上百年还历久弥新的国外品牌，许多国内企业原本畅销的产品仅仅经历了十几年，甚至几年的成长周期，就迅速走向了产品成熟期的末端，甚至进入到产品衰退期，不再被消费者喜爱。

深入理解产品的生命周期，不断进行产品创新，充分利用产品、品牌、包装以及传播推广的变与不变营销原则，持续维护目标消费人群的高关注度，是其核心奥秘。

深入了解产品的生命周期

任何产品都会经历产品导入期、产品成长期、产品成熟期以及产品衰退期四个生命时期，每个时期产品的销售额和利润都不尽相同，如图 3-7 所示。

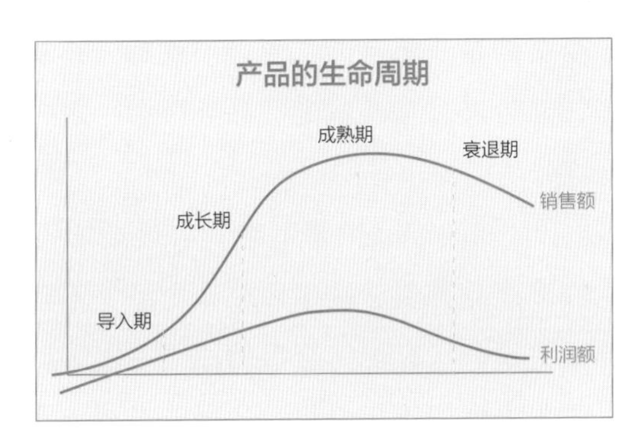

图 3-7　产品生命周期销售与利润对比图

1）**产品导入期。**产品刚刚进入市场，销售缓慢增长，产品销售量少，生产费用高。在这个阶段，受消费者对于新产品认知缺乏的影响，产品的分销、传播推广与市场促销都需要高额投入，从而吸引目标消费者对于未知新产品的关注、引导他们试用新产品，企业这时往往在亏本销售。

2）**产品成长期。**产品已经开始被消费者认可，生产以及营销成本逐渐被持续提升的产品销售量分担，而且随着生产经验的增加，产品生产成本也开始逐渐下降。在产品成长阶段，企业会获得良好的持续的利润回报。

3）**产品成熟期。**这时的产品已经被大多数消费者接受，销售提升开始减缓，企业为了继续维持产品的市场销量，会进一步增加市场营销费用投入。这个时期的

产品利润相对稳定，或略微下降。产品成熟期还可以分成两个阶段：

第一阶段：由于企业现有的细分市场以及优先进入的销售区域已经出现饱和，产品销售增长停滞甚至下降，但是整体大市场还没有饱和，产品的市场增量空间将来自于企业销售半径之外的区域市场、同区域内不同的销售渠道，以及目标销售人群以外的其他消费者。

第二阶段：当目标市场的大部分受众都已经购买过该产品，产品销售量增长与目标市场的人口增量呈同一水平，人口不再增长时，该产品所在品类的整体大市场已经饱和。同时，市场上出现了可替代竞品，原来的消费者也开始转向其他替代产品，这时产品销售增长开始出现停滞甚至下降。这个时期，产品销售增长的减慢，使得整个品类行业的产能开始过剩，过剩的产能又会导致竞争加剧。该品类产品的市场领先者通过增加广告投入，或者依靠产业链优势，通过减价、打折促销等方式抢占同行的市场份额，甚至通过增加产能或行业并购，进一步侵蚀整个行业的利润。最后，统治一个品类的往往是几个超级竞争者。围绕着这些占市场统治地位的大企业的，是大批严重受头部企业限制的、通过市场细分补缺的中小企业。处于这个阶段的企业需要思考，能否经过奋斗成为“品类巨头”之一，或者能否通过企业创新在红海市场中发现细分的蓝海市场。

4）产品衰退期。这个时期的产品销售下降趋势逐渐增强，利润也开始持续降低。虽然消费品行业的许多产品都属于民生需求型产品，不容易很快走向衰退，但还是有很多品牌的产品最终走向了衰退。衰退的原因有很多种，可能是没跟上技术进步与迭代，也可能是没跟上消费流行趋势，还可能是消费者的口味出现了变化或替代产品出现，甚至是遭遇到了强劲的竞争对手的逐渐蚕食。产品的这种销售衰退可能会是缓慢的，也可能很迅速。例如，莲花味精被太太乐鸡精替代；主打去屑功能的海飞丝洗发水热销 20 多年，但是今天的消费者越来越喜欢天然植物洗发水产品，海飞丝逐渐走向了衰退。同样，可口可乐畅销 100 多年，随着年轻人对于无糖更健康的饮料愈发青睐，饮用可乐的人也呈现逐年下降趋势。进入衰退期的品牌可能维持很多年，直至销售量下降到零。曾经独霸全球胶卷行业的柯达胶卷，和曾经在中国畅销一时的旭日升凉茶，如今在市场上已经见不到踪影。

企业应对产品生命周期的方法

了解产品的生命周期，对于企业维护品牌长盛不衰有着重要意义。对于大多数企业来说，品牌往往代表着企业的核心产品。其实并不是你的品牌老化了，而是你的产品过时了，不再受到消费者的关注与喜爱了。

当企业销售的商品的功能利益不能满足消费者新的需求（产品老化），情感利益无法触动消费者（品牌老化），或者已经触及销售天花板（销售瓶颈），产品就将处于一个十分危险的境地。这时，就需要立即对企业目前所销售的商品进行升级创新，以满足新的市场需要，从而获得企业持续发展。企业在规划商品升级和延展时，可以从商品能提供给消费者的五个价值层级出发进行产品的持续创新升级与迭代，如图 3-8 所示。

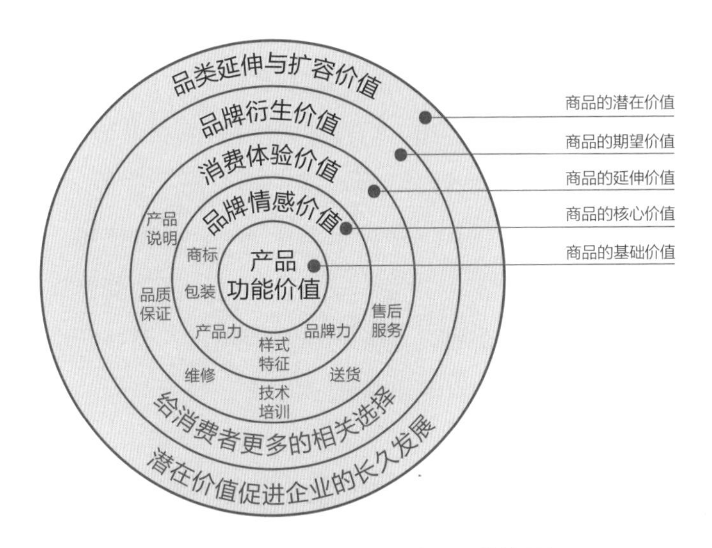

图 3-8　企业商品延展的五个不同价值层级

第一层级：商品基础价值（产品功能价值）指产品进入价值流通阶段成为商品前，产品自身带给消费者的基础功能价值属性。也就是将满足消费者功能需求的方面做到最好，在产品的品质与功效保障两个层面做到最佳。优秀的市场营销人员可以通过研究行业趋势、竞争对手产品以及消费者购买与使用行为，找到产品的功能利益点差异，助力企业在竞争激烈的市场环境中另辟捷径。比如，在感冒药领域，感康、达诺、泰诺等众多企业生产的感冒药强调的都是治感冒的单一功能，聚焦于感冒引起的头痛、发热、四肢酸痛、打喷嚏、流涕、鼻塞、咳嗽等症状的缓解与消除。消费者在众多品牌中无法区分到底哪一种感冒药更适合自己。而新康泰克提出了 12 小时迅速缓解感冒症状的“快速缓解”功能，赢得了新的市场机会。之后的白加黑，又从早一片、晚一片，缓解感冒症状且不让人嗜睡的消费者痛点出发，以新的功能利益点准确切入了市场。

第二层级：商品核心价值（品牌情感价值）是产品转变成商品的必要条件，更是商品的品牌带给消费者的情感价值的体现。水是产品，但是当加入了“我们只是大自然的搬运工”的情感连接，就形成了值得消费者信赖的农夫山泉品牌。牛奶是产品，加入了“不是所有的牛奶都叫特仑苏”的情感连接，就成了消费者渴望购买的特仑苏品牌。商品的品牌情感价值由商品的产品力、品牌力、样式特征、品牌商标、产品包装 5 个方面构成。

第三层级：商品延伸价值（消费体验价值）指消费者购买商品后，企业给予顾客的额外利益。它包括消费者在购买商品时的消费体验与购买商品后得到的售后服务，也包括消费者购买商品时附带获得的各种附加利益，如产品说明、维修、送货、技术培训等。在互联网技术的推动下，许多消费品企业为了增加消费者黏性、提升复购率，越来越注重商品的延伸价值。“一物一码”技术带来的产品可溯源、品质可追溯，打击了假冒产品的同时提升了消费者对产品的信赖。许多企业开通了品牌微信、微博、抖音、小红书等新媒体账号，通过自己的新媒体账号与消费者不断互动，增加消费者对产品的黏性。婴儿奶粉企业惠氏，通过公众号发布了丰富的育儿内容，成了许多初为人母的年轻妈妈们获取育儿知识与经验的教育阵地，为惠氏奶粉带来了众多忠实用户。

第四层级：商品期望价值（品牌衍生价值）指企业通过不断延展产品线，给消费者更多相同品牌下不同的商品选择。任何企业都无法靠一个产品获得长期发展。任何消费者都期望有更丰富的产品供自己选择。当企业推出的某个产品品牌在目标市场得到广泛消费者认可后，企业就应该迅速丰富同品牌的 SKU 和产品线，以便获得更多消费者青睐，争取更大的品牌衍生价值。可口可乐早已不是单一产品，还有健怡可乐、零度可乐、樱桃口味可乐等；并拥有玻璃品、塑料瓶、易拉罐、大瓶装等不同包装，在满足了更多消费需求的同时，扩大了可口可乐销售。

第五层级：商品潜在价值（品类延伸与扩容价值）指企业基于消费者对于企业的认同与企业不断成长的需要进行的商品品类延展与品牌矩阵扩容，它能够促进企业的长久发展。当企业在一个品类领域发展到一定规模后，接下来就要考虑在相同销售体系下的跨品类持续发展。伊利从液奶品类起家，现在销售的商品品类覆盖液奶、奶粉、冰品、酸奶、豆奶、饮料等多个领域。商品潜在价值指出了企业现有在售商品未来可能的演变趋势和商业前景。

使用产品生命周期划分产品时的问题

目前，关于产品生命周期对产品销售的影响力问题，在市场营销学中还存在诸多争论。

首先，因为产品生命周期受到许多不可预测的变量影响，对于产品到底处在导入、成长、成熟、衰退哪个阶段以及这些阶段的时间长度，并没有一个可以准确预测的标准。这就使得企业市场营销人员常常不能指出某个产品已进入哪个阶段。

假如某个产品已经被消费者接受，但是后来却连续几年销路不好，也许是因为广告投放减少，消费者对该产品的关注度降低了；也许是深度分销没有做好；也许是有大量仿制的竞品进入市场；甚至有可能是包装设计出现了问题，消费者使用后发现不方便。这时企业要是认为该产品已经进入衰退期，不去思考改进措施，到第二年这个产品的处境只会更加糟糕。

宝洁公司曾经面向欧美市场推出过一款 Wondra 品牌的润肤霜，主打“不油腻”。最初其包装容器被设计成倒立式的软管瓶子，润肤霜可以直接从瓶底挤出，使用非常方便。产品在上市后的多年时间里销量颇为可观，但是后来销量却出现了严重下滑。宝洁认真调研后发现，原来很多消费者抱怨，长期使用后润肤霜油脂残留物会黏在瓶底的开口处，“不油腻”反而变成了“更油腻”。于是宝洁公司为该产品重新设计了包装，将其容器由倒立式瓶型改为正立式瓶型，同时改进了润肤霜的配方，提升了消费者的使用体验，最终再次提升了 Wondra 品牌润肤霜的市场销售额。

其次，如果仅从消费需求出发思考，也往往很难预测产品的生命周期。比如，可口可乐饮料已经畅销全球 130 多年，但到今天，因为年轻消费人群的健康意识逐渐加强，碳酸饮料品类开始进一步细分，出现了众多健康饮料替代品，可口可乐饮料才出现了衰退迹象。

最后，由于产品生命周期注重的是某一特定产品或品牌发生的情况，而不是企业全部市场演变情况，因此，产品生命周期图表只能描绘出一幅产品发展趋势导向图，并不能作为指导企业产品市场营销规划的工具使用。

企业的市场营销人员只有紧跟时代步伐，通过不同市场营销手段，努力延长产品的成长期与成熟期，企业的品牌才会获得持久的生命力。对于任何企业来说，最大的风险来自于企业没有跟上时代变化。

3.4 让品牌和产品长盛不衰的 3 种包装设计方法

已经有 70 多年历史的日本日清公司作为方便面的发明者，其产品远销世界各地，受到世界各地众多年轻消费者的喜爱。2020 年，我和曾任日清公司中国区总经理的高田正人先生小聚时，他和我分享了一件关于日清公司董事长安腾宏基的事。

他先是给我看了一个手册（图 3-9）。由于不懂日文，我好奇地问他这本看起来很像二次元漫画的日文手册是什么，他回答这是日清公司新一期的企业年报，而且最后一页手舞大叉子的动漫男子形象就是已经 97 岁高龄的安腾宏基董事长。这家日本老牌消费品企业的年报居然可以设计得这样年轻且好看，快 100 岁的董事长居然可以接受别人把自己画成这副模样，实在让我感到吃惊。

图 3-9　日清公司企业年报设计

高田正人先生接着对我说：安腾宏基先生每次开新产品、新包装的工作研讨会议，因为担心自己的观点会对下属造成影响，从来不第一个表态。他总是让年轻人首先发言，并且告诉他们："你们才是方便面的主要消费者，你们的意见对我更重要。"有时由于担心听不到真话，他开完会后还会自己拿着新产品、新包装到公司楼下，找街上的陌生年轻人询问："你喜欢吗？会买吗？为什么？"安腾宏基先生经常和年轻团队说的一句话是："方便食品已经不是我这个年龄喜欢的产品了，今天的电视广告、娱乐节目我也看不懂了，不过没关系，只要你们喜欢就可以，这方面我听你们的。"这就是这家老牌消费品企业推出的产品一直受到年轻消费者喜爱的秘密。**唯有企业家心不老，企业的产品和品牌才会永远长青。**

方法一：多变的包装设计，持续保持在消费者心中的超高关注——以奥利奥为例

诞生于 1912 年的奥利奥（OREO）饼干已经畅销全球 100 多年，其"扭一扭、舔一舔、泡一泡"的广告语更是深入人心。奥利奥是如何通过产品、品牌与包装设计做到历经百年依然在消费者心中拥有超高知名度，并且始终深受年轻人

喜爱的？

聊起奥利奥，每个人都会第一时间联想到两层黑色的饼干表皮中间夹着一层白色奶油的饼干样子，以及独特的黑色饼皮表面上精美的浮雕纹样。奥利奥这一经典的浮雕纹样总共经历了三次设计调整，从 1912 年的“花环”图样到 1924 年的“斑鸠”图样，再到 1952 年后一直沿用至今的“四叶草”图样，饼皮的颜色也从棕色逐步演变成了今天让人记忆深刻的黑色，如图 3–10 所示。整个饼皮图案既像是被精细雕琢打磨的艺术品，又如同构造绝妙紧凑的立体建筑空间。

图 3–10　奥利奥饼干独特的造型设计的演变过程

在奥利奥诞生 75 周年时，《纽约时报》评论家 Paul Goldberger 为奥利奥饼干的造型设计写下过这样一段赞誉：“奥利奥之所以被称之为传奇，部分是因为它的味道与质感——柔软、甜美的奶油夹心与坚硬、酥脆的巧克力饼皮结合成令人愉悦的组合，但更因为它的外观颜色与造型设计。奥利奥饼干的外观造型代表着另外一种创作思维，提醒人们饼干造型设计与艺术设计一样是有意识的，甚至有时候饼干可以做到更好。”Paul 甚至认为奥利奥的成功源自设计上的胜利。跨越风格界限的设计最终也可以跨越时间局限，成为永远的经典。

奥利奥的品牌标识同它的经典产品造型一样，在一百多年的时间里没有经过太多次的调整。作为奥利奥品牌母公司亿滋国际（原卡夫食品）的设计合作伙伴，我有幸在奥利奥诞生 100 周年前夕，设计创作了一直被沿用至今的奥利奥中文品牌标识。奥利奥经典不变的产品造型以及品牌标识，被广泛运用在所有营销传播推广行动之中，很好地加深了消费者对它的深刻记忆。图 3–11 展示了奥利奥经典的中英文品牌标识及广告画面的演变。

图 3–11　奥利奥经典的中英文品牌标识及广告画面演变

奥利奥的包装设计升级对于品牌持续保持年轻的形象至关重要。但这又是一件慎之又慎的长期工作。对于一个常年畅销产品，包装的改变必然伴随着风险，变化大了，往往会丢失老顾客的持续信任，改动小了，又难以获得新顾客的喜爱。

奥利奥对于产品包装的升级策略是：包装设计调整伴随产品的持续开发，并配合不同的市场营销活动进行。奥利奥根据不同产品在消费者心中的位置进行详细分类，用产品矩阵满足不同消费者的需求，再针对不同产品制定不同的包装设计调整方案。在包装设计工作展开时，首先明确旗下不同产品在消费者心中的不同位置，严格规定哪些设计元素不可以改变，哪些设计元素可以改变，哪些产品包装需要逐步改变，哪些产品包装需要频繁换新。其中，核心产品不进行大的调整修改，而对其他产品线进行频繁升级，从而持续不断地提升品牌在消费者心中的高关注度以及产品的吸引力。

奥利奥将旗下产品根据在消费者心中的不同位置，分为核心产品、固定产品、创新产品、限定产品四种。核心产品也被称为“元老级产品”。对于元老级产品包装设计的调整原则是：逐步调整，每隔几年调整一次，每次只进行微调，不做大的变动。而固定产品属于围绕着核心产品开发的创新口味延展，并且是可以获得消费者较高认可度的产品。对于固定产品的包装设计原则是：必须与核心产品的品牌视觉规范、设计风格和版式保持一致，只通过颜色、图案、文字的变化进行设计创意。创新产品则是奥利奥在原有产品线基础上开发的，从产品结构上就发生了很大变化，甚至是跨品类的完全创新产品。对于此类产品的包装设计只要求遵照奥利奥的品牌设计规范，其他都可以进行完全创新的设计。限定产品是指奥利奥为了配合不同时期的营销传播活动单独推出的产品。对于此类产品的包装设计则要求在品牌规范使用基础上，与不同活动的主题相吻合。

核心产品与固定产品的包装调整：奥利奥为了让包装看起来始终年轻，每隔几年就会对其核心产品与固定产品的包装进行升级调整。此类包装调整遵循经典不变原则。图 3-12 展示了在 2008~2012 年期间奥利奥对核心产品的三次包装调整，品牌标识、版式、颜色基本不变，仅对产品呈现做了局部调整，在更突显品牌的同时增添了产品的动感活力。最近一次的调整，也只是将塑料外包装材质换成了纸盒材质，几乎没做其他改动，而针对内包装做了一些符合年轻消费者特点的有趣生动的设计。同时，奥利奥的固定产品线包装也延续了品牌一贯的设计风格。

创新产品的包装设计：奥利奥为了持续获得年轻消费者的喜爱，不断推出一些

图 3-12　奥利奥核心产品包装演变

创新产品。比如，将饼干表皮从传统黑色换为黄色的金装奥利奥。为了迎合女性消费者，在推出蛋糕口味和樱花酥限定口味时将饼皮换成了粉红色。为了保持产品的新鲜感，还特地针对夏季推出了夏日缤纷双果口味、冰淇淋口味的饼干，以及针对生日特殊时刻的生日蛋糕口味。如图 3-13 所示，近年来，奥利奥甚至还做了许多跨饼干品类的产品尝试，推出了奥利奥威化巧克力、奥利奥巧心结、奥利奥巧脆卷、奥利奥巧轻脆薄片夹心、奥利奥软香小点、迷你奥利奥等新品。

图 3-13　奥利奥创新产品的包装

这些创新产品为奥利奥开拓了更多食用场景，在不断壮大整个产品家族的同时，也让消费者有了更多选择。奥利奥还将一些市场反应良好的创新产品保留了下来，划入品牌家族的固定产品。对于此类产品的包装设计，除了对于奥利奥的品牌使用进行了一定限制外，其他设计元素可以根据不同的产品属性特点，在包装设计过程中进行更大胆的创意表现。

限定产品的包装设计：对于限定产品的包装设计，奥利奥更加大胆。如图 3-14 所示，其整体设计除了保留奥利奥品牌标识以外，其他元素都可以进行大胆尝试，有些包装创意甚至仅保留了奥利奥基础的产品图形，连品牌标识都被放到了不起眼的位置。在互联网时代，奥利奥更是紧跟时代节奏，积极参与到数字互联网营销传播行动中，开展品牌联合营销、跨界营销等，并针对每次营销活动设计专属的产品限定包装，让奥利奥的产品包装真正成了 Z 世代年轻人交流的“社交货币”。

图 3-14 奥利奥限定产品的包装

今天的奥利奥绝不只是一块“扭一扭，舔一舔，泡一泡”的普通饼干。奥利奥在一百多年的成长历史中不断改变着自己，不断创新，用更丰富的系列产品满足了不同时代消费者的需求。同时，奥利奥根据不同产品特性，紧跟时代节奏调整不同产品的包装设计，让品牌始终以年轻的面貌展现在消费者眼前。奥利奥的这种不断创新的精神紧紧与时代拥抱在一起，带给不同时代的消费者各种新奇有趣的美好体验，这就是奥利奥始终年轻的秘密。

方法二：“不变经典元素 + 可变流行美学”成就百年辉煌——以可口可乐为例

可口可乐是全球价值最高的品牌之一，距离 1886 年第一瓶可乐被制造出来已经快 140 年了，但直到今天可口可乐品牌始终保持着年轻。多年来，可口可乐的包装可以称得上是包装设计领域的经典，始终引领着时尚潮流。

其实，在产品上市初期的 30 多年时间里，可口可乐的产品包装与市场上其他饮料包装没有任何区别，就是在直上直下的瓶子上贴着菱形的可口可乐标签。1914 年，可口可乐公司希望能够设计一款和市场上其他饮料包装瓶子相区分、特征分明的产品包装。经过反复推敲，最终由 Root 玻璃公司厄尔·迪安（Earl R.Dean）设计的、灵感来源于可可豆荚的曲线瓶从诸多稿件中脱颖而出。

1916 年，可口可乐瓶装商协会用这款曲线玻璃瓶完全取代原来的瓶子。此后，可口可乐无论是对其曲线的弧度进行细节调整、改变型号大小，还是换成塑料瓶，都没有脱离这个带曲线的瓶型设计。可口可乐对产品包装的一项调查显示，超过 99% 的人仅凭曲线瓶子外形就能辨认出可口可乐，甚至许多人在黑暗中仅凭触觉也能轻易识别出可口可乐。可口可乐的曲线瓶包装就这样成了企业最强大的品牌识别符号。可口可乐经典曲线玻璃瓶设计的演变历程如图 3-15 所示。

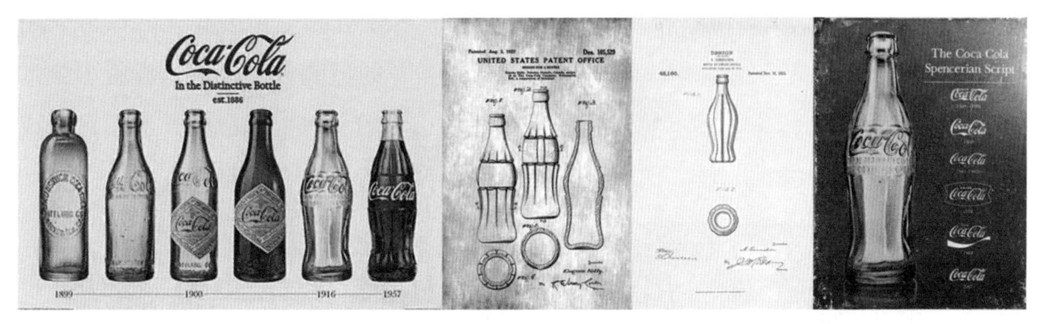

图 3-15　可口可乐经典曲线玻璃瓶设计的演变历程

如同可口可乐曲线玻璃瓶一样，可口可乐品牌标识也是世界上认知度最高的商标之一。在可口可乐悠久的历史中，其品牌标识也经历过多次蜕变。Coca-Cola 品牌名称由可口可乐创始人约翰·彭伯顿的合作伙伴弗兰克·罗宾逊提出。他以可口可乐饮料糖浆的两种成分古柯叶（Coca）和柯拉果（Kola）两词作为命名依据，从美观的角度他还将 Kola 的 K 改成 C（Cola）。同时，身为古典书法家的罗宾逊尝试采用当时流行的斯宾塞字体，创作了最早的 Coca-Cola 品牌字体。手书的斯宾塞字体有着优雅的曲线，给人以连贯流畅的飘逸美感。可口可乐最初的品牌标识就此诞生，并且奠定了日后可口可乐品牌标识的基础特征。标志最初仅有黑白色。

1969 年对于可口可乐品牌演化可以说是非常重要的一年。设计师在斯宾塞字体书写的 Coca-Cola 字样下方配上了一条流动的白色波浪飘带，同时将整个品牌放置在一个鲜艳的大红色块之中。鲜艳亮丽的红色配上超高记忆度的品牌识别符号，让消费者对于可口可乐品牌的记忆更加深刻。经历半个多世纪，可口可乐这一品牌标识设计，被广泛应用在了包括产品包装在内的众多传播载体上，至今依然焕发活力。可口可乐品牌标识设计的演变历程如图 3-16 所示。

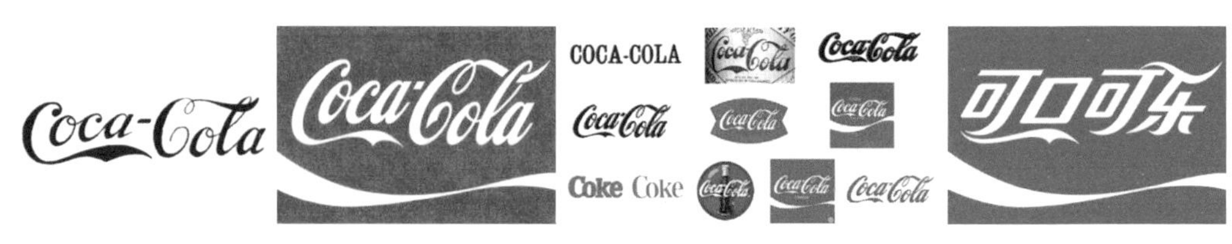

图 3-16　可口可乐品牌标识设计的演变历程

可口可乐在不断追逐潮流、开拓创新产品的同时，对产品的包装也一直进行着不断的调整与改进，如图 3-17 所示。但是可口可乐亮丽的品牌红色、独特的品牌字体、波浪丝带以及曲线玻璃瓶，这些经典视觉记忆符号作为包装的核心组成部分，同时也作为可口可乐品牌的重要资产，从来不曾被改变和丢弃。可口可乐用“不变经典元素”结合不同时代的“可变流行美学”的包装设计方法，成就了全世界第一饮料品牌的传奇。这些可口可乐包装始终引领着年轻时尚潮流，甚至已经成了全球流行文化的象征符号，成了全世界一代代可乐迷竞相收藏的臻品。

图 3-17　全世界不同国家与地区多样的可口可乐包装

可口可乐公司针对“不变经典元素”——可口可乐品牌红色、品牌字体、波浪丝带以及曲线玻璃瓶在所有包装规格、形式中的应用原则，以及“可变流行美学”

在所有包装中的设计区域，都进行了严格的规范。

可口可乐品牌规范手册（图 3-18）保证了可口可乐所有包装设计的一致性，让可口可乐在全球任何一个国家的任何一种包装都非常统一，很好地维护了可口可乐的品牌资产，真正实现了可口可乐联合创始人坎德勒先生曾经说过的一段话：即使我的企业一夜之间被烧光，只要我的品牌还在，我就能马上恢复生产。

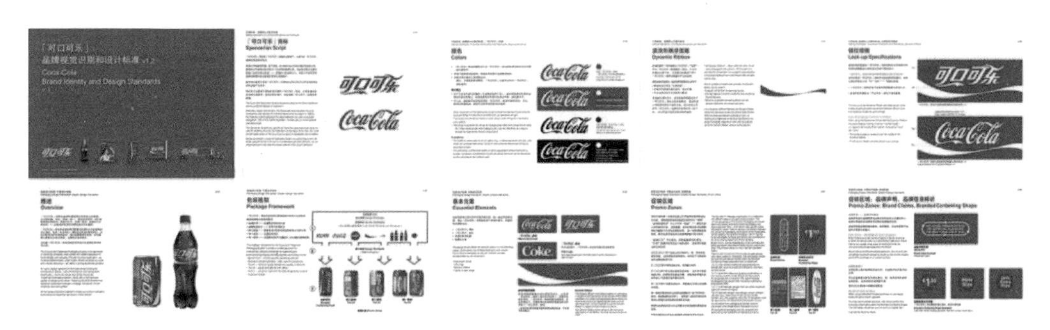

图 3-18 可口可乐品牌规范手册的部分章节

方法三："不变的包装设计 + 可变的传播"让品牌持久年轻——以宝矿力水特为例

由日本知名医药公司大冢制药研制的宝矿力水特，从 1980 年诞生至今已经有 42 年历史。相比于其他常年畅销的饮料品牌为了紧跟时代而频繁更换包装设计，宝矿力水特有着与之完全相反的设计原则——坚持不变。

从图 3-19 可以看出，多年以来，宝矿力水特包装图案中的品牌字体、白色波浪图形以及饱和度较高的品牌天蓝色，甚至排版布局，都始终没有太大变化。大冢制药公司仅仅根据消费需求的变化，将产品包装容器的形状与大小，朝着轻巧便捷和环保的方向做出了一些调整。

图 3-19 宝矿力水特的品牌标识和产品包装

作为日本功能饮料的开创者，大冢制药在设计宝矿力水特包装时，将是否符合"快速补充人体水分和电解质"的产品理念放在了首位。从产品面世之日起，大冢制药就坚持用天蓝色搭配纯白色，并将其作为品牌视觉识别符号。其中，蓝色代表海洋，白色条纹代表波浪，抽象地表现出产品成分取自天然、可被人体迅速吸收的特性。

在 40 多年前，日本市场中的饮料包装几乎都采用暖色配色，宝矿力水特这种“蓝白”搭配的冷色系包装当时被认为是完全不可能的选择。在产品上市初期，其包装甚至被许多消费者嘲笑太像“油桶”。但正是这种“离经叛道”的配色设计给了宝矿力水特在众多竞品中脱颖而出的机会。大冢制药不更换产品包装的想法非常直接，企业负责人表示：“包装不同于流行服饰，不需要为了追求时尚进行不断调整。包装设计的本质是传递商品独特的品牌价值。不变的产品包装形象更容易加深消费者的记忆。”

不过，并不是所有年轻的消费者都了解宝矿力水特的产品包装设计理念。而且，他们还很容易被更时尚的包装吸引。特别是产品在日本上市 30 多年后，当初年轻的目标消费者大都已经为人父母。因此在许多年轻人眼中，宝矿力水特已经成为“爸妈买来给自己补充水分和营养的不得不喝的饮料”。针对这种情况，企业选择了持续通过广告传播来维护品牌年轻的形象。宝矿力水特创造出众多更具年轻精神的广告创意作品，成功获得一代代日本年轻人的喜爱。

宝矿力水特在其广告中不断邀请年轻消费者熟悉的演员和青春偶像女艺人代言，相继推出“挖掘潜能”“你自己一定超出想象”“你的梦想就是我的梦想”“蓝色舞蹈——青春的呐喊”“把渴望变成力量”等主题营销活动。

宝矿力水特在数字互联网营销时代，也紧随时代步伐，运用新营销方式、新媒体手段不断续写着品牌的青春律动篇章。在 2016~2018 年期间，宝矿力水特面向日本中学生举办了全国性舞蹈赛事，在网络上征集参赛视频作品，遴选出优胜者，应用到下次广告片的拍摄中。2019 年 5 月，由 760 位高中生拍摄的校园舞蹈广告片，嗨翻了全日本整个夏天，同时点燃了无数年轻人对于宝矿力水特的热情。少女和少男们在校园中舞蹈，整支广告片洋溢着青春的气息。宝矿力水特视频广告以热烈的青春形象深深印刻在了 Z 世代年轻消费者的心中。图 3-20 展示了不同时期宝矿力水特聘请年轻明星代言的海报和电视广告。

作为日本这个二次元文化诞生地的品牌，宝矿力水特与流行动漫片《工作细胞血小板》合作，直接创造了一个头戴宝矿力水特包装的新角色——“汗腺细胞队长”，并在动漫片中加入了许多关于产品的剧情。2020 年，宝矿力水特官宣虚拟偶像初音未来成为品牌推广大使，正式开启了宝矿力水特的元宇宙时代。图 3-21 展示了宝矿力水特的动漫植入形象以及与初音未来合作的广告画面。

图 3-20　宝矿力水特的不同品牌代言人海报及电视广告

图 3-21　宝矿力水特的动漫植入形象及与初音未来合作的广告画面

这些针对年轻消费者的有效传播，也为宝矿力水特提升了商业价值。根据日本 True Data 提供的 ID -POS 数据分析报告，宝矿力水特综合销量在日本运动饮料市场中排名第一，甚至一度超过了饮料销量长期排名第一的可口可乐。

宝矿力水特得以永葆年轻，最核心的原因在于抓住了“保持年轻活力”的品牌核心精神。宝矿力水特的广告代理商、日本电通集团创意总监矶岛拓矢在接受采访说到：“重建品牌不必推翻一切。我们在宝矿力水特“我的生命之水”品牌核心概念基础上，提取出“保持年轻活力”的青春元素，并将其作为广告的内容创意核心。建立品牌看似简单，但要让品牌永葆青春最困难的就是长期坚持品牌的一致性。”

世界正在以惊人的速度变化，越来越多的国内企业也渴望与时俱进，但却还在固执地坚持着常年不变的市场营销思维，没有深刻挖掘产品内涵，错误理解了年轻化的转变路径，做出和品牌调性相悖的营销动作，这样如何可以让品牌持久散发年轻的活力？而宝矿力水特一方面勇敢接纳年轻人的新传播方式，另一方面也坚信，对于宝矿力水特来说最大的品牌价值源于包装保持不变。

第二部分
包装驱动销售的秘密

所谓眼界，

就是站得高才能看得远。

站在山脚下，

你只能看到眼前的一片风景；

爬到半山腰，

你能够看得更远些；

但想要看清全部风景，

你就必须努力爬到山的最顶端。

第 4 章

适用于所有产品包装的通用设计原则

包装是产品与消费者沟通的最佳载体，承担着企业销售产品的重要作用，需要向消费者直接有效地传达产品和品牌信息。包装设计的 4 项通用商业原则（UOEC）包括：独有（Unique）、夺目（Outstanding）、延展（Extension）、沟通（Communication）。这 4 项通用原则适合所有的商业包装设计。

4.1 独有原则

如今的消费品市场竞争越来越激烈，新产品层出不穷，货架上充斥着大量品牌不同但有着相似卖点的竞争产品。但是消费者的心智是有限的，每个品类他们往往只能记住 2 ~ 3 个品牌。因此，企业除了努力研发具有竞争优势的新产品外，新产品的包装设计也必须做到别具一格，才能令消费者印象深刻。毫无特点的包装设计不会引人注意，只有创意独特且具有个性的包装，才会让产品在充斥着众多相似竞品的货架前更具吸引力，才能提高消费者对包装的注意与记忆。**产品包装的独有性由竞争驱动，包装设计师必须将自己的包装与竞争对手的包装进行货架比较，才能设计出具备差异特点的产品包装。**

产品包装独有的差异化核心视觉符号打造

包装核心视觉符号设计，强调产品包装要有一个最重要的、便于消费者记忆的、区别于竞争对手产品包装的，且非常突出的核心视觉记忆点。包装的核心视觉符号可以让你的产品在销售终端凸显出来，比竞品更快速地被消费者发现。它通过独特的艺术语言来表现，可以是一个符号、形状、IP 形象、专属颜色、独特的设计风格，或者是它们的组合运用，也可以是一个独特的造型或自成一派的设计风格。包装核心视觉符号也是包装设计的视觉灵魂，既体现了产品的价值，又传递了品牌个性，可以让消费者第一时间对企业销售的商品产生强烈的认知记忆，对于驱动消费者购买起到非常强大的促进作用。**产品包装独有的差异化设计，来自对包装核心视觉符号的打造。**

图 4−1 展示的亨氏（HEINZ）番茄酱包装设计就是一个很好的例子。它所创造的独特的包装符号几乎和可口可乐的包装符号一样在全球范围内都很有名。其独特的八边形玻璃瓶让许多消费者仅凭借触摸手感就可以很好地辨识出来，同时其包装标签上的门框图形结合曲线品牌字体，无论运用在玻璃瓶、塑料瓶还是塑料小袋包装上都可以被消费者一眼识别。

图 4-1　亨氏番茄酱包装上的门框识别符号

图 4-2 展示了许多著名品牌产品包装上的独有识别符号，如魔爪能量饮料（Monster energy）独特的品牌标识、品客（Pringles）薯片的大胡子卡通人 IP、雀巢奇巧（KitKat）巧克力的品牌符号和品牌专属红色、百岁山矿泉水独特的瓶型、金龙鱼食用油和大米共用的金色金龙鱼形象。所有这些包装上的独特品牌颜色、品牌标识、品牌形象，以及特殊的包装容器造型，都成了驱动这些包装在消费者心中留下深刻记忆的品牌独有的视觉符号。

图 4-2　一些品牌独特的包装视觉识别符号

一些包装设计师将独特的视觉符号理解成某一个具体的视觉图像，这种认知未免过于局限。许多人都曾吐槽过椰树牌椰汁的包装设计非常难看，但是从市场营销视角审视，正是这种保持了数十年、几乎没有太大变化的独特设计风格，形成了椰树包装独有的核心视觉符号，不但让人产生了深刻记忆，而且让竞争对手很难模仿，让椰树牌椰汁俘获了一代又一代消费者的心。其实你仔细观察就会发现，椰树包装虽然看上去满眼文字，但排版非常仔细，品牌一目了然，卖点表述清晰，文字排列整齐，颜色对比强烈，在货架端形成了强大的视觉冲击力。

图 4-3 展示的椰树牌椰汁独特的包装设计，在销售终端马上就可以引起消费者

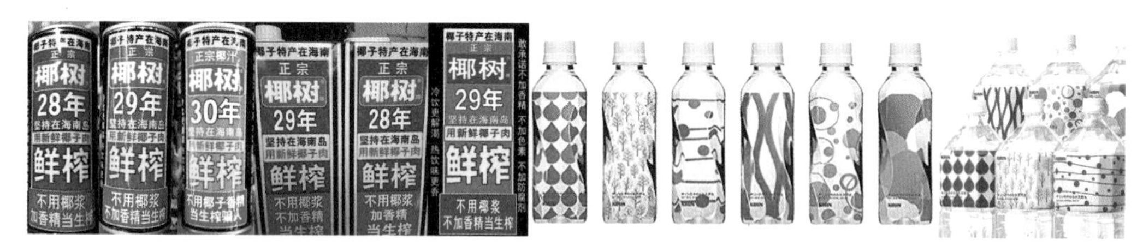

图 4-3　椰树牌椰汁和 KIRIN 矿泉水风格独特的产品包装

的注意。而 KIRIN 矿泉水的包装采用统一的蓝色调作为设计主色，并选取不同寓意的简洁装饰纹样作为系列包装独特的视觉呈现方式，使得 KIRIN 矿泉水在货架终端成了一道靓丽的风景线。

包装核心视觉符号要做到让后来者难以复制

许多知名品牌的产品包装经常被竞争对手模仿，如何创造出一个竞争对手难以仿冒的、独有的包装视觉记忆符号，经常令企业十分头痛。**包装核心视觉符号的独有性要做到让后来者难以复制。**

讲好品牌故事，并通过设计语言将其巧妙运用在产品包装设计上，会让竞争对手难以复制。对于瓶装水包装这类很难做出差异的设计，除了前文中我们提到的农夫山泉将品牌故事巧妙地运用在包装设计上的案例，泰国 4Life 天然矿泉水也通过用包装讲好品牌故事的独特设计形式，一下子就让产品做到了与众不同。

4Life 天然矿泉水的水源地是泰国北部一个叫 Doi Chaang 的地方，那里有肥沃的森林，也是很多动物的天然栖息地。其包装标签的插图采用了有序排列的干净的蓝色线条，展现了动物们的生活——不同动物在水边嬉戏、在水中游动，线条的微妙变化代表水面泛起的涟漪，使产品包装充满了生机与活力，如图 4-4 所示。水是生命之源，也是 4Life 天然矿泉水的核心品牌价值。

图 4-4 4Life 天然矿泉水包装设计

将品牌独有的 IP 形象运用在产品包装设计上，也是让竞争对手难以复制的高明选择。国内品牌在包装上巧妙运用 IP 形象赢得市场的不在少数。从经典品牌大白兔奶糖、旺仔、张君雅小妹妹，到近年统一推出的小茗同学、零食品牌三只松鼠，他们的包装都做到了这点。

同样是知名零食品牌，虽然百草味的包装很有品质，良品铺子的包装十分温馨，并且都有自己独特的设计风格，但却很容易被竞争对手模仿。而三只松鼠的包装上具有特征鲜明的松鼠 IP 形象，在给消费者留下深刻记忆的同时，做到了让竞争对手难以复制。而且三只松鼠可爱的卡通 IP 形象，不仅被运用在包装上，还被广泛运用在不同的传播场景中，成了品牌独有的、不可被竞争对手复制的强大的品牌资产。三只松鼠、良品铺子、百草味的产品包装对比如图 4-5 所示。

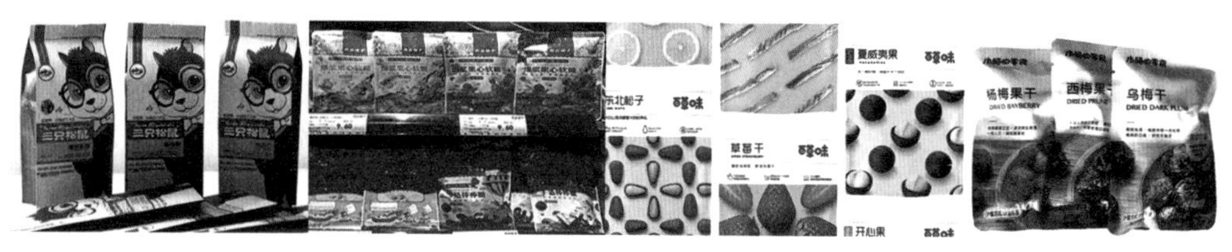

图 4-5　三只松鼠、良品铺子、百草味的产品包装对比

案例：M&M’s 巧克力豆，全球最成功的产品品牌包装“卡通 IP 形象”打造者

玛氏公司的 M&M’s 将一颗看似工艺极其简单的糖豆，做到了令所有竞争对手都难以模仿和逾越的程度，让品牌成了巧克力糖豆细分品类的代名词。M&M’s 从 1941 年诞生至今已经有 80 多年历史，直到现在仍然是全世界喜爱糖果零食的年轻人和孩子最爱的品牌之一。

M&M’s 的成功首先在于产品力。它的产品外层糖衣上采用了一种可食用的保护膜技术，这种技术不仅可以让巧克力糖豆在炎热环境下完整贮存且不会融化，还可以长期保持产品新鲜的口感。该产品刚上市就成了第二次世界大战中美国士兵在残酷战斗中缓解压力的便利零食必需品，传遍了全世界。

1954 年是 M&M’s 发展的关键一年。广告营销大师罗瑟·瑞夫斯，不仅为 M&M’s 巧克力豆创造了“只溶在口，不溶在手”的经典广告语，更将其设计的 M 豆人卡通 IP 形象应用在了产品包装上，并且为 M&M’s 巧克力豆创作了第一支电视广告，迅速让 M&M’s 巧克力豆成了欧美销量第一的糖果零食。现在这句使用了近 70 年的广告语虽然已经不常被人提及，但是只要有 M&M’s 产品销售的地方，印有 M 豆人卡通 IP 形象的产品包装始终都会吸引喜爱巧克力糖豆的消费者注意。

随着 M&M’s 巧克力豆推出更多口味，表达相应产品特质的 M 豆人形象应运而生。M&M’s 巧克力豆运用品牌 IP 营销战略，将一款普通的糖豆产品卖出了迪士尼的价值感。M 豆人的形象似一个人形，胸前印有大大的“M”字母。不同 M 豆人都有独特人设，有各自的性格和脾气。不同角色既各自为不同产品代言，组合在一起又能成为一个整体，为同一品牌代言。

M&M’s 经典的巧克力夹心口味由红色 M 豆人代言，他性格淘气活泼。黄色 M 豆人专门为含花生的 M&M’s 巧克力豆代言，性格积极憨厚。含杏仁的巧克力豆由蓝色 M 豆人代言，他是一个酷酷的阳光男孩形象。薄荷味巧克力豆由绿色 M 豆人代言，她是一个有着长睫毛、穿高跟鞋的知性女郎。这些不同造型与性格的 M 豆人形象，被运用在了所有 M&M's 巧克力豆的产品包装上，成为品牌独有的视觉资产，在营销传播上实现了消费者记忆成本最低化和品牌传播效率最大化的双赢效果。图 4-6 展示了 M&M's 尽人皆知的经典 IP M 豆人形象，以及印有 IP 形象的 M&M's 产品包装。

图 4-6　M&M's 的经典 IP M 豆人形象和产品包装

为了让 M&M's 始终是全世界喜爱糖果零食的年轻人的最爱，玛氏公司不惜余力地持续推广 M 豆人 IP 形象。1995 年，M&M's 开展了一项大规模的行销活动，邀请全球民众为不同形象的 M 豆人投票，票选心目中最受欢迎的 M 豆人。每个 M 豆人都有自己的专属拉票海报，并且还有主题宣传电影。结果在超过一千万张选票里，蓝色 M 豆人以 54% 的得票率拔得头筹。1996 年，以 M 豆人为主角的电视广告在参赛作品高达 60 支的大型比赛中，被今日美国（ *USA Today* ）评选为第一名。1997 年，作为 M&M's 明星中的唯一女性，绿色 M 豆人甚至还推出了自己的传记《我绝不为任何人融化》。在互联网营销时代，M&M's 的 IP 明星正式进军“虚拟好莱坞”，由这些 M 豆人组成的网络世界无比迷人。

为了将 M&M's 的 IP 价值进一步放大，M&M's 大量布局线下实体体验店，通过 M&M's World 主题商店扩展至巧克力零食以外的零售版图。这些体验店除了销售产品外，俨然成了年轻消费者喜爱打卡的主题游乐场。体验店内销售的各种 M 豆人周边产品非常火爆。这些与糖豆无关，但印有 M 豆人形象的 T 恤、杯子、帽子，甚至还有珠宝、家居装饰等伴手礼，大受年轻人和孩子的欢迎。1998 年，M&M's 的 IP 明星还联合主演了一部 3D 动画电影，并在美国拉斯维加斯的 M&M's World 主题商店里举行了隆重的首映典礼。图 4-7 展示了 M&M's 经典 IP M 豆人在不同传播渠道的呈现。

图 4-7　M&M's 经典 IP M 豆人在不同传播渠道的呈现

一个好 IP 一定可以从产品形象延伸到品牌价值层级，并且最终为品牌赢得消费者的持续喜爱。M&M’s 的 IP 市场营销战略，是从产品形象和品牌精神两方面进行的 IP 形象顶层建设，完美地将品牌识别和品类识别合二为一，让 M&M’s 成了巧克力糖豆品类的代名词，之后再通过产品包装以及各种传播形式与传播内容，帮助 M&M’s 实现了从产品到商品、从货架到传播各个维度的品牌音量最大化的效果。为了保证 M 豆人全球形象的统一性，玛氏公司还专门为 M&M’s 的 M 豆人制定了多达几百页的 IP 形象管理规范手册（图 4-8）。

也许有人不喜欢太甜的零食，但没有人会排斥快乐。M 豆人 IP 形象超越了糖豆本身，已经成为 M&M’s“欢乐有趣”的品牌精神的代表。印刷在 M&M’s 巧克力豆包装上的 M 豆人卡通 IP 形象，更成了让其他竞争对手难以复制和逾越的、M&M’s 品牌所独有的、永葆年轻的公开秘密。

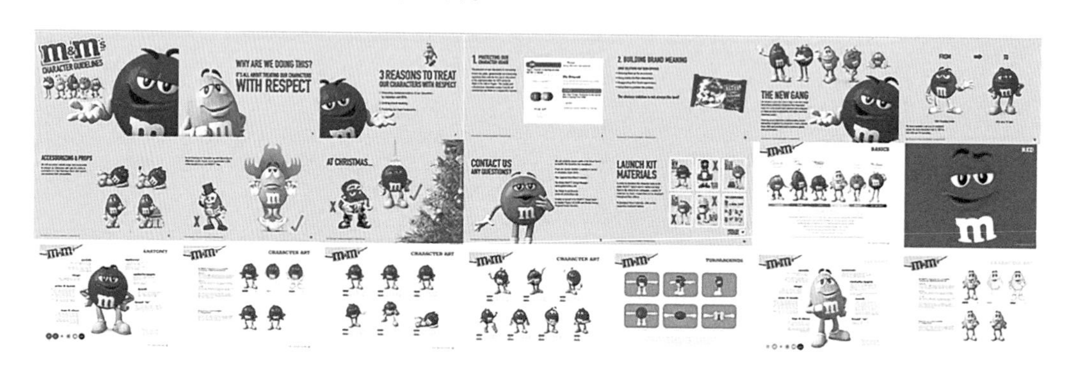

图 4-8　M&M’s 的 M 豆人 IP 形象管理规范手册

创造独有的包装设计视觉符号是追随型企业成功的关键

在一些被消费品大企业把持的品类中，对于作为市场后进者的新品牌来说，设计一款与众不同的包装是产品取得市场突围的关键。然而，国内一些追随型、补缺型企业，经常将产品包装设计得和市场领先企业的产品包装尽量相似，以为这样就会有市场机会。但是消费者只会觉得你的产品太过“山寨”，最终还会购买知名品牌的产品。

2007 年，全球饮料巨头可口可乐斥资 41 亿美元，收购了一家成立没几年的饮料公司 Glaceau，这是可口可乐迄今最大的一笔收购案。该公司生产的唯一产品维他命水（Vitaminwater）饮料其中一个过人之处，就是其醒目且独特的产品包装（图 4-9）。作为功能饮料的市场后进者，维他命水饮料的包装设计非常与众不同。其瓶型像极了在医院里常见的输液药瓶，瓶标设计也参照了药品包装说明书的排版。维他命水后来推出的一款定制版包装瓶型，更是直接模仿了胶囊药的形状。但正是这种区别于其他果味功能饮料包装的设计，再配以靓丽的色彩，构成了维他命水包装独有的设计符号，并且还恰如其分地传递出了产品可以补充人体所需维生素的功能饮料品类的特点。维他命水一经上市就成为众多喜爱运动、注意健康、但又逃不过饮料诱惑的美国体育界名人和好莱坞影星追捧的热销产品。

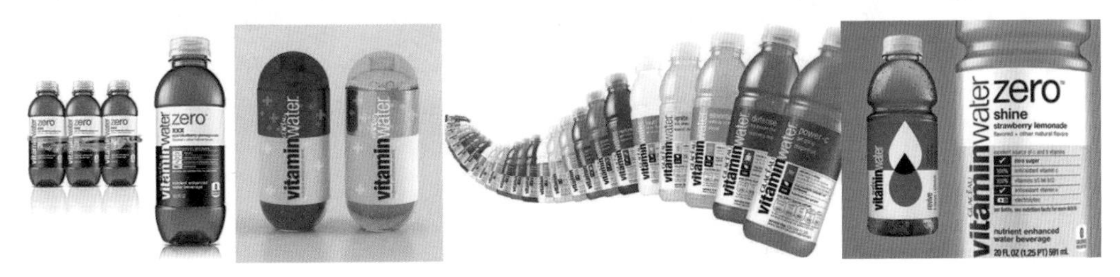

图 4-9 维他命水独特的产品包装容器与标签设计

中国的速溶咖啡市场曾经长期被雀巢与麦斯威尔两大外资咖啡品牌把持，他们占据了整体速溶咖啡市场 95% 的份额。第一财经商业数据中心（CBNData）发布的《2019 中国咖啡消费进阶趋势》显示，95 后和 00 后已经逐渐成了咖啡品类消费的主力军。他们更加注重品牌的个性化与体验感。这些年轻消费者需求偏好的转变，催生出了不少更符合他们需求的国内新兴咖啡品牌，如三顿半、永璞、时萃 SECRE、隅田川。

其中，三顿半这个新兴咖啡品牌的产品包装突破了传统速溶咖啡的包装形式，无疑成了其最大的营销亮点。自 2015 年创立以来，三顿半经历三次产品迭代。第一代挂耳咖啡大满贯与第二代冷萃滤泡咖啡的包装设计，并没有突破传统速溶咖啡包装设计路线，产品上市后反响平平。而第三代小杯装咖啡采用了完全创新的独特包装设计，立刻成为速溶咖啡市场的一匹“黑马”。

图 4-10 展示的三顿半小杯装咖啡包装走迷你可爱路线，风格别致精巧，在颜值和趣味性上都十分抢眼。其包装按照烘焙程度从 1~6 号进行排序，不同口味咖啡的小杯子编号不同，数字越小风味越突出，数字越大则越浓厚醇香。包装颜色选取亮红、明黄、黑灰、咖白等多种色彩，视觉冲击力极强。三顿半这种不同于速溶咖啡品类常规包装的设计做到了与众不同，不仅成为品牌独有的专属视觉符号，还促使年轻消费者主动拍照分享，降低了认知传播成本，增强了社交传播效率。不少年轻消费者还会将三顿半的包装盒用来 DIY，做成小花盆或钥匙扣，甚至搭配不同“潮物”拍照。消费者各种脑洞大开的再创作，更加验证了三顿半小杯子包

装的魅力。三顿半咖啡入驻天猫第一年，就创下单月销售额过千万的记录，更是在 2019 年的双 11、双 12 接连问鼎天猫咖啡品类第一名，超过了“老大哥”雀巢咖啡。

图 4-10　三顿半咖啡的小杯子包装

4.2 夺目原则

包装的夺目性是产品获得货架竞争胜利的关键，包装必须在品类竞争中取得夺人眼球的效果。强烈的大色块冲突、大字体加上简单直接的设计表现，是包装在众多竞品中夺目而出的关键。

强烈大色块带来的色彩视觉冲突，可以让你的包装在销售终端更加夺目

美国心理学家艾伯特·梅瑞宾指出，人与人之间的沟通仅有 7% 是通过语言进行的，高达 93% 的沟通是通过视觉传递的，而在视觉沟通的过程中，颜色会快速带来对事物的第一认知。包装设计的大色块，可以让你的包装在纷乱的终端货架中更加显眼。可口可乐的红色大色块与百事可乐的蓝色大色块包装，在货架上形成鲜明反差，永远可以让你在货架前第一时间发现它们。

不同的大块色彩运用在包装上，不仅可以让消费者第一时间发现品牌的产品，还会让人产生一些特定联想，如蓝色与绿色包装的产品往往被消费者认为是健康、纯净的产品，粉色包装的产品会被认为偏重女性，酒红色与金色让产品更显高贵。色块在包装设计时经常被用作区分不同 SKU、不同口味的关键元素。比如对于方便面，消费者认知中红色包装的就是红烧牛肉面，紫色的就是老坛酸菜面。Teas’tea 茶饮料就是通过不同颜色的变换，区分茉莉绿茶、玫瑰绿茶、薄荷绿茶、黄金乌龙茶等不同口味。农夫山泉果味水系列产品包装，以“愉悦享受 + 健康轻补”为设计理念，配以活泼、轻快的淡色系大色块，无论出现在哪个货架终端，都足以夺人眼球。不同品牌产品包装的大色块应用如图 4-11 所示。

图 4-11　不同品牌产品包装的大色块

将醒目的品牌文字运用在包装上，可以让你的产品第一眼就被认出

对于冬季饮料市场来说，暖饮已经不是一个新的饮料细分品类，有众多品牌的产品参与其中。2020 年冬天，上海浔远食品饮料公司的旭日品牌针对年轻消费人群推出了经典暖橙、清新暖柚、温暖暖梨、女神暖枣、养生黑芝麻燕麦共五种口味的暖饮产品。企业找到我们设计包装。我们从产品核心卖点展现以及货架瞩目度两个营销点出发，思考如何将旭日暖饮的包装做到创意有新意，卖点表述清晰，并且做到在便利店有限的暖柜空间里从众多竞品中脱颖而出。

在寒冷的冬天，每个人无论身体上还是心灵上都需要温暖。而对于暖饮消费市场的主要消费者年轻女性来说，冬天喝暖饮是硬需求，同时在她们内心深处也有着对温暖的渴望。于是我们为产品创造出了独特的“灯笼”造型瓶型，让旭日暖饮成为在寒冷冬夜温暖你每时每刻的一盏灯。包装正中大大的绵柔圆滑的毛笔书法体“暖”字，恰如其分地直接表达出了这一目标消费人群的深层需求。

图 4-12 展示的旭日暖饮包装通过靓丽的色彩、灯笼瓶型，以及在包装标签上简单直接地放大“暖”字，既做到了与竞品的差异化，又让产品核心卖点第一时间被消费者所感知，做到了在货架端更加受人瞩目。新包装刚上市就受到了便利店系统经销商的追捧与年轻消费者的喜爱，产品直接卖到了断货。

图 4-12　旭日暖饮包装

简洁干净的包装设计带来的夺目性，可以让消费者最短时间关注到产品核心卖点

消费者在选购商品时，没有过多时间仔细琢磨包装传递的信息。产品包装需要用最直接且清晰的表述，向消费者准确传递产品和品牌的信息内容。夺目的包装设计要力求做到简洁，浓缩产品必须具备的因素，剔除不必要的元素，这样才能做到一目了然。

2019 年，我们与重庆天友乳业合作，共同开发了零添加瓶装酸奶。在前期的营销策略与包装创意探讨过程中，我们始终纠结于产品命名怎么更有深意，包装画面如何更加唯美。但是经过了近三个月反复论证后，最终产品包装定稿，无论品牌命名还是包装画面设计，都完全推翻了前期几易其稿的繁复的创意设计。由一滴牛奶和“零”字演变而成的包装视觉符号，简单直接地向消费者传递出产品核心卖点，“零添加”的表述做到一目了然，如图 4-13 所示。产品上市以后迅速获得了消费者认可，成为企业畅销产品。

简单的包装设计有时也许会让许多人感觉缺少创意。但是，Trident 洁齿口香糖包装却在简单与充满创意之间找到了非常完美的平衡。其包装上的嘴唇符号，创造了夺目的视觉记忆点，并且恰到好处地将白色的口香糖产品透过包装的嘴唇开窗进行了展现，让消费者可以立刻联想到自己吃完 Trident 洁齿口香糖以后，也可以拥有一排整齐白净的牙齿，如图 4-13 所示。这款包装能够让“好吃又清洁牙齿”的产品利益迅速被目标消费者感知。

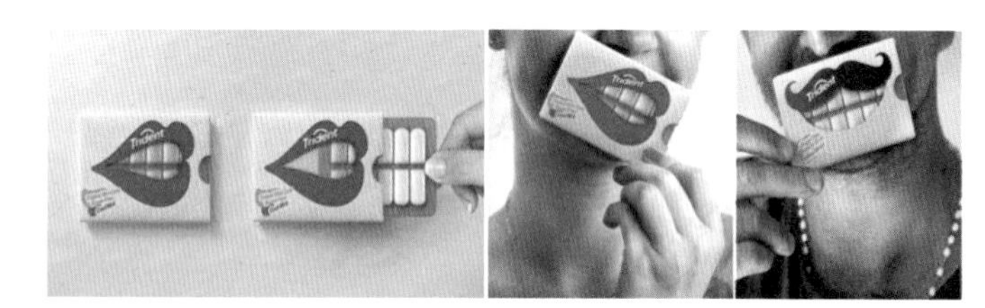

图 4-13 天友零添加瓶装酸奶和 Trident 洁齿口香糖的产品包装

4.3 延展原则

企业在对一个新产品展开包装设计工作时，一般都会从一个产品包装着手，这经常导致在包装设计工作的起始阶段忽略品牌、品类以及产品的可延展性，给企业未来整体的品牌与产品线规划带来困扰。

许多企业拥有涉及不同品类的子品牌，同时这些品牌各自又拥有数量众多的不同 SKU 系列产品，这形成了这些企业产品家族树大根深、枝叶茂盛的繁荣景象。所以，包装设计必须考虑企业产品线的未来延展规划，让同一品牌下的不同产品做到品牌视觉统一、品类划分清晰、不同产品 SKU 可区分。包装的延展通过对其核心视觉符号以及其他视觉元素的调整来完成。

雀巢作为全球最大的食品企业，拥有 2000 多个品牌，业务遍布全球 191 个国家和地区。雀巢根据产品包装的延展原则，为旗下许多品牌都制定了完整规范的包装延展管理手册，充分体现了企业对待包装设计工作严谨、认真、专业的态度。图 4-14 展示的雀巢奶油系列产品的包装延展规范手册，不但规定了雀巢奶油旗下不同品牌的使用原则，而且对包装的版式风格、不同包装容器的延展运用，以及颜色、字体、字号、产品呈现原则、图片调性，甚至对包装背面说明文字排版，都做了极为详细的规定。这令包装设计工作无论由哪个国家的哪一家设计公司完成都有据可循，不会走样。消费者无论在哪个国家，都可以迅速在货架上轻松辨认出自己喜欢的雀巢产品。

图 4-14　雀巢奶油系列产品的包装延展规范手册

商业包装设计的延展性还表现在，包装元素可以被延展应用到传播推广上

在市场竞争愈发激烈，产品同质化越来越严重，消费者被众多传播媒体信息包围的当下，包装的广告作用也越来越被市场营销人员认可。今天，许多包装设计师只关注产品包装设计本身，不会考虑包装的广告传播作用，也不会关注产品上市后和消费者的营销传播沟通。但是，包装是在销售终端激发消费者购买的直接诱因。当消费者在货架前面对着琳琅满目的产品，通过浏览包装文字或图片信息决定是否购买时，包装的广告传播功能就已经实现了。所以，包装也可以说是产品的第一广告。

从图 4-15 可以看出，产品包装中包含的品牌商标、产品广告语、IP 形象、产品利益点信息等驱动消费者购买的要素，以及产品包装本身，都可以作为产品传播推广阶段的核心符号，对品牌营销传播起到良好效果。同样，广告传播中的广告语、广告代言人，平面广告中的视觉画面等元素，也经常被用在产品包装设计中，使消费者接触到产品包装时可以联想到广告画面。产品的包装设计和广告创意相互配合，可以强化品牌营销的最终效果。同时，把产品包装与广告推广、市场营销活动结合起来统筹考虑，更能够充分发挥不同营销传播资源的优势。

图 4-15　产品包装要素在广告画面中的呈现

喜力啤酒是全球最著名的啤酒品牌之一，其包装上独特的红色五角星与品牌绿色，具备超强的视觉识别性和传播感染力，其极具象征性意义的“红星”已然成为全球闻名的独特品牌识别符号。2019 年，喜力啤酒在全球范围内推出了全新升级的产品包装。这次包装升级以高端和时尚为基调，将瓶身中央的标志性红星符号放大，将这一经典的品牌元素塑造成了明亮、大胆且现代的包装视觉核心。其包装上始终不变的绿色背景与红星标识的对撞带来的视觉冲突更加凸显了喜力的品牌自豪感。

升级以后，喜力啤酒包装的经典视觉符号红星和品牌绿色被延展运用到了广告营销物料上，保持了品牌传播的一致性，如图 4-16 所示。无论是网站，还是电视广告、平面广告、车身广告，消费者在任何场合，只要看到一片翠绿颜色中央闪耀着一颗大大的红星，马上就可以辨认出是喜力啤酒。正如喜力的经典广告语所说：

图 4-16　喜力啤酒的新包装及其在广告画面中的呈现

“假如喜力不是绿色，今天还会有那么多绿色啤酒吗？”

瑞典绝对伏特加（ABSOLUT VODKA），更是让其独特的产品包装成了品牌在广告传播中的绝对焦点与唯一主角，并因此屡获广告创意大奖。“绝对吸引”“绝对珍藏”的广告，也被美国《广告时代》杂志评选为20世纪最好的十大广告创意作品之一。绝对伏特加独特的包装设计加上以包装为视觉核心的广告传播画面（图4-17），助力产品成为全球十大最畅销蒸馏酒品牌。

图 4-17　瑞典绝对伏特加的广告传播画面

4.4 沟通原则

包装是产品与消费者之间最好的沟通工具。包装要做到更好的沟通，就要明确沟通对象，让品牌和产品的沟通信息与目标沟通对象的内心需求保持一致，并且沟通信息在包装上的排列要清晰明了。

包装在信息沟通上必须层次清晰

产品包装上信息过多必然会导致沟通混乱，不同信息在包装上的位置与大小都会影响消费者的获取成本。对于产品需要传递的全部信息，必须在包装设计工作开始前，就已经思考清楚，并做到清晰、简洁、直观的传递。

包装上的所有沟通信息需要依据优先顺序排列，不能平均分布、主次不分。要放大重要信息，并将其放在包装显著位置，要缩小次要信息。在常规情况下，消费者的购买选择顺序依次为：品类、品牌、口味 / 功能、产品卖点、净含量。但是不同类的产品，或者利益点非常显著的产品，包装信息的沟通顺序也会根据产品特点，做适当的位置与顺序调整。比如，饮料、食品类产品往往在包装正面突出口味，洗护类产品往往会凸显功能，如图 4-18 所示。当然，沟通顺序也会依照企业营销推广的目标做相应调整。比如，当企业推出一款新产品或新口味时，在包装正面显著的位置标明“新品上市”，往往会唤起许多愿意“尝鲜”的消费者的购买冲动；许多产品的促销装会在包装正面放大“加量不加价”“多送 20%”“内含礼品”的字样，同样会触动许多希望得到实惠的消费者购买。

由于许多消费者还会拿起包装仔细观看，所以，还应该注意包装侧面与背面的沟通信息，如适当放大营养成分表、凸显健康配料、采用插图或照片的形式清晰标明产品的使用方法，这样会为提升消费者的购买和使用体验带来帮助，进而提升他们对品牌的喜爱度与忠诚度。

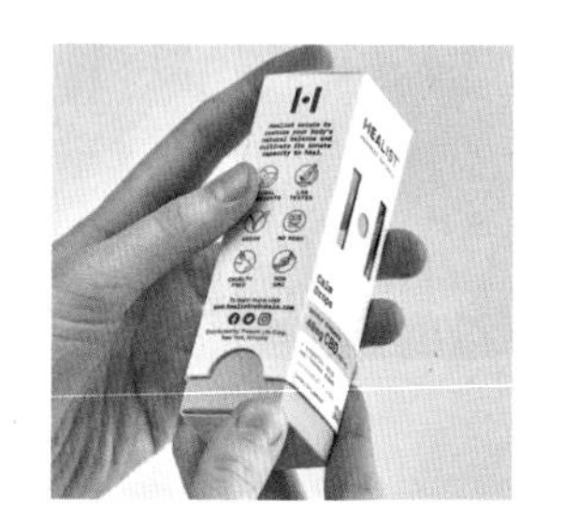

图 4-18 依据优先顺序排列信息的产品包装

包装沟通必须直接向目标消费者传递品牌与产品的利益

2017 年，主打 0 蔗糖、0 卡路里、0 脂肪的元气森林进军饮料市场，很快就坐稳了国内气泡水销量第一品牌的宝座，迅速成为大众最喜爱的气泡水品牌之一，甚至在 2020 年成为关注度超越可口可乐的第一饮料品牌。据调查，在小红书中搜索有关元气森林“无糖”和“0 卡路里”的记录超过 10 万条，搜索“低热量”的记录超过 36 万条，有关元气森林的包装照片的搜索次数更是达到惊人的百万级别。

元气森林成功的原因，除了品牌主打健康饮料、成功卡位无糖健康气泡水品类外，还有品牌通过包装向消费者有效传递了这一定位。包装作为产品对消费者的传播工具，也是最好的沟通载体。元气森林的产品包装设计简单干净。在炎热的夏天，人们走进便利店时都会望向冷藏柜里的不同饮料，与其他饮料品牌的各种绚丽包装相比，从图 4-19 可以看出，元气森林包装上的产品与品牌沟通信息十分清晰，纯白底色上超大的黑色“気”字无疑最为醒目，“元气水”三个字更是直接和气泡水品类产生关联；产品核心卖点“0 蔗糖、0 脂肪、0 卡路里”以及不同口味的标注一目了然，非常容易在第一时间引起消费者的注意。

图 4-19 元气森林的产品包装

包装沟通需要与目标人群的喜好相符

成立于 1945 年的宾堡（BIMBO）是全球最大的烘焙企业之一，其旗下针对少年儿童的多菲角夹心面包是宾堡在国内销售最好的产品。但由于多菲角夹心面包的包装多年没有变动，已经无法获得目标消费人群——孩子的喜爱，于是在 2017 年宾堡企业找到我们，对多菲角的产品包装进行全面升级。

图 4-20 展示的多菲角新包装通过创意设计，将宾堡品牌的小熊 IP 形象与多菲角产品巧妙结合，把 4 个不同口味的产品造型设计成了可以帮助孩子们探索梦想的火箭、飞机、潜艇、汽车形状，面包内的草莓、巧克力、香芋等不同酱料被设计成小火箭射出的火焰、小飞机旋转的螺旋桨样子，而宾堡的品牌 IP 小熊形象则化身为一位追求梦想的少年，勇敢地去探索未知的世界。新的包装设计在突出产品美味的同时，增加了趣味性表达，绚丽缤纷的色彩也给包装增添了活力。使用新包装的多菲角一上市就获得了孩子们的喜爱，带动年销量同比增长 43%，成为当年宾堡全球销售增长最快的产品之一。

图 4-20 宾堡多菲角升级后的产品包装

包装沟通不仅要与使用者沟通，更要和购买者沟通

产品需要满足消费者的需求，但消费者这一广泛的称呼又可以被细分为 4 种不同身份，即大众顾客、购买者、使用者、传播者。许多产品的购买者与使用者并不

相同。比如，婴儿奶粉的使用者是宝宝，然而购买者主要是妈妈。购买决策者会最终决定购买什么品牌的产品。包装作为在销售终端驱动消费者购买产品的重要营销要素，更需要做到与购买者产生有效的沟通。图 4-21 展示了吗丁啉儿童混悬液和简爱父爱配方酸奶的产品包装是如何与购买者进行有效沟通的。

图 4-21　吗丁啉儿童混悬液和简爱父爱配方酸奶的产品包装

吗丁啉作为西安杨森制药有限公司的核心产品，之前一直面向的是成人胃病治疗市场。2011 年，吗丁啉决定面向儿童胃健康市场推出吗丁啉混悬液，找到我们设计产品包装。考虑到儿童用药品类使用者（孩子）与主要购买者（妈妈）在购买与使用过程中的两种截然不同的需求，新包装必须考虑与两者建立有效的沟通，但更需要让购买者妈妈产生信赖，才可以让产品迅速打开市场。从购买者（妈妈）的需求出发，产品包装设计不仅要强化儿童用药的专属性，建立品牌信任，还要注意儿童用药细节，解决孩子认为吃药苦的问题，扫除家长喂药时的障碍。最终的包装设计不仅传承了吗丁啉品牌形象，而且在每一处设计细节上都加强产品与妈妈和孩子的深入沟通。该产品一经上市，就获得了消费者的广泛认可。产品上市第一年便为吗丁啉的销售额带来了 64% 的强劲销售增长。吗丁啉儿童混悬液的产品包装设计也获得了强生亚洲评选的年度营销案例大奖。

近两年在乳品行业广受关注的简爱酸奶，推出了一款专为 3 岁以上宝宝定制的酸奶父爱配方。其包装设计优点在于，非常注重与产品的购买者宝宝父母进行有效沟通。首先，包装画面采用卡通形象，明确了产品的儿童属性；其次，产品宣称强调该酸奶采用 0%、2%、4% 三种甜度的控糖配方，只选用生牛乳制作，加入了宝宝易吸收的乳清蛋白、有益乳酸菌，以及不同混合果蔬，为宝宝提供美味口感的同时，还带来了丰富的营养。所有这些家长关注的产品特性在包装正面都呈现得十分清晰。

而错误的购买者沟通信息会对产品销售造成很大的影响。农夫山泉的瓶装水、茶 π、东方树叶、功能饮料尖叫、水溶 C100，以及 17.5 度橙、农夫果园等都成为不同细分饮料品类的畅销产品，创始人钟睒睒更被誉为“最会卖水的中国人”。但是“最会卖水”的农夫山泉，2015 年 9 月推出了一款婴儿水产品，尽管请了网球“天后”李娜代言，花了不菲的市场营销费用，但多年来始终没有在消费者心中留下深刻印象，其中最重要的原因就是产品包装设计带给了购买者——宝宝父母错误的沟通信息。

宝宝的健康成长对于每一个家庭都至关重要。每位父母都愿意采购更好的商品给孩子。农夫山泉婴儿水的市场定位十分清晰，该产品聚焦母婴市场，是专为 0~3 岁宝宝定制的婴儿冲奶粉饮用水。但是在产品包装信息沟通上却出现了错误，很难让购买者感受到这是一款婴儿专用水。

首先，包装的视觉符号采用 5 棵松树图案，与婴儿产品的属性关联太弱。醒目亮眼的红色农夫山泉品牌，掩盖了下方的小字“适合婴幼儿”，让购买者宝妈、宝爸无从辨别。其次，作为一款专属婴儿用水，包装上也没有明确说明为什么适合婴儿，仅仅标注了取自长白山自涌泉。但是为什么长白山自涌泉的水就是适合婴儿喝的水，让人摸不着头脑。最后，对于产品包装容器的设计，虽然强调成年人一只手就可以方便握住的舒适手感，但并没有从消费者的使用场景考虑。也许直接将瓶型设计成一个大奶瓶形状，更有婴儿水使用场景的代入感。

从图 4-22 展示的农夫山泉婴儿水包装与美国市场上成熟的婴儿水包装对比图就可以看出，虽然二者同属于婴儿水产品，但是包装上信息沟通的清晰程度高下立判。美国婴儿水的产品包装，可以让购买者一眼就认知到婴儿水的品类属性。同时，适合婴儿使用的产品特点也在包装正面醒目处做了清晰标注。农夫山泉的婴儿水包装虽然设计得高端、大气、有品质，但是对产品信息沟通的处理却出现了非常大的问题。这就难怪许多消费者把农夫山泉婴儿水仅仅当成是一款很贵的高端水，却没有认为是婴儿水了。

图 4-22　农夫山泉婴儿水包装与美国 NURSERY 婴儿水包装对比

包装设计在大胆创新的同时，必须处理好既定产品领域中被消费者普遍接受的规范与暗示，在恰如其分地和购买者进行有效沟通与有品质的外包装之间取得平衡。

包装沟通要注重与目标消费者的情感连接

在互联网传播时代，许多企业越来越重视产品包装的社交与传播属性。如何通过包装和消费者产生直接的情感连接，使包装成为产品的最佳传播工具，成了包装设计师工作中必要的思考课题。

在通过产品包装与消费者进行情感沟通的案例中，江小白无疑是最成功的。成立于 2011 年、以年轻人为目标消费对象的江小白，用青春的手段颠覆了整个白酒行业的传统营销观念。一句“我是江小白，生活很简单”立刻拉近了与年轻人的距离，告诉所有白酒行业的营销人什么是年轻的情怀。

江小白的营销手段其实很简单，就是借助包装标签上的一系列江小白语录（图 4-23），真诚地与年轻人沟通。“今天喝酒了，我很想你”“这叫酒后吐真言吗？已经吐了，但收不回来了”“把每一段旅程，都当作一生只看一次的风景”“友情就像杯子一样，要经常碰一碰才不会孤单”“什么时候，你学会了应酬，我学会了配合”。江小白借助包装标签上的这些走心文案，找到了与当下年轻一代情感交流的入口，年轻人也借助江小白寻找到了认同感。

图 4-23 江小白的产品包装

企业的产品要让年轻人喜欢，就要和年轻人产生情感交流，做与年轻人共情的品牌。江小白通过设立年轻活力的品牌人设，用贴近年轻人生活感受的生动文字，将产品包装转化为内容传播的媒介，打破了品牌与年轻人之间的隔阂。

江小白的品牌形象就像我们身边千千万万的年轻人一样，简单、率真、我行我素，有着一颗充满情怀的心。他好似一个鲜活的年轻人，有任何态度都要表达出来，真诚地在和同龄朋友沟通，喜怒哀乐行于色。“你若端着，我便无感”才是 95 后的心声。江小白巧妙运用酒包装的标签设计，说服了当下的年轻人，成功理所当然。

第 5 章
货架上的包装设计原则，你应该了解

近年来，全球线上电商销售总额节节攀升，给线下传统渠道带来了很大冲击。但是艾媒咨询（iiMedia Research）的数据显示，2019 年全球消费品零售销售额为 24.86 万亿美元，其中线上电商零售销售额为 2.842 万亿美元，占比仅达到 11.4%，近 90% 的销售还是来自线下渠道。即使在中国，根据国家统计局 2020 年的数据，接近 80% 的购买交易还是来自线下传统渠道。相信未来很长时间，线下渠道仍是许多企业的销售主阵地。线下渠道的产品种类将会越来越多，有限的线下货架必将变得越来越拥挤，竞争也一定会越来越激烈。

5.1 大部分购买决定发生在线下渠道的货架旁边

近年来，由于线上流量红利逐渐消失，以往一些新兴消费品牌通过内容营销 + KOL 带货 + 短视频广告等方式产生裂变，迅速提高消费者对于品牌的认知，再通过线上渠道全国售卖，获得可观销售数据的营销方式，已经无法让企业保持长期的增长。2022 年年初，许多面向年轻一代的、原本依赖电商起家的新消费品牌，如三只松鼠、王饱饱、拉面说、花西子、完美日记等，都出现了增长乏力现象，开始大力开拓线下传统渠道。

消费品企业的销售人员常说的一句话是“得销售渠道者得天下”。企业的市场营销行为不仅要解决消费者“听得到”和“看得到”品牌和产品的问题，更需要解决“买得到”的问题。企业要想获得持续的销售增量，一个最重要的市场营销手段就是扩大销售渠道，不能只依赖单一渠道。相信未来，将有更多的品牌从线上销售渠道进入线下销售渠道。同时，线下渠道的竞争也会变得越来越激烈。

线上与线下两种不同销售渠道有着不同的销售优势和劣势，而且消费者在不同销售渠道的购买习惯与购物抉择路径也不尽相同。根据 AC 尼尔森的市场调研统计，无论年龄、性别，大部分人在线下渠道购买产品时，冲动消费特征十分严重，大部分购买决定都发生在销售终端的货架旁边。平均 58% 的消费者的最终购买决定发生在货架前。50 岁以上的消费者平均有 54% 的购买决定是在货架前完成的。千禧一代的年轻人中，有 68% 的购买决定发生在货架前。图 5-1 展示了消费者在货架前对不同品类消费产品的购买决策占比。

产品包装设计如何在线下渠道的货架上引起消费者的注意，并激起他们购买产品的欲望？这是所有希望在线下渠道的货架端获得竞争优势的品牌都必须关注与深入思考的问题。

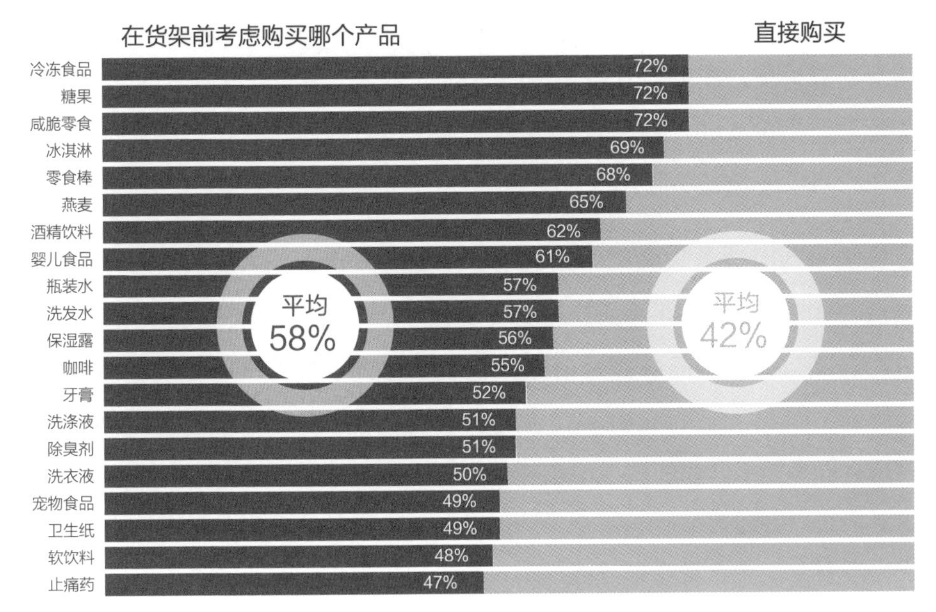

图 5-1 直接发生在货架前的购买决策比例

5.2 “10-5-0”包装设计原则，让消费者愿意拿起产品

消费者从进入商店准备购物到产生购买行为，通常会遵循一个由远及近的连贯的行动路径。这个路径也是消费者从注意到产品，到对产品产生关注，再到完成购买的一个过程，如图 5-2 所示。在这个过程中，消费者也完成了从普通顾客到购买者的身份转换。

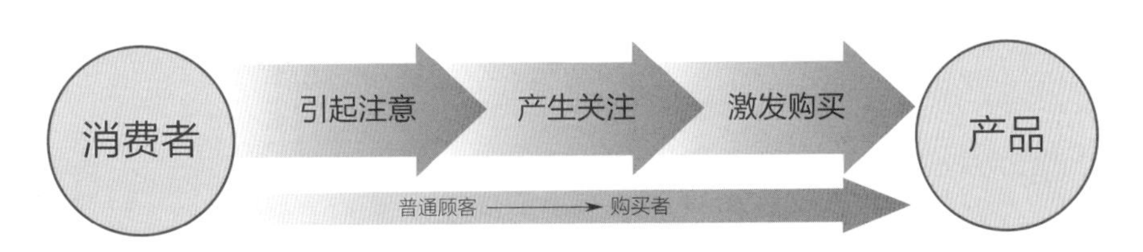

图 5-2 消费者由远及近的线下渠道购买行动路径

消费者刚进入商店时并没有看到产品，包装不会对他们的购买产生引导作用。只有在消费者快走到货架近前时，包装才会对他们的购买产生实质引导作用。消费者与产品包装的距离不同，他们对包装的注意程度以及关注点也有所不同。

当消费者距离货架 10 步时，好包装会让他们停下脚步，引起他们的注意。当消费者距离货架 5 步时，好包装会让他们从众多眼花缭乱的竞品中首先关注到产品。当消费者走到货架近前 0 步距离时，好包装会让消费者愿意拿起产品并可能产生购买意愿。“10-5-0”包装设计原则适用于所有线下传统渠道的产品包装设计，无论是在大超市还是在小店。

好包装会在消费者距离货架 10 步时引起其注意

当消费者距离货架 10 步时，他处于距离产品较远的位置，无法关注到包装细节。这时产品包装上的品牌是否清晰，包装整体设计是否比同货架竞品更加抢眼，同一品牌的不同 SKU 产品的包装是否可以形成一个整体、带来更强烈的货架排面整体陈列视觉效果，是产品在线下渠道货架端能否赢得消费者第一时间注意的关键。

由于消费者会通过品牌来辨识不同的产品，所以与品牌相关联的色块、图形和文字就成为吸引他们注意力的第一前提。包装上的品牌大色块和关联图形，以及显著的品牌文字或品牌标识符号，都会成为购买者视觉关注的焦点。图 5-3 展示了不同品牌的产品包装是如何通过包装引起消费者关注的。

图 5-3　不同品牌的产品包装对比

可口可乐与百事可乐的产品包装，无论是品牌文字或标识，还是品牌颜色或品牌辅助图案，都充分做到了简单突显，使得购买者在距离货架很远的地方就可以注意到可口可乐和百事可乐的产品。

由元气森林出品的气泡水和燃茶包装，运用简洁突出的文字设计与品牌关联，同样可以在消费者距离货架很远时就引起注意。许多人都觉得元气森林气泡水之所以近两年获得年轻消费者的超高关注，最重要的一个原因是包装设计得非常好看。但是如果你仔细观察就会发现，与许多颜色图案缤纷绚丽的饮料包装相比，元气森林气泡水的包装缺少了许多精致感，并不能说设计得很好看。但是它的包装却更符合线下渠道的包装设计原则。标签上超大的黑色“气”字符号与白底色形成强烈的视觉反差，被衬托得非常抢眼，在满是花哨颜色的饮料包装货架前，很远就可以清楚地辨识出来。家乐氏谷物产品包装上大大的“K”字母符号，也同样做到了这一点。

Kub 婴儿纸尿裤的包装，与陈列在同一货架上的大多采用婴儿形象的竞品包装相比，最大化放大了品牌 IP——可爱的卡通小熊形象，并与靓丽的色彩搭配，也足以让购买者在货架最远端便注意到该产品。

在拥挤杂乱的线下渠道货架上，还可以利用包装上连贯的品牌色、辅助图形、视觉符号或产品图案，组合成一个更大的视觉陈列效果，抢占更大的货架排面陈列效果，从而引起购买者第一时间注意。图 5-4 展示了几种能够在 10 步距离时抢夺视线的产品包装。

图 5-4　能够在 10 步距离时抢夺视线的产品包装

乐之（RITZ）饼干包装将每个包装上的单独饼干画面串联起来，形成一个更大的视觉画面，让消费者在距离货架很远时也可以最先发现它。而奥利奥饼干包装利用大面积统一的品牌蓝色，有效增强了包装在货架陈列时的视觉效果，便于消费者在货架最远端立刻发现。

同时，由于许多线下渠道货架上的产品摆放都比较凌乱，有时甚至会出现正反码放的情况。消费者途径货架时，也经常会从侧面注意到产品包装。Meadow Fresh 牛奶的产品包装，将包装正面的连贯图形延展至侧面，很好地解决了产品凌乱摆放时的陈列问题。

在消费者距离货架 10 步时，产品包装设计注意到以下 4 个方面，就会让你的产品第一时间引起购买者的注意。

（1）利用品牌的标志、颜色、图形或文字，创造出具有清晰识别度的包装核心视觉符号，可以引起消费者第一时间注意。

（2）尽量放大包装的视觉符号，或创造一个越大越好的色块，增加产品包装的货架冲击力。

（3）采用区别于同货架竞品的简洁干净、对比强烈的反差颜色设计，可以让你的包装相比竞品更容易被购买者首先发现。

（4）将陈列于同一货架上的不同产品包装画面，连成一个连贯的整体图案，或采用统一的品牌颜色，抢占更大的货架排面视觉陈列效果，提升产品的可识别度。

好包装会让消费者距离货架 5 步时从众多竞品中脱颖而出

在消费者距离货架 5 步时，同一货架上的所有产品都会清晰地呈现在眼前。到底哪一个品牌的产品是我愿意购买的，我喜欢的口味在哪里，该产品会给我带来什么样的好处，成为此刻他们选择产品的关键问题。

在消费者距离货架较近时，漂亮的产品包装对购买的驱动作用会得到充分发挥。去除产品的品牌、口味和功能优势对购买的干扰，消费者一定会优先选择包装最好看的产品。但好看也是相对的，漂亮的包装设计必须考虑相同货架竞品的包装，只有做到差异化的漂亮，才能引起消费者的关注。同时，漂亮的包装设计也需要与品类共性相吻合，充分传递品牌价值属性，清晰地展现产品利益。

图 5-5 展示了几款好看的产品包装如何在消费者距离货架 5 步距离时引起他们的关注。将原本就十分美味诱人的水果照片，通过设计师巧妙的创意构思，转化成绽放的花蕾，甚至被设计成果汁的容器，是否让你感到这个产品和其他果汁包装设计的不一样之处？你闻到 Naturing 洗发水包装标签上的花卉插图带来的自然香气了吗？如何通过包装充分展现出这是一听好喝的啤酒？相信没有比 Volksbier 啤酒包装更好的设计方法了。如果你在货架前，看到一只嘴巴塞满坚果的可爱松鼠，是否有一种想把它带回家的冲动？

图 5-5　能够在 5 步距离时引起关注的产品包装

清晰标注出产品不同 SKU 以及利益点的包装，可以让消费者在距离货架 5 步距离时产生关注。消费者选择食品与饮料时，对产品的口味十分关注。包装上的颜色、插图、照片都可以用来进行口味区分。我们为蒙牛纯甄设计的包装，用不同颜色加上充满诱惑力的水果、酸奶照片，很好地区隔了产品的不同口味，缩短了消费者在货架端的选择时间。

在包装正面的显著位置清晰标注出具有强烈销售驱动力的产品功能利益卖点，

也往往是让消费者产生购买意愿的关键，如图 5–6 所示。清洁产品包装上“除菌”两个比品牌标识还醒目的文字，可以立刻使你产生购买意愿。苏菲夜用卫生巾正面清晰的“清爽净肌”功能利益点标注，可以让消费者马上发现。麒麟啤酒的包装设计非常简洁，不同颜色与文字规划让消费者对产品的口味和卖点一目了然。

图 5–6　清晰标注出产品不同 SKU 以及利益点的包装

在消费者距离货架 5 步距离时，产品包装设计注意到以下 5 个方面，会让你的产品从众多竞品中脱颖而出，令消费者产生购买兴趣。

（1）符合目标消费者审美需求和品牌心理预期的、异于同货架竞品的漂亮包装会吸引消费者关注。

（2）独特新颖的包装容器造型和标签画面更容易引发消费者的购买冲动。

（3）同一品牌不同口味产品陈列在同一组货架时，运用颜色、图形符号、文字、照片将不同 SKU 产品清晰地区分出来，做到不同口味、不同功能的产品陈列一目了然，让消费者更容易找到自己需要的商品。

（4）清晰标注出鲜明的产品利益点的包装更容易引发消费者的购买欲望。卖点文案要简洁准确。

（5）对于相同规格的产品，包装容器的货架展示面积越大，产品越容易得到消费者的青睐。

好包装会让消费者距离货架 0 步时愿意拿起并购买

消费者走到产品近前时，会注意到产品包装的细节信息，甚至会拿起产品，看看上面是否清楚标明了自己购买的理由。包装需要将所有的沟通信息按顺序进行合理的层级分配，做到一目了然。

图 5–7 展示的 GLAD 保鲜膜的包装，非常注重产品信息传递层级。GLAD 保鲜膜使用黄色作为包装主色，保持了货架整体识别度的同时，又和

图 5–7　GLAD 保鲜膜的包装

品牌红色形成强烈对比。包装左上角最突出的位置留给了第一层级的信息，绿色、紫色、浅蓝、深蓝色条横向延伸，贯穿包装底部，留给第二层级的信息用以区分不同产品 SKU，让消费者可以迅速找到自己想要购买的产品。不同产品的利益点以及产品促销信息作为第三层级，用符号（Icon）展现，清晰呈现在包装右侧。甚至产品规格在包装上都被刻意放大，一目了然。

研究表明，消费者更愿意购买在包装上将产品配料中的核心元素前置、突出卖点的产品。墨西哥宾堡（BIMBO）公司作为全球最大的烘焙企业之一，在美国市场家喻户晓，销售始终名列前茅。随着市场竞争加剧，曾占据很大市场份额的宾堡切片面包销量有所下降，企业针对这一情况，在 2018 年对包装进行了升级调整。新包装在保留旧包装许多设计元素的同时，将原来呈现在正面的沟通信息从 6 点精简到 4 点，并将原本混乱的布局调整得主次有序。在新包装对比旧包装的消费者货架购买调研测试中，消费者对于新包装的货架拿取率比旧包装提升了 150%，如图 5-8 所示。

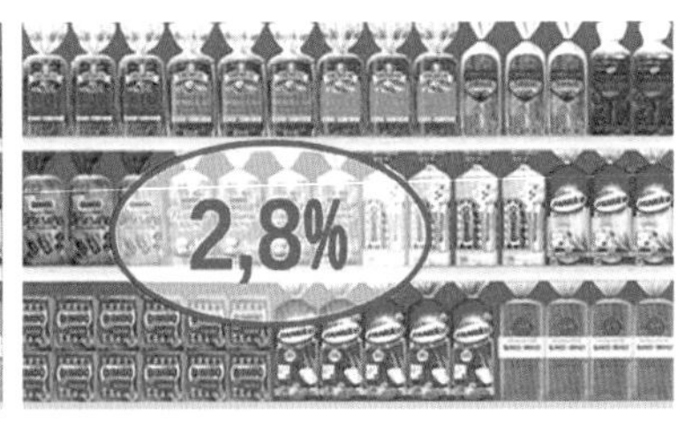

图 5-8 宾堡切片面包新包装

精致的细节设计决定了包装的品质。包装的整体排版要整齐有规律，各部分内容要区分清晰，文字大小与图形要运用得当。包装是 360 度的立体设计，设计师必须从包装整体出发，不能只考虑到包装正面，背面与侧面的设计排版同样重要，见图 5-9。

图 5-9 包装的 360 度立体设计

许多消费者走到货架前购买食品、饮料时，还希望从视觉上获得对产品的直观认知。通过包装正面开窗设计，充分展示内部真实产品，可以给到他们最直观的产品感受，增加被他们选择的概率。调研表明，消费者更愿意购买通过透明开窗将真实食材呈现出来的产品。图 5-10 展示的意大利面和饼干包装的透明开窗设计，都充分展现了产品的内容物。

图 5-10　意大利面和饼干包装的透明开窗设计

消费者走到产品近前时，包装设计注意到以下 3 点。

（1）包装要清楚地向消费者传递商品利益点，合理布局信息。控制包装正面元素的数量，产品不同卖点要明确区分层级，将关注点引导到重点信息上，让消费者清楚地浏览到产品相关信息。

（2）平衡产品包装上的品牌、品类、口味区分元素，合理清晰地布局包装上产品卖点等不同层级的信息，让消费者更方便浏览商品信息。

（3）细节决定品质。包装细节设计非常重要，许多消费者走到货架前时，会拿起产品仔细阅读包装上的信息。包装要做到全方位地和消费者沟通。一个有品质的包装需要做到所有设计细节都精致。

5.3 "ACPBER" 包装设计原则，让消费者愿意购买产品

当消费者已经明确要购买哪类商品时，会直接走到这个品类的货架前，选择自己想购买的产品。消费者的购买行为按顺序可分为注意（Attention）、对比（Contrast）、喜欢（Prefer）、购买（Buy）、体验（Experience）、记忆（Remember）6 个不同环节。图 5-11 展示的 "ACPBER" 消费者购买行为，也是一个消费者从认识产品到喜欢产品，再到购买产品，最后成为忠诚消费者的过程。从这六个环节

思考产品包装设计，也同样可以帮助产品完成消费者的购买转化。这种包装设计方法可以称为“ACPBER”法则。

图 5-11 “ACPBER”消费者购买行为

注意（Attention）：包装首先要做到在销售终端醒目，以便引起消费者的最先注意。在这个环节，设计师必须考虑包装在复杂的线下销售环境中的应变能力，明亮的超市、陈列集中度较高的便利店、杂乱的街边小店等不同线下渠道的销售环境差别很大。

对比（Contrast）：消费者在对比和选择产品时，对产品包装的差异化有着更高要求。包装上的信息或设计语言要做到比放在同一组货架上竞争对手的包装更能够吸引消费者的目光。

喜欢（Prefer）：这个环节是包装美学与商学完美结合的体现。包装的美是否是目标消费者喜欢的美，包装是否充分展现了产品卖点与品牌价值，设计人员需要从这两个维度进行深入分析和思考。产品的目标消费人群是谁？他们喜欢什么、需要什么？漂亮、美观、精致、产品价值表现明确的包装更有可能获得目标消费者的青睐。

购买（Buy）：不同品类属性、不同品牌调性、不同产品优势，对消费者购买决策的促进都不相同。包装上都有哪些信息驱动了消费者的购买欲望？这些信息排列是否清晰？产品卖点要通过包装视觉呈现转化为被消费者认知的买点。设计人员首先需要深入挖掘产品卖点，再将其转化为能与消费者产生共鸣的包装设计语言，才能促使最终购买发生。

体验（Experience）：消费体验发生在购买之后、消费者拆开包装尝试产品的过程中。与包装信息相符的、方便便捷的、超越消费者预期的完美体验会为产品带来下一次复购机会。

记忆（Remember）：拥有高识别度的品牌记忆符号、清晰明确的产品卖点的包装，加上良好的使用体验，能够让消费者对产品和品牌记忆深刻，便于他们在复购时快速辨识产品。

5.4 包装是终端货架的产品管理、品牌管理、品类管理工具

有着“消费品企业黄埔军校”之称的宝洁首先创立了品牌管理体系，目的是塑造企业的强势品牌。品牌管理要求企业创造与众不同的品牌识别管理体系，设立相应的企业目标、方向、指导策略与经营原则，企业的一切营销行动都要围绕品牌进行。如今，许多消费品企业的品牌部门都在使用这套品牌管理体系指导包装设计工作。但是随后宝洁发现，终端零售商是根据品类而不是品牌，来决定所售商品的组合配置和货架陈列的。品牌管理体系会与终端零售商的经营体系产生较大冲突，这常常令品牌管理工作在销售终端无法充分落实。于是，宝洁又率先采用与终端零售商一致的品类管理法，对企业不同子品牌的产品进行管理，并且将品类与品牌管理体系相结合，对企业的所有产品包装设计进行更有效的管理。

拥有众多跨品类品牌的宝洁认为：企业明智的选择是在同一个终端渠道销售相似品类的不同品牌产品，满足消费者的不同需求。这样既增加了产品多样性，又能集中企业优势资源。品类管理依据传统零售商的线下渠道货架陈列原则，可以分为大品类、细分品类、专属品类等不同层级。品类管理工作由消费品企业与终端零售商，对每个货架上不同品类产品的销售数据进行分析后共同完成。品类管理离不开高效的产品组合，所以，品类管理也可以理解为企业针对自己全部产品进行品类规划的具体实施方法。宝洁利用品类管理法，管理不同品类下各品牌之间的功能与个性差异，让每个品牌在终端卖场都有自己的发展空间。宝洁的品类管理原则是：如果某一个品类的终端市场还有空间，消费者选择的最好还是宝洁其他品牌的产品。宝洁在美国市场上有 8 个洗衣粉品牌、6 个肥皂品牌、4 个洗发品牌和 3 个牙膏品牌，每个品牌的卖点都不一样。

品类管理可以让企业更加理解不同消费者对于不同品类产品的需求。购买某品类的主要消费者都是谁？哪些品类更受消费者喜爱？某品类的哪种产品最受消费者欢迎？不同品类产品的实际使用者是谁？消费者何时购买？消费者喜欢在哪里购买？消费者用什么方式购买？消费者为什么要买这些商品？品类管理能够保证企业所有品类下的品牌都可以得到足够的资源，为企业的产品研发找到准确的市场切入点，明确企业不同品类下的子品牌发展路径。以品类管理为指导的市场经营活动，打破了企业以往只有品牌管理、与零售商各自为政的经营方式，是企业和零售商密切合作、共同追求更高收益的双赢工作方式。消费品企业在品类管理经营模式下，

可以制定出最佳的市场营销方案，如品类发展方向、商品组合、新产品开发、品牌定位、产品定价、包装设计、生产管控、销售库存管理及促销推广活动等。

2019 年，我在给康师傅市场部做包装培训时，康师傅的培训总监提到：“康师傅饮料现在面临一个问题，只要在包装上清晰标明康师傅品牌就不容易卖上价格，但是弱化康师傅的品牌又不好卖。”其实，这个问题在于，企业长久以来运用母品牌“康师傅”来管理所有的产品包装设计，而不是运用品类管理品牌，再管理不同产品的包装设计。

可口可乐的碳酸饮料的品牌分为可口可乐、雪碧、芬达，乳饮料叫果粒奶优，果汁饮料叫果粒橙，能量饮料叫魔爪，气泡水叫怡泉，瓶装水叫冰露。可口可乐就是通过品类管理法管理旗下所有不同品类、不同品牌饮料的包装，很好地区分了不同货架的产品。从企业品牌角度思考，“做一样”可以“彼此借势”，但从市场竞争角度思考，最有效的手段往往不是“做一样”，而是“做不同”。图 5-12 展示了可口可乐基于品类管理法，针对不同销售渠道的产品管理手册。

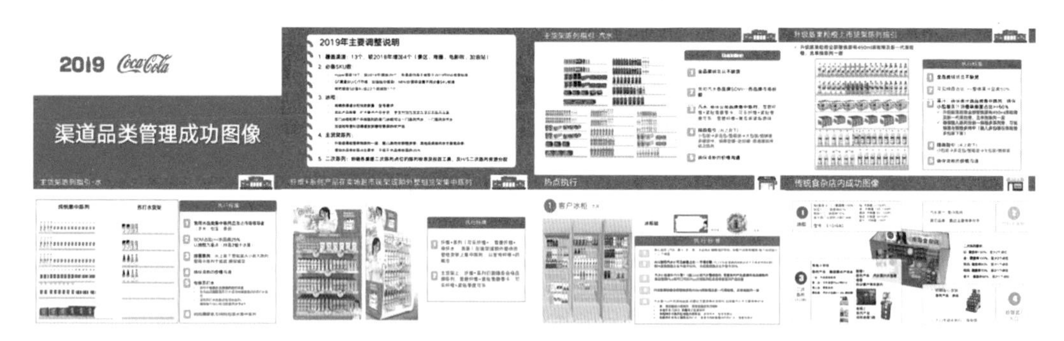

图 5-12　可口可乐《渠道品类管理成功图像手册》部分内容

建立一套优秀的产品包装设计规范管理体系，对消费品企业的良性发展十分重要，是对企业进行线下渠道品牌管理、品类管理、产品 SKU 管理水平的综合考量。企业通过品牌与品类管理法对所有产品包装进行规范管理时，不仅要注意品牌、品类与产品之间的关系，还需要依据不同销售终端对商品的货架陈列原则进行管理。企业建立产品包装设计品牌与品类规范管理体系时需要考虑以下 9 个方面：

- 企业母品牌在所有产品包装视觉呈现上的统一、规范性。
- 企业不同子品牌在货架中的品类角色定位。
- 企业不同品类产品所属子品牌的规范性，以及与母品牌的关联性在包装上的体现。

- 企业不同品类子品牌下的不同产品彼此的区隔性与统一性在包装上的体现。
- 企业的品牌与产品利益在包装上的价值体现。
- 货架上相邻的不同品类竞争品牌的商品包装样式。
- 货架上同一品类竞争品牌商品的包装样式。
- 消费者购买商品时对品类、品牌、功能、规格、包装形式、价格等的决策次序。
- 根据销售表现确定产品排面大小的公平货架陈列。

案例：福临门全线产品包装升级

福临门作为中粮集团布局粮油食品行业的战略品牌，经过近30年发展，已经成为涵盖食用油、大米、面粉、杂粮、糖、酱油、复合调味料七大厨房食品品类、拥有不同子品牌及近千个产品的中国著名粮油食品品牌。2012年，中粮集团品牌管理部为了推动福临门品牌的健康发展，引进品类管理思维，找到我们对福临门全线产品包装进行规范升级。他们提出，此次产品包装规范工作不仅要充分体现福临门的品牌价值，还要明确规划基础结构和操作标准，使其成为今后指导福临门包装设计的核心原则。

项目初期，我们对福临门现有产品进行了重新梳理，对不同产品包装的信息传达层级和视觉呈现做了深入研究，发现了其中存在的很多问题。首先，福临门产品线过于复杂，品类众多，子品牌与母品牌关系不清。其次，不同设计风格的产品包装导致产品视觉管理体系混乱不清。图5-13展示的福临门不同品类产品包装上，不规范的品牌呈现无法在消费者心中建立品牌的直接关联，品牌价值没有得到充分体现。最后，福临门的产品包装信息传递层级不清，品牌与品类之间没有有效区隔，产品卖点表述不清，使得产品货架管理混乱，给消费者购买造成了困扰。

图5-13 福临门不同品类产品升级前的包装

通过对项目整体策略的重新梳理，最终客户同意了我们提出的三项解决方法。一，对品类化繁为简。根据消费者对粮油品类的购买需求和特征，将福临门原有的7大品类重新按终端渠道特性划分为食用油、粮食、调味品3大品类。二，建立品牌统一规范。从福临门母品牌的价值共性出发，依据不同品类下的子品牌特点以及不同产品的包装形式，重新规划品牌视觉识别体系。三，有效区分产品。对不同产品包装所传递的品牌、品类、产品卖点等信息进行重新梳理，合理规划、设计，完成福临门全产品线包装升级任务。

挖掘植根于中国“福”文化的福临门品牌价值

品牌价值指品牌在消费者心目中的综合形象，是品牌可以为需求者带来的价值的体现。品牌价值同时也代表了企业和消费者的共同利益认知和情感归属，是品牌区别于同类竞争品牌的重要标志。

福临门依托中粮全产业链，以服务民生，实现国民幸福生活，奉献安全、营养、健康、美味的厨房食品为己任，旨在将幸福生活带入千家万户。福临门品牌价值符号植根于中国的“福”文化。而“福”字也是中国传统文化中最具代表性的符号之一。福，佑也。“福”字的右边，“一”代表家中的房梁；“口”代表兴旺的人丁；“田”则代表肥沃的土地。“福”字的左边的示字旁代表着对家的祝福。

通过对福临门品牌价值内涵的捕捉，我们在设计产品包装的品牌图形时，将“心”和“福”、“田”与“家”进行了重新再造并将其作为包装视觉核心，让福临门对每一个家庭的“幸福承诺”融入每一个产品包装之中。考虑到中国人对“福”字的偏爱，我们在包装上突出品牌“福”字，强化品牌与“福”的连接。优化后的品牌视觉符号，加强了消费者对产品包装的记忆度，并且增加了品牌的亲和力。图 5-14 展示了项目第一阶段产出的部分内容。

图 5-14 项目第一阶段产出的部分内容

接下来，我们又着手为福临门的品牌传播口号“品质安全 幸福临门”制定了视觉规范。标识图形设计结合中粮全产业链的品牌价值，“红心”寓意幸福安心，金色边框代表品质，寓意中粮用品质安全向社会传递着关爱与责任。

在工作的第二阶段，我们采用“沃土”与菱形“福”字图形作底衬，结合品牌标识，规划出包装上的品牌识别区域，强化品牌的视觉统一性与整体性。象征着希望与收获的金色弧线代表一片肥沃的土地，土地上孕育的健康硕果承载着收获与幸福，传递出福临门不断奉献高品质好产品的品牌理念。菱形“福”字是受中国传统剪纸艺术启发设计出来的，与四周环绕的蝙蝠吉祥纹饰相映成趣，寓意五福临门、福到万家。图 5-15 展示了项目第二阶段产出的部分内容。

图 5-15　项目第二阶段产出的部分内容

工作的第三阶段，我们依据不同品类的产品特点，结合企业对产品线的整体规划，将福临门品牌呈现分为强背书与弱背书呈现。核心产品包装突出强大的母品牌。需要突出品类属性时，用弱背书形式展现主品牌。此外，在设计阶段，我们充分考虑包装的特殊形状容器、标签的特殊印刷、特殊尺寸等各种情况，保证品牌呈现具备统一性的同时，能满足不同情况下的包装特殊制作印刷工艺需求。最后，我们还对不同产品SKU 的包装形式与规格进行了调整，罗列了所有福临门产品包装的细节注意事项，保证项目顺利落地。

任何企业的品牌发展都是一条不断前进的道路。《福临门包装品牌管理手册》成为福临门指导不同设计公司进行包装设计的必备指导工具。福临门运用品类管理方法，完善了企业所有产品包装的视觉管理体系，实现了跨品类的品牌管理升级，为品牌的健康发展铺平了道路。作为承载福临门管理精髓的《福临门包装品牌管理手册》也将是一部不断完善的企业指导工具书。图 5-16 展示了福临门调整后的基于品类管理与品牌管理原则的不同品类产品包装，以及《福临门包装品牌管理手册》。

图 5-16　调整后的福临门产品包装和《福临门包装品牌管理手册》

第 6 章
好看的包装足以打动消费者下单

前文已经提到，产品包装既包含着设计美学表现，又需要符合商业设计原则。那么，对于一件包装作品来说，从设计美学角度审视，评判其优劣的标准或依据又是什么，设计成什么样的产品包装才称得上“真正好看”？

6.1 什么才是好看的包装

被誉为“现代设计摇篮”的包豪斯设计学院，将现代设计学真正从纯艺术美学领域剥离出来。包豪斯提出的“设计需要功能化、理性化、单纯、简洁”的商业设计理念，以及提倡设计人员必须懂得以营利为目的的商业设计逻辑，被视为现代设计学理论的指导思想。

属于商业设计领域的产品包装设计，不仅是一件展现设计师个人创作能力的感性美术作品，而且是一件满足大众消费者需求的理性商品。所以，**对于产品包装设计的评判标准，应该从符合大众消费者审美需求的商品设计逻辑以及设计师专业能力的价值体现两个维度来评定。**

维度一：好看的产品包装需要平衡“大众审美”与“个性审美”

商业包装设计作品不同于展现艺术家个人独创能力和满足欣赏者个人审美需求的纯美术作品。由于大多数消费类产品的目标受众都是普通人，因此大众消费品的包装设计首先要符合普通大众的审美标准，要保证广大目标受众都觉得美，才能引起他们的共鸣，进而才会引发他们的购买行为。但是，一件产品包装如果设计得太过大众，又会让人觉得太普通与平庸，缺少特点，难以给人留下深刻的印象。因此，**消费类产品包装的设计之美不仅要符合目标受众的大众审美需求，还要展示出设计师个性化的设计风格，需要实现大众审美与个性审美之间的平衡。只有雅俗共赏的产品包装设计，才可以称为“真正好看”的包装作品。**然而，优秀的设计师往往会有鲜明的个性以及自己擅长的创作方法，所以在设计过程中很难摆脱个人主观意识下展现美的方式，又如何做到大众审美与个性审美之间的平衡？**这就需要设计师在包装设计过程中坚持与产品和品牌相关、与目标受众共情、坚持原创三个设计原则。**

1）与产品和品牌相关。商业包装设计的目的，是通过包装充分展现广大消费者对于产品的需求，进而驱动他们产生购买产品的欲望。任何一位顾客在购买产品时，只有通过包装上传递的信息才能够了解这款产品是不是自己需要的。所以，一件可以满足大众审美需求的产品包装，必须将所有呈现在包装上的图案与文字设计要素，与产品和品牌需要传递给目标受众、希望他们获得的信息紧密关联起来，这样才能够打动他们，引发他们的购买欲望。

2）与目标受众共情。许多人不理解现代绘画作品，主要原因就是看不懂，没有与他们产生精神与情感的共鸣。产品包装要想做到雅俗共赏，就不能让普通人看不懂。“攻身不如攻心”，富有感情色彩的产品包装画面会激发消费者的精神与情感共鸣，更能为品牌加分。用包装“攻心”有多种创作形式，可以继承传统，也可以追逐潮流，还可以通过产品包装画面讲述一个动听的品牌故事。其核心方法是，设计师必须充分了解产品面对的受众是谁，并深入体会他们内心深处的情感需求，让产品包装传递的画面清晰易懂，以悦心获得彼此共情。

3）坚持原创。优秀的包装设计师可以学习借鉴，但不应抄袭。只有具备原创性的包装设计才能让人眼前一亮，也只有坚持原创的产品包装设计作品才能做到与众不同。日本小说家村上春树曾对原创性做了这样的定义：原创性拥有极为个人的特征，有强烈的识别性与个人化的风格。

同样是咖啡包装设计，雀巢的黑咖 100 天和 LEVEL GROUND 咖啡用两种不同的包装画面表现形式，讲述了两个不同的品牌故事，不仅充分展现了产品与品牌的利益诉求，还抓住了核心消费者的内心情感需求，与他们产生了共情。两个包装设计（图 6-1）都完美体现了大众审美与个性审美之间的平衡，做到了雅俗共赏。

图 6-1 雀巢黑咖 100 天和 LEVEL GROUND 咖啡产品包装

2022 年，雀巢咖啡面向年轻白领推出了一款速溶黑咖啡，找到我们来设计产品包装。我们经过对核心消费人群需求的深刻洞察后发现，喜欢喝黑咖啡的年轻人，在工作累了、乏了的间隙，都渴望冲上一杯浓浓的黑咖啡，以提神醒脑。同时，雀巢的这款黑咖啡与竞品的不同之处在于内含 100 份独立小包装，是可以随时方便冲调的加量装。在与客户探讨后，我们将产品的副品牌命名为“黑咖 100 天”。新名字不仅直接点明了黑咖啡的品类属性，还体现出包装内有 100 小包、足够你喝上 100 天的产品特点。在产品包装创意概念上，我们的灵感来自年轻白领日常所见的星期日历和能量补充条，展现他们不同时间喝咖啡场景的生动插图再现了目标人群的每日生活状态。当消费者通过有趣的抽拉方式取出一个小包装时，联想到的是贴近自己每天生活与工作场景的不同咖啡饮用时刻的画面。包装上还有 100 句不同的生动文案——“用咖啡的香气开启新的一天”“早上是由阳光、烤面包和热咖啡组成的”“来杯加奶特调，让今天不再单调”……黑咖 100 天的产品包装用这些插图和文字来讲述目标消费者每天的生活故事。

LEVEL GROUND 咖啡的产品包装朴素无华。一张张咖啡工人的黑白工作照片，被印在牛皮纸质地的包装材料上，再配以单纯大色块用来区分不同的产品 SKU，直接明了地让消费者感受到包装内饱含着一位位淳朴的咖啡工人辛勤劳作的成果，他们亲手采摘、研磨的一颗颗咖啡豆更加天然、纯香。LEVEL GROUND 咖啡包装生动地讲述了一个真实、质朴的咖啡故事，比设计奢华、材质讲究的高端咖啡包装更能打动人心。

维度二：好看的包装是设计师“独特的创意能力”和“严谨的设计功力”的体现

我们在谈设计工作时，经常会使用到“创意”和“设计”两个词汇。如果将“创意”视作设计师拥有的独特的感性创新能力，那么“设计”则是指设计师严谨的理性表达过程，两者既彼此独立又互相联系。设计师只有把其独特的创意能力融入严谨的设计过程中，才能够创作出真正“好看”的商业作品。

（1）好看的产品包装体现了设计师独特的创意能力

创意能力是一名优秀设计师必须具备的能力。毋庸置疑，创意是人类的一种感性思维活动，强调的是“创新”价值。而创新永远是设计师的灵魂，没有创新，何来创意。创新能力融合在设计师才能的价值体现上，它体现为极为个人化的特征与风格，需要设计师经常以批判性视角打破固有的传统思维方式，在想象的空间里尽情自由展翅飞翔。

一个好的创意究竟来源于哪里？不同的人有不同的看法。很多成年人觉得初出茅庐的年轻人更有创意。其实并不是成年人没有创意，而是他们在拥有了更多知识与经历后，形成了对过往套路的严重依赖，导致难以打破思维惯性。并非是知识和阅历阻碍了创意想象能力，而是惯性和套路成了成年人激发创意能力的枷锁。被誉为“美国广告界教务长”的著名广告大师詹姆斯·韦伯·扬，在其著作《创意的生成》一书中提出了最简洁深刻的创意原理：**“创意是对旧元素的新组合。”**这句话最好地诠释了创意的来源。创意是人类在对现实已知事物的理解与认知的基础上，衍生出的一种全新的独特的创造与想象行为。这句话告诉我们，人的创意想象能力不会平白无故出现，而是建立在对原有现实生活的认知基础之上。创意是对旧认知的全新二次创造。好创意并不是天马行空的瞎想，好创意既在情理之中，又出乎意料。在《创意的生成》一书中，詹姆斯·韦伯·扬还总结了创意人的特性：对所有事物充满好奇，广泛涉猎各个领域的信息，对天下一切话题都感兴趣。他还指出，创意能力的核心在于，只有储备足量的元素，才能组合出新鲜的创意想法。“对旧元素的新组合”这句话，明确给出了关于如何进行创意设计的指引。由此，我们可以得出一件优秀的创意包装作品需要符合 3 个衡量标准：

① **相关性**：创意的灵感产生于对产品与品牌的准确认知基础之上，能够实现商业价值的好看包装作品必须与产品和品牌紧密关联。

② **再造性**：好创意来自设计师对日常生活事物与实物的仔细观察与发现，并通过设计师独有的创造力将它们重新组合再造。好的产品包装创意源于生活，也一定回归到生活中。

③ **创新性**：只有新事物才会让人产生好奇，吸引人注意，一件充满新鲜感的好包装甚至都不需要大力宣扬，会让产品自己说话。

由国内著名包装设计师潘虎先生设计的鲁花挂面包装，突破了传统中式挂面的包装设计惯例，采用了新欧式古典主义设计风格，创意灵感来自 20 世纪 80 年代的中国粮票。其中，潘虎先生在设计澳加经典系列包装时，根据自己过去在国外旅游时驾驶拖拉机的体验，并结合产品源自澳大利亚小麦的特点，居然让澳大利亚的小考拉熊开起了手扶拖拉机。当他在设计另一款中麦经典系列挂面包装时，又对《功夫熊猫》的电影主角元素进行二次创造，融入设计画面之中。鲁花的这两款挂面包装，结合设计师对过往生活的体验，再经过丰富的创意想象力加工，让人耳目一新。如图 6-2 所示。

图 6-2　鲁花挂面包装

表现鲜榨果汁的包装设计有许多种形式。McCoy 果汁包装采用大面积黑色与鲜艳缤纷的水果形成强烈的对比，同时借助精美的照片修图将鲜榨水果的诱人感充分展现出来，以此来吸引消费者的目光。而 easy 果汁包装则将性感美女与真实水果结合起来，不仅展现了诱人的水果，还巧妙体现了品牌的健康功能利益。想必这款包装摆放在货架端，无论女性顾客还是男性顾客都会忍不住留意一下吧。而 Kaunos Xiov 果汁包装同样是展示真实水果，却巧妙地将白色利乐包装设计成了一个系着麻绳的牛皮纸袋。品牌以及产品利益点也通过更为轻松随意的手写体来表现。当你在货架端看到这款包装内的新鲜水果马上就要从纸袋破口处掉落出来时，肯定会产生一种赶快趁着新鲜买回家的冲动。这几个品牌果汁的产品包装见图 6-3。

图 6-3　McCoy、easy、Kaunos Xiov 果汁包装

只有花心思的创意，才不会让产品包装显得平庸。国内许多乳品企业都习惯将奶牛和牧场画面，通过漂亮但简单的插图方式直接展现在包装上，从而导致不同品牌的鲜奶在货架端看上去千篇一律。同样是鲜奶包装，国外两件包装作品在对牧场的表现上显得更有创新性。在 mlk 鲜奶包装上，设计师观察到牧场内的箩筐、稻草、铁丝网、碎花布等日常生活小实物，然后运用黑白素描表现手法将其绘制在产品包装上，让产品更具自然生活情趣。而 ANI 鲜奶的包装设计师则运用打破常规的创意想象力，将牧场草地中盛开的各种鲜艳野花描绘成了奶牛身上的花斑，并对奶牛的表情做了拟人化处理。奶牛迷人的眼神、歪戴的牛仔帽，显得生动好看。两种鲜奶包装见图 6-4。

图 6-4　mlk 和 ANI 鲜奶包装

创意看上去很难但实际上又不难。没有人拥有天生的创造力，好创意的方法有很多种，但万变不离其宗。没有创意只能说明积累不够，或是还没有打破自己固有的思维枷锁。人的想象力是无限的。设计师只有把握住创意的核心原理，通过在日常生活中仔细深入的观察，持续积累不同的素材，并在创作过程中勇于不断突破自我认知的边界，努力张开想象的翅膀，才能够创造出光彩夺目的好看的包装作品。大卫·奥格威先生说过：**“创意的本质就是给平常事物赋予闪光点。”**

（2）好看的产品包装体现了设计师严谨精湛的设计功力

不同于偏重感性的“创意”能力，设计师的“设计”过程会更偏重于理性。“设”指设想与构思，“计”指计划与安排。设计是“一种有目的的创作行为”。一位优秀包装设计师的理性设计过程，需要的是细致周密的思考与执行，以及对包装所有细节刻画的精益求精。**这需要设计师在设计过程中做到三点：简约、有序、精致。**

1）简约的设计。许多人将简约的设计理解为极简主义设计风格，这是不对的。简约的设计并不是简单地做减法，而是设计师为了成就一个核心创意想法，对所有的设计元素进行归纳梳理，去除不必要的信息内容，使之更聚焦、更纯粹。就像苹果前首席设计师乔纳森说的：**真正的简约远不止删繁就简，而是在纷繁中建立秩序。意味深长与历久弥新的设计之美蕴含在简约之中，清晰之中，高效之中。**所以，真正好看的包装应该是设计师深入洞察消费者的需求以后，通过理性思考，根据产品和品牌的要求，在设计过程中恰到好处地展现需要体现的内容。只有简约的包装设计作品才能让购买者清晰地捕捉到产品传递的必要信息，并且让他们印象深刻。

如何理解简约的设计，不妨参考一下伦敦地铁图的设计演变过程。20 世纪初期，伦敦地铁刚建设完成，由艺术家设计的地铁图十分漂亮，每个站点都按照真实地理比例绘制，并且公园、河流等地面环境元素也被放了上去，这些地铁图虽然放大了真实性，信息非常齐全，但一点也不实用，人们并不认可这些地图。1931 年，由哈里·贝克（Harry Beck）重新设计的伦敦地铁图，采用简单归纳法，用拐角和直线取代原来弯弯曲曲的线路，将原本复杂的地图变成了简单规矩的线路图。在新的伦敦地铁线路图上，各条地铁线路只在水平、垂直和 45 度对角线这三个方向上延伸，站点之间的距离也被统一，而同一条线路上的所有站点和所属线路采用了相同的靓丽颜色，以示归属关系。在贝克看来，坐地铁的乘客只需要高效地知道如何从一个车站到另一个车站，以及如何换乘，其他信息并不重要。贝克在设计地铁图时，通过合理的归纳，采用符号化设计语言，将原本复杂的地图表现形式转换为更清晰且易于理解的几何图形，创造出了更便利的地铁线路导航，更好地帮助乘客轻松理解地铁线路之间的联系。这张地铁图虽然在接下来的几十年里经历了多次优化与迭代，但始终是世界上最广为认可的经典地铁设计图，并且后来被全球各地的地铁图设计师广泛借鉴。由艾米丽·巴杰（Emily Badger）撰写的《为什么设计师不能停止改造地铁地图》一书提到："一张地铁地图需要在极小的空间里塞进大量信息，而且以一种能被通勤者凭直觉理解的方式呈现。它需要同时体现美与实用、抽象与准确、完整与简单之间的表现张力。"贝克设计的伦敦地铁图成功做到了这一点。

图 6-5 展示的由贝克设计的伦敦地铁线路图被誉为开创了用户界面设计的先河。它不仅告诉后世设计师，所有前人的设计经验与标准都有可能会由于用户在实际情况中的需求被推翻，而且精准提炼了指导设计师基于顾客体验的设计原则，即**"用最直接的简洁设计方式传递信息"**。

图 6-5　贝克和伦敦地铁图的设计演变

将伦敦地铁图的设计演进思考与产品的包装设计对比，可以发现，在一个小小的包装展现空间里，通过设计师的理性思考，将产品和品牌希望传递的、满足消费者购买与使用需求的大量信息重新归纳组合，通过简约的设计语言将其清晰传递出去，同时体现包装设计的美与实用、抽象与准确、完整与简单之间的平衡，正是对一位优秀包装设计师设计功力最重要的衡量标准。

2）有序的设计。有序的设计到底讲的是什么？如何通过有序的设计让包装更好看？具体来讲，就是**设计师必须将产品包装上所有构成美的设计要素，进行统一规划、有序布局，使彼此间关系协调，不会让人产生视觉理解混乱。**包装的全部设计要素包括 4 个平面要素——文字、图案、色彩、排版，1 个立体要素——包装容器造型，以及 2 个关联要素——包装的材质、印刷与制作工艺，共 7 个要素。

由文字、图案、色彩、排版 4 个要素组成的包装标签，构成了整个包装的视觉核心。虽然 4 个要素具有各自不同的功能作用，但并非孤立存在。标签设计不仅要兼顾和包装容器的契合度，更需要从消费者购买角度思考标签设计的合理性，做到四者关系协调、布局有序，这样的包装标签才能称之为“美”的包装设计作品。

包装上的文字内容承载着传递产品信息的重要作用。品牌名称、产品名称、品类、口味、功能特点、产品卖点、净含量、原料表、生产厂家等信息，都需要通过包装上的文字传递给消费者。消费者会通过阅读包装标签上的文字信息，最终做出购买决定。所以，包装的色彩、图案、排版要素都会围绕文字要素展开设计。

包装正面的文字内容需要简明且准确，过多的文字会导致沟通混乱。所有文字必须按照沟通优先顺序排列，核心信息要放大，放在包装显著位置，次要信息要缩小，做到主次有序。不同文字信息摆放的位置与大小，都会影响消费者的信息获取难度。设计师在进行包装标签设计时，首要任务就是分析包装上的所有文字信息内容部分，按其重要性进行排序。包装上不要使用过多不同风格的字体，保持所有字体的统一和谐，才能为包装带来整体的视觉美感。

字体设计非常考验设计师的功力。虽然现在诸如汉仪、方正、华康、华文、造字工房等字库已经为设计师提供了大量优美的设计字体，但从这些字库字体的版权和通用性两个方面考虑，设计师要想设计出与产品和品牌调性一致且独具特色的漂亮包装，还是需要对包装上呈现的主要信息文字，如品牌、产品名称等进行独创性设计。

字体的设计首先应该做到清晰易读，不能为了形式上的花哨而设计得难以让人辨识。同时，考虑到与品牌视觉呈现的一致性和包装视觉整体呈现的统一性，包装上的字体要取得良好设计效果，不能只顾及单个字体的美感，字体群的组合变化是否巧妙、排列是否恰当也十分重要。其关键在于结合整体字形规律，找出字体与字体之间的内在联系，对不同的笔画对立因素重新进行组合创作，在保持文字识别特征的同时，获得字形整体的协调美感。图 6-6 展示了一些不同的中英文字体设计，以及在不同产品包装上的排版应用。

图 6-6　不同字体设计及其在包装上的排版应用

色彩与图案两个要素在包装设计中相互搭配，既起到了美化和突出产品包装的重要作用，又可以通过图案与色彩创造包装的视觉焦点，区别于竞品的包装，让消费者在购买时快速辨识、产生深刻的记忆。包装的图案创作有多种形式，形状、色块、插画、摄影图片、文字都可以成为图案创作的元素。设计师使用什么样的图案和配色，与包装的整体创意构思紧密关联，在包装设计过程中根据设计内容需要，选择相应的图案表现技法，配以适合的颜色，达到形式与内容的统一与协调。

包装的排版不同于绘画艺术中的构图。构图是艺术家为了表现其作品主题思想、提升画面感染力，在一定范围的画布空间内，通过适当的安排与组织，把要表现的内容构成一个协调的、完整的画面的思考过程。而包装的排版是设计师对包装标签上的所有视觉要素进行有计划、有目的的排列组合、规划整理的行为过程。其作用是通过调整包装上的文字、图案、色彩三个可视化要素的位置、大小以及彼此间的关系，使标签版面布局条理化、秩序化，从而让产品包装整体看上去非常舒适、协调、美观，不显得杂乱无章。一名优秀的美术工作者即使可以画出一幅很漂亮的插画，写出一手很漂亮的书法，但是不具备卓越的排版能力，是无法设计出一款好看的产品包装的。某种程度上说，排版能力体现了一名优秀设计师和专业画家的差别。包装的排版布局方式有很多种，如中心布局、左右布局、上下布局、斜角布局等，但最重要的是要围绕品牌和产品需要表述的核心内容展开，做到主次分明。

不懂包装容器造型、包装材质、包装印刷制作工艺的设计师不是好设计师。从图 6-7 可以看出，包装设计师对包装容器造型的巧思，对包装材质、制作印刷工艺的深度掌握，以及对它们的合理运用，对包装之美起到的作用非常之大。包装的容器、材质、制作印刷工艺涉及范围非常广泛，有许多涉及此类内容的文章与书籍可供设计师学习。与不同材料供应商、包装制版印刷厂的专业人员多沟通交流，也可以让设计师获益匪浅。但是，复杂的容器造型、过多的工艺、多样的材质运用在包装上，往往会导致包装成本上涨，最终影响产品的销售价格与企业利润。过度包装是不可取的，消费者最终需要的是包装内的产品，而不是包装本身。当然，高价值礼品属性的产品包装除外。

图 6-7　不同的包装容器造型、材质与印刷工艺

3）**精致的设计**。消费者对于产品的包装不仅会远观，而且会近瞧，甚至还会拿在手里仔细观察，所以设计师必须将包装设计得非常精致。包装的精致体现在：设计师对于设计的任何细节都不能敷衍了事或者怀有侥幸心理。

许多设计师非常重视包装正面设计是否精致，却容易忽略包装侧面与背面文字信息的排版设计。大多数产品的包装都会在侧面或背面添加许多文字信息，如营养成分表、使用方法、生产厂家等，这也是购物者想要了解更多产品信息时会去关注的地方，甚至一些优秀的设计师还会运用包装内侧空间，通过巧妙的设计语言与消费者进行沟通。此外，我国对于不同类别、不同尺寸商品包装的字体大小、摆放位置、条形码尺寸等，都有着严格的法律规范要求，在设计过程中需要严格遵循这些规则。

精致的产品包装体现了设计师对于每个包装设计细节的精益求精，令消费者无论从哪个角度细看都觉得好看，让产品包装就像一件工艺品，精致且完美无瑕，如图 6-8 所示。

图 6-8　细节设计精致的产品包装

当身边所有事物都美丽的时候，世界才会美丽，升级大众审美从设计师开始

国内著名包装设计师潘虎先生和我探讨包装设计工作时说过：“任何一次客户交给我的包装设计工作，我都会把它当成是自己必须尽全力做好的作品来对待。”由潘虎设计的鲁花小磨芝麻香油与贾国龙功夫菜的包装，可以称得上做到了简约、有序、精致。

图 6-9 展示的鲁花小磨芝麻香油的包装打破了以往小磨香油包装运用芝麻、磨盘作为包装图案的常规创意思路。

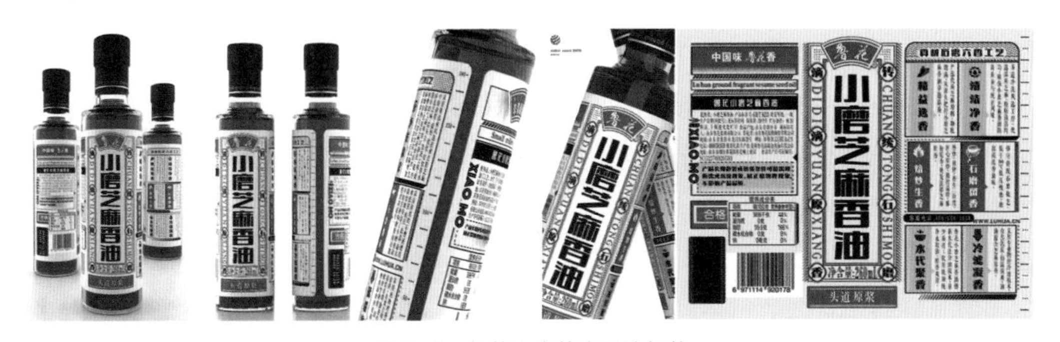

图 6-9　鲁花小磨芝麻香油包装

设计师的创作灵感来源于 20 世纪 80 年代自己童年生活的记忆，当时生活物资贫乏，香油多以手工研磨的方式生产，产量非常少，每一滴都非常珍贵。孩子们常常会被路边小贩现场研磨的香油味吸引围观，不忍离去。小孩在打香油时，会习惯性地用报纸包裹香油瓶以防滑落。鲁花小磨芝麻香油的瓶标被设计成了一张报纸。设计师使用这种旧式木刻版印制报纸的样式，将报纸卷成的纸筒巧妙包裹在圆柱形

瓶身上，运用现代设计手法唤起购买者的昔日记忆。而报纸带着的浓浓的时代烙印，更传递出鲁花小磨芝麻香油采用纯粹且正宗的传统工艺的内涵。

鲁花小磨芝麻香油标签上虽然密布很多文字信息内容，但是却做到了品牌、产品名称、核心卖点等信息布局合理、清晰有序。普通香油瓶体窄而细长，大多数小磨香油包装的品类文字都选择横向排版，文字很小、非常影响阅读。为了加强品类识别，设计师把“小磨芝麻香油”字样竖向排列，这样不仅更具有美感，而且减少了消费者购买时的信息获取时间。“传统石磨、滴滴原香”字样对称摆放，秩序井然；“鲁花”品牌和“头道原浆”字样搭配红色衬底，非常醒目。

这款包装无论从哪个视角看，所有细节的处理都非常到位。瓶身设计简洁流畅，瓶盖选用黑色磨砂材质配烫金细线加英文装饰点缀，瓶标采用经典红黑配色，点缀少量印金工艺，复古雅致，加强了产品包装的精致感。设计师在瓶标接口处的设计受到香油买卖中称重环节的启发，借鉴了中国老式杆秤刻度的样式。这种设计不仅让消费者可以随时看到产品余量，而且寓意着鲁花品牌对待消费者的诚信与体贴之心。

由潘虎设计的贾国龙功夫菜系列产品包装的亮点，首先体现在品牌标识字体设计上。潘虎对“贾国龙功夫菜”的字体进行了重点设计。“贾国龙”三个字的设计很有难度，“贾”字笔画繁多、“国”字横笔画远远多于竖笔画、“龙”字则笔画非常少。再加上“到家”和“功夫菜”5个字，多达8个中文字，设计不好就会显得轻重不均。最终，设计师通过调整不同字的大小和位置，以及笔画的粗细和转弯关系，并将中英文穿插排列，既在保证极高文字辨识度的基础上实现了品牌字体整体的设计美感，又打造了国际化的视觉呈现。同时，设计师还通过徽章设计形式，将贾国龙的人像融入其中，进一步强化了品牌的人格故事性，为以后产品的延伸奠定了更好的品牌背书基础。

具体到每个系列的包装设计，经典炖菜品类包装材质采用铝箔容器，使产品的贮存和二次制作变得更有效率。瓦楞纸制作的外盒除了可以更好地保护产品外，还能在结构上保证可以单手开启，带给消费者更好更方便的使用体验。包装上直观呈现出的产品实物照片，便于消费者迅速区分产品口味，同时增加了产品的美味诱惑力。统一的厚纸腰封设计，采用金色大底色搭配以黑色中式书法，彰显产品品质。消费者不仅可以从腰封上的信息中了解产品的制作方法，还可以用它来拿取加热后的食物以避免烫伤。

面点品类的包装材质相对简单，使用塑料包膜配米白色主色，旨在突出面点本身的外观特性，显得十分纯粹，传递给消费者一种值得放心的品质感。

品鉴装礼盒以精致小巧作为设计要点，三角形状的外盒还可进行堆叠摆放。可撕拉的便携开合方式，方便消费者携带并随时开盒食用，兼顾了实用性与美观性。各种饱和色调的搭配碰撞，形成强烈的视觉冲击，丰富视觉层次的同时实现了品牌价值感的提升，也更易激发消费者的食欲。还有一款礼盒包装，在正红色调下融入多种中式纹样装饰元素，并通过黄色固定丝带的点缀很好地平衡了包装的整体视觉美感。礼盒正面以竖直排版的形式详细列出了贾国龙功夫菜的各大菜式，便于消费者及时获取产品信息。

图 6-10 展示的贾国龙功夫菜的包装设计，除了能够让消费者感受到产品的品质，还体现出品牌对做一顿好饭的坚持，进而传递出贾国龙功夫菜“在家吃遍天下好味”的愿景。潘虎在评论这款包装设计时说：“在中国传统饮食文化中，美食不仅是解决温饱必备的一份热腾腾的饭菜，也是一种为人们带来幸福感和安全感的价值体现。”而即食预制菜的兴起是因为其方便快捷、省时省力的优势，不乏营养健康的产品特性，适用于各种场景的便携产品包装，满足了当下消费者对“快节奏、慢生活”的向往与追求。

图 6-10　贾国龙功夫菜包装

“内外兼修”的好商品，是品牌“长红”的关键

好看的产品包装既需要平衡大众审美与设计师个性审美，又是设计师独特的创意能力和严谨的设计功力的价值体现。然而，一件产品只有漂亮好看的包装外衣，是不可能获得消费者持久青睐的。如今，还有很多企业不注重对产品的精心打磨，也不注重完整的市场营销战略、战术要素对品牌与产品的持久推动作用，只希望通过设计一款漂亮好看的包装，就可以让产品获得市场认可。但是，光鲜靓丽的漂亮包装并不是驱动消费者购买的核心要素。“以貌取物”不可能永久撬动消费者的钱包。**只有同时拥有内在优质好产品和外在漂亮好包装的商品，才称得上是内外兼修的好商品，这才是企业的产品与品牌“长红”的基石。**

6.2 不可不知的 11 种流行美学包装设计法

如今，Z 世代年轻人已经逐渐成为消费主力。这群成长在移动互联网时代的年轻消费者，不仅是时尚潮流的追逐者，还很愿意将购买到的一切有趣、好看的商品分享在社交平台上。想知道你的产品在年轻人当中有多火，只要看看小红书、抖音、B 站以及微博、微信朋友圈有多少人晒图就可以。年轻人的这种行为被互联网时代最伟大的思考者之一、美国社会学家克莱·舍基定义为“认知盈余”。认知盈余指：当年轻人购买到一个自己喜爱、值得炫耀的好产品，就产生了认知盈余。他们的分享让别人看到了，使别人羡慕并点赞了，他们就会获得更多满足感。而每个点赞的诱因都隐藏着羡慕与嫉妒两种情绪，随之就有更多的年轻消费者会“慕名购买”，从而让产品成为被许多年轻人追捧的网红爆品。面对这样一群年轻消费人群时，包装的颜值符合他们心中的流行审美，是获得他们“认知盈余”的一个重要条件。

包装设计虽然不像服装设计那样，具有明显的年度流行趋势变化，但并不意味着包装设计就是一成不变的，或是任由设计师自由发挥的。实际上包装设计也会随着时代变化，诞生一些新的流行美学风格。然而，包装流行美学的确是一个非常具有挑战性的话题。一般意义上说，某一时期多数人的审美观念决定了某些事物的美学流行趋势，以及这一阶段的美学价值体现方式。所以，流行美学也可以说是一种普遍的社会从众现象，可以称之为“大众流行审美”。但是，每一个时期的流行美

学都有一定的时代特征，同时，不同社会群体、不同年龄段人群都有着独特的审美倾向。因此，“流行”往往又是短暂的、偏群体化的，甚至是具有个人倾向性的，今天的流行可能明天就会过时。流行的也不一定是新出现的事物，有些流行事物可以是以前就出现或已经流行过的，只是在新的一段时间又流行起来。比如，在包装设计领域，经常被提及的极简风格其实已经存在了很久，而这几年大火的“国潮”风格也属于“老饭新炒”。同时，考虑到包装设计在消费品行业巨大的需求量，及因此引发的设计的多样性与变化性，以及不同受众人群对于“何为美”的个体主观审美趋向，所以说，包装的流行美学往往不好把握。

以下总结的 11 种流行美学包装设计法，仅是我结合个人经验和国内外行业趋势归纳出的美学流行小结。

（1）强对比色

拥有靓丽鲜艳色彩的包装始终受到年轻消费者的喜爱，所以许多针对年轻消费者的产品包装都会采用色彩艳丽的强对比色设计。强对比色的包装配色运用大胆强烈、鲜艳饱和的颜色，夸张地突出包装的视觉调性。采用对比强烈的反差色包装，可以增强商品在货架展示中的视觉冲击力。图 6-11 展示了采用强对比色的产品包装设计。

图 6-11　强对比色包装

（2）马卡龙色

这两年许多消费品包装也开始使用饱和度不高的马卡龙淡色系。淡色包装不会让人的视觉产生疲劳感，比鲜艳的强对比色包装更显品质，带给人一种温暖甜蜜的感受。愿意接受马卡龙淡色系包装的消费者，相比于喜欢鲜艳颜色的年轻消费者更加成熟稳重。这两年从竞争激烈的低温酸奶品类异军突起的简爱酸奶，其所有系列产品包装均采用了淡色系马卡龙大色块设计，这与品牌传递的“简单配方”的产品卖点非常契合，在货架终端形成了一道清新的风景线，很好地与竞争对手进行了区隔。图 6-12 展示了采用马卡龙色的产品包装。

图 6-12 马卡龙色包装

（3）孟菲斯风格

近年来悄悄流行起来的孟菲斯风格包装设计，使用从天真、无厘头到怪诞离奇的不同图案搭配，有趣的配色有时会让人摸不着头脑，简直不知道在表达什么，其实这正是孟菲斯风格的设计内涵。在色彩上故意打破传统的配色规律，用一些明快、风趣、离经叛道的颜色搭配。在构图上摒弃横平竖直的线条，图形之间的拼接十分随便，采用波形曲线和直线的随意组合，显得自由放纵，与传统设计强调有序非常不同。在孟菲斯设计风格中，所有这些花里胡哨、大胆随意，甚至有些怪诞离奇的图案及色彩搭配，正迎合了当下年轻人不愿墨守成规的叛逆精神。图 6-13 展示了采用孟菲斯风格的产品包装。

图 6-13 孟菲斯风格包装

（4）迷幻渐变风格

渐变色在这几年的包装设计中也经常被运用。在包装设计中运用渐变色，可以让产品看起来具有丰富的想象力。鲜艳色彩的渐变过渡，既可以很好地刺激人的视觉感官，又看起来不那么强烈；既丰富了包装画面，又显得比较有内涵。渐变色不仅会让人产生迷幻朦胧的感觉，还会带给人科技时尚感的联想。图 6-14 展示了采用迷幻渐变风格的产品包装设计。

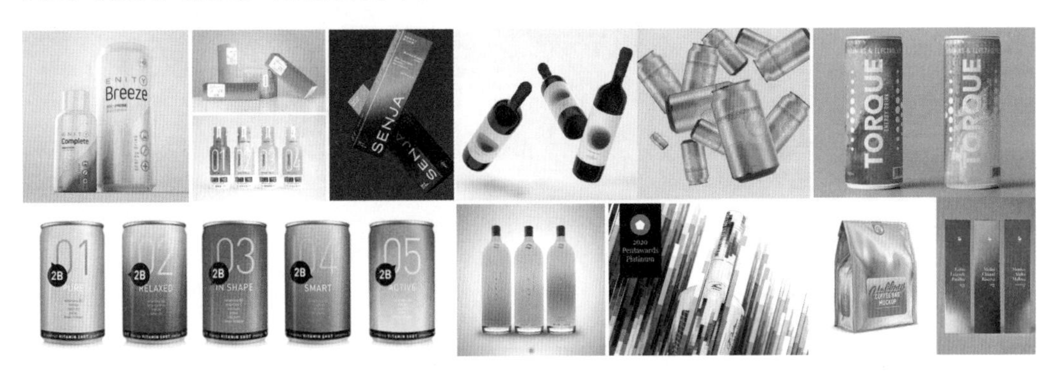

图 6-14 迷幻渐变风格包装

（5）纯文字排版风格

文字通常可以比画面更直接地传递产品卖点。包装设计通过单纯运用不同大小的字体，进行错落有致的排版，能更好地表达清楚产品需要传递的信息层级。文字配合简化的背景、简单的辅助图形与简洁的色彩，可以令包装整体视觉更显干净。图 6-15 展示了采用纯文字排版风格的产品包装。

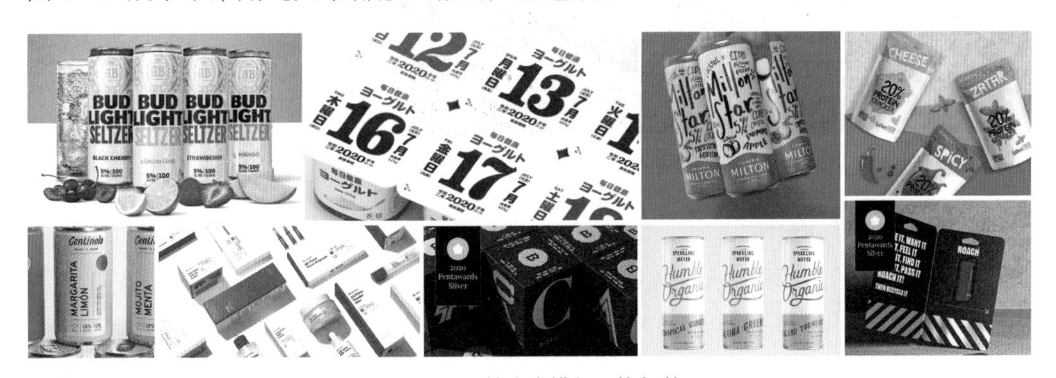

图 6-15 纯文字排版风格包装

（6）极简主义风格

产品包装需要化繁为简。在包装上尽可能多地添加信息、图案、装饰与颜色，也许可以让包装看起来更缤纷、更好看、更有内容，但是也容易让消费者分不清主次，眼花缭乱。通过简化方式设计的包装版面显得更有品质，并且可以使产品的品牌与卖点展现更为突出，从而达到产品宣传最大化的效果。图 6-16 展示了采用极简主义风格的产品包装。

图 6-16　极简主义风格包装

（7）插画风格

如今，插画被许多品牌运用在包装设计上。许多产品包装越来越趋向采用风格特点显著的插画，以体现自己的品牌调性。更贴近于艺术绘画的插画，也很容易给普通消费者带来美的享受。图 6-17 展示了采用插画风格的产品包装。

图 6-17　插画风格包装

（8）萌宠 IP 风格

可爱的孩子与小动物形象，对不同年龄段的人群都具有天然吸引力。通常认为，消费品类的产品包装在运用萌宠 IP 设计风格时，其受众往往是儿童消费群体。但是今天也有许多面向年轻受众的消费品，在产品包装设计上采用萌宠 IP 设计风格，成功吸引了目标消费人群的关注。图 6-18 展示了采用萌宠 IP 风格的产品包装。

（9）回归自然风格

近年来，回归自然、身心健康成为所有人都关注的话题。如今，消费者在选择产品时，更加注重产品的配料或配方是否天然、产品的原产地是否没有污染。回归自然的包装设计风格可以让消费者感知到产品是健康的。自然清新的产品包装，不

图 6-18 萌宠 IP 风格包装

仅可以为都市人群在紧张的快节奏工作中带来片刻休息，还会让他们感受到生活的美好、幸福与甜蜜。图 6-19 展示了采用回归自然风格的产品包装。

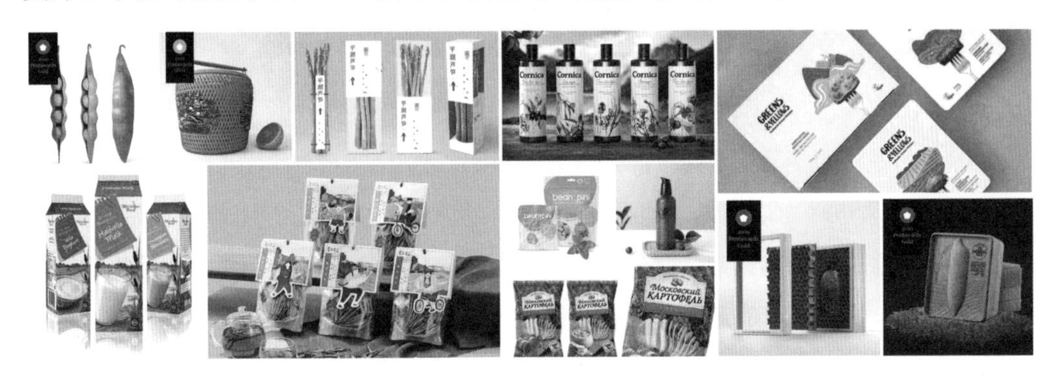

图 6-19 回归自然风格包装

（10）新欧式古典主义风格

通过新的设计语言，将复古的欧式设计图案运用在现代产品的包装设计中，可以提升产品的品味与档次。图 6-20 展示了采用新欧式古典主义风格的产品包装设计。

图 6-20 新欧式古典主义风格包装

（11）“国潮”风格

近几年，许多国货品牌成为众多年轻消费者的购买选择。“国潮”包装引发了年轻人对“东方美学”的追捧。从某种意义上说，“国潮热”既是一个文化现象，也是一个经济现象。图 6-21 展示了采用“国潮”风格的产品包装。

图 6-21 “国潮”风格包装

设计师掌握包装设计的流行美学趋势，可以让产品包装获得更多年轻消费者的喜爱。但是，与时尚潮流结合的同时，包装设计师也要知道：**流行往往是短暂的，打造品牌需要长期的持久力。此外，流行也不是一成不变的，会随着大众思想的变迁而发生改变。长销不衰的产品包装一定拥有可以跨越时代的“不变经典美学”设计核心，以及紧随不同时代流行趋势、不断换新的“可变流行美学”设计原则。**只有兼顾“不变经典美学”与“可变流行美学”的产品包装，才有可能赢得年轻消费者的持久青睐，使产品持久畅销。

6.3 用插画和摄影之美，照亮简单枯燥的产品包装

在包装的图案美学表现上，有插画和摄影两种方式。虽然近年来，许多包装设计师喜欢采用插画表现形式，但是，根据不同产品的包装设计要求，插画和摄影有着不同的优势。在设计产品包装时，不应该盲从，选择适合的更加重要。

让包装更生动：插画在包装中的运用

从图 6-22 可以看出，插画有着悠久的历史，从世界最古老的应用器皿装饰纹样，到西方的巴洛克纹样、日本的浮世绘画，再到中国的传统年画，直到如今的包

装插画和书籍装帧插画等，无不演示着插画的发展历史。插画被运用在商业领域始于十九世纪初，它是随着报刊、图书、广告的兴起发展起来的。那时商业插画刚从纯美术绘画中分离出来，商业插画的作者多半是职业画家，因此，许多插画带有明显的艺术绘画特征和艺术家的自我表达。之后，插画又被广泛运用在现代商业包装设计领域。插画可以让产品包装显得更加生动。

图 6-22　不同发展阶段的插画

插画是美学绘画艺术的一种表现形式，但又不同于具备独立观赏美学价值的纯绘画作品，两者有着明显区别。插画的英文为“illustration”，源自拉丁文的“illustraio”，有“照亮”之意。所以**包装上的插画应该是嫁接在具有使用功能价值的产品上的一种装饰绘画形式，将原本外表简单枯燥的产品“照亮”，使产品看上去更生动、更形象、更美观、更有价值。**

包装的商业插画发展与绘画艺术以及工艺美术的发展有着不可分割的关联。从图 6-23 可以看出，早期的包装商业插画带有明显的写实性和装饰性两种风格，创作题材大多取自生活场景和自然景色，表现方式基本也以具象写实和装饰纹样为主。之后，受到现代绘画的抽象主义画派、表现主义画派和包豪斯现代设计思潮影响，包装插画也开始出现了抽象、简约等多种艺术展现风格，表现形式也更加多样。今天，一些更贴近于插画的现代艺术绘画形式，被更多地运用在了产品包装设计上，从而让产品包装的插画表现形式更加丰富多彩。

图 6-23　商业插画在产品包装上的运用

2011 年，农夫山泉推出了一款主打 0 卡路里的低糖茶饮料东方树叶。当时市场上，无论康师傅、统一还是可口可乐的茶饮料，都采用圆柱瓶型，并在产品包装标签上以真实的茶园或者茶叶的照片为主要设计元素，相似的包装设计很难让产品在货架上脱颖而出。

然而，东方树叶的包装一改传统茶饮料的圆柱瓶，采用方形瓶体，瓶口也由窄口改为宽口，整体造型显得更加年轻时尚，如图 6-24 所示。其包装标签设计更加大胆，运用了与当时市场上其他茶饮料完全不一样的插画风格，生动演绎了一则专属于东方树叶的品牌故事：1610 年，中国茶叶乘着商船漂洋过海，饮茶之风迅速传遍欧洲。因一时不知如何命名，只知道来自神秘的东方，故被称为“神奇的东方树叶”。产品上市以后，差异化的使用插画产品包装，立刻帮助东方树叶在竞争激烈的茶饮料市场中脱颖而出。而东方树叶的这种插画包装，不仅受到了众多消费者的喜爱，也让中国消费品包装设计界眼前为之一亮，从而让插画在国内包装设计领域流行起来。

图 6-24　东方树叶的产品包装与品牌故事

插画本质上属于艺术绘画作品，具备艺术绘画拥有的无限创造与想象力空间。所以，产品包装设计采用插画表现形式，相比于纯文字排版以及商业摄影表现形式，拥有更多元化的展现空间，如写实、抽象、新具象、立体主义、卡通动漫、纯装饰图案、图解说明等。插画的表现元素与手法也更多样，人物、动物、食物、字体、物体、风景、建筑等都可以采用拼贴、素描、油画、水彩、工笔画、写意画、民间年画、剪纸、电脑 3D 绘画等各种手段展现出来。总之，只要能形成绘画图案的插画手段，都可以运用到商业插画的创作中。从图 6-25 可以看出，产品包装采用不同风格的插画营造出的不同意境效果，往往对消费者更有吸引力。

在产品包装上采用商业插画，还可以跟随时代潮流不断改变创作风格，让产品更具时代特征，从而获得更多愿意追逐时尚潮流的年轻人喜爱。插画也经常会被运用在限量版、纪念版、年节款以及礼品的包装上，用来烘托包装的品牌调性，体现年节氛围，提升产品质感。如图 6-26 所示。

图 6-25　不同插画风格的产品包装

图 6-26　紧跟时代特征、烘托节日气氛的插画包装

同时，插画本身带有的绘画作品叙事性，也可以完美呈现产品的品牌故事，彰显其独特的品牌价值，刺激消费者购买，让品牌更加深入人心。讲好品牌故事是任何有效营销推广的关键。从图 6-27 可以看到，许多产品都将讲好品牌故事扩展到包装层面，使用有趣的插画表现手段，让消费者在包装上不仅可以看到静态的画面，还可以通过绘画场景联想到这些产品背后的故事。

图 6-27　讲好品牌故事的插画包装

近年来，电脑手绘板和强大的插画软件的普及应用，大大提升了插画师的工作效率。随着广大受众的审美能力逐步提升以及插图艺术的日益商业化，商业插画的发展获得了更为广阔的表现空间。

产品包装采用插画设计的注意事项

包装的商业插画作为美学艺术与商品结合的绘画表现形式，必须兼顾介绍产品与

树立品牌形象的双重宣传使命。包装设计师必须要将商业目的放在创作的首位，商业价值重于艺术表达。运用插画进行创作产品包装时首先要注意：在产品包装上大面积采用插画表现，容易造成整体版式凌乱，产品信息不易捕捉。如今许多针对年轻消费者的产品，十分喜欢采用流行插画包装的表现形式，希望迅速获得年轻人的关注。但是，包装上的流行插画一旦过时，品牌将难以延续。所以，采用插画的产品包装设计，必须要考虑插画与包装上的品牌核心记忆符号，以及产品需要向消费者传递的核心卖点信息之间的平衡。

此外，包装是为商品销售服务的。包装上的商业插画通过设计师的设计语言，将商品所承载的产品信息以及品牌价值准确、清晰地传递给目标消费者，促使他们购买，并在购买时得到美的享受。因此，包装插画不应该单纯为欣赏"美"而服务，而应该为表现产品利益、体现品牌价值服务。包装插画在商业诉求传达上需要做到：生动明确地展示产品利益点，直观地传递商品信息，增强商品的说服力，体现品牌价值，强化商品的感染力，进而刺激消费者的购买欲望。**插图师在进行产品包装插画创作时，必须平衡四个方面：**

（1）插画师自我意识表达与传达商品实用价值的商业原则之间的平衡。

（2）插画师自我的审美个性，与商品目标受众的大众审美通俗性之间的平衡。

（3）插画师自由发挥创作，与商品品类属性、产品特点、品牌定位关联性之间的平衡。

（4）绘画作品的间接意向表达性，与商品销售的直观表述性之间的平衡。

大卫·奥格威也曾经对于商业插画提出过相应的绘制准则：

（1）插画必须表现消费者关注的利益点。

（2）把品牌故事性的诉求融入插画中，会对品牌价值的提升带来意想不到的效果。

（3）要引起女性的注目，就尽量使用带有婴孩与女性的插画。

（4）要引起男性的注目，就使用带有男性的插画。

（5）避免使用历史性的陈旧插画。

（6）不要让插画显得脏且凌乱无序。

让美味自己说话：商业摄影与修图在包装中的运用

相较于插图，照片能够让消费者更真实地了解产品，使消费者对商品的形态、颜色、质感一目了然。而真实的感受更容易引发消费者的共鸣，激发消费者的购买欲，让品牌与产品获得消费者的长久信任。在食品类产品包装上运用商业摄影具有以下 4 个优势。

1）直接产生食欲的诱惑，有效刺激味蕾。在食品、饮料的包装设计中，使用好摄影照片尤为重要。食品、饮料的包装设计就是食欲的设计，真实的、充满诱惑的食材展现可以让美味直接刺激到人的味蕾，使人垂涎欲滴，即刻产生购买冲动，如图 6-28 所示。

图 6-28　采用摄影照片的食品、饮料包装

2）讲述品牌真实的故事，建立消费者的信任。消费者产生购买动机，除了产品功能利益满足了他们的消费需求以外，品牌传递的情感价值更容易引发他们的购买冲动。采用真实的照片（图 6-29）可以让品牌故事更具真实性，为品牌带来持久的消费者信任。

图 6-29　采用摄影照片传递情感价值的包装

3）真实展现产品的成分，体现健康品质。如今，越来越多的消费者重视产品配料表的成分是否天然、健康、安全。图 6-30 展示的产品包装，采用摄影照片体现产品配料的天然健康属性，可以增加产品的信任度。还有很多包装在背面采用摄

图 6-30　采用摄影照片体现原材料的包装

影照片，呈现出产品真实的生产工艺、食用（使用）方式等更多细节内容，既方便消费者使用，又增强了产品代入感。

4）多样性的视觉表达，更添生动效果。商业摄影虽然不如插画表现形式多样，但也可以通过前期摄影加后期修图的方式达成多种视觉呈现效果。摄影可以实现插画无法做到的效果，增强产品的真实性，使包装更具活力，增强场景的代入感，使包装更加生动有趣。同时，在包装设计中也可以将摄影同插画混合使用，碰撞出更多视觉创意的火花（图 6-31）。

图 6-31 摄影与插画混合使用的包装

包装采用商业摄影照片的注意事项

商业拍摄是一个相对复杂的过程，会涉及许多专业设备，需要不同的专业技术人员参与，所以其成本费用较商业插画更高，时间周期也会更长。而且，任何一张完美呈现在包装上的充满诱惑的产品实物照片，都是商业摄影师与后期修图师完美配合的作品。一些涉及照片版权与人物肖像权的照片，还会有一定的使用时间限制。

一些特殊食材的拍摄，还要配备专业的食品造型师。比如，冰淇淋不可能在摄影灯的持续烘烤下呈现完美状态，食品造型师一般会用土豆泥和染色剂材料制作特殊的模型道具用于拍摄。为了更好地呈现奥利奥饼干表面的花纹细节，我甚至曾经用泡沫塑料板、腻子和发泡胶，请专业造型师雕刻制作了一个直径接近 70 厘米的超大饼干仿真模型，经过染色处理再进行产品照片的拍摄。最后，修图师再进行修图，并将其缩小到直径 4~5 厘米，才完美呈现出了奥利奥饼干独特的花纹肌理的质地。

6.4 “国潮”美学让新品牌崛起，老品牌翻红

近年来，“国潮”逐渐成为中国消费市场最具活力的现象性话题，正在重新诠释着新时代国人的消费热。人民网研究院和百度 2020 年联合发布的《百度国潮骄

傲大数据》报告显示，从 2009 年到 2019 年的 10 年间，20~29 岁的年轻人对中国品牌的关注度增长最高，占比由 38% 增长到 70%。

在更贴近日常生活的消费品行业，国人愈发倾向购买中国品牌的产品。阿里研究院发布的《2020 中国消费品牌发展报告》显示，国货品牌渗透率逐年递增，在中国消费者的淘宝和天猫购物车里，平均每 10 件商品中就有 8 件是国货；国货的线上市场占有率达到了 72%；近 3 年诞生的消费类新品牌，国货占比达到了 84%。魔镜市场情报提供的《2022 年中国新消费品牌发展趋势报告》也显示，“国潮”品牌增速是普通品牌的三倍之多。许多深谙中国文化的国货品牌纷纷展现出了蓬勃的生命力。从胸口印上“中国李宁”的运动衣畅销，到故宫文创被热捧，再到五芳斋粽子、飞鹤奶粉、李子柒螺蛳粉、汉口二厂饮料、钟薛高雪糕、墨茉点心局、花西子口红等一众国产新老品牌受到追捧，“国潮”不仅为国内许多企业打开了新的发展空间，也给产品包装打开了一道“国潮”风格的设计创意之门。

盘点这些年在“国潮热”中层出不穷的优秀包装设计作品，一个清晰可见的特征是对中国传统文化的审美复苏。以中国传统文化符号和题材为基础设计元素，突破旧式文化圈层，采用新式潮流设计语言，国潮重新定义了包装设计“潮流”美学。

老品牌的“国潮”跨界，让品牌焕发新活力

“京绣”又称“宫绣”，最大特点是风格靓丽精致、图案多彩秀美、绣线雅洁细腻，属于中国非物质文化遗产。2018 年，蒙牛旗下高端牛奶品牌特仑苏推出多款采用“京绣”元素的“国潮”风包装（图 6-32）。特仑苏“京绣”包装的品牌标志、字体及主视觉图形，全都采用带有浓厚古典韵味的“京绣”风格设计，选取中国传统工艺美术中常见的鸳鸯、仙鹤、蝴蝶三种传统元素，以“鸳鸯齐眉”“仙鹤振翅”“蝴蝶破茧”的美好寓意作为创作主题，将中国优秀传统艺术很好地表现出来，传播国粹经典的同时也凸显了富丽、经典、高品质的特仑苏品牌形象，为消费者带来了全新“国潮”包装视觉洗礼。

图 6-32　特仑苏采用“京绣”元素的“国潮”风包装

2021 年，伊利旗下的常温酸奶品牌安慕希的“国潮”包装“祝新年有声礼盒”，将春联、红包、福字、门神等新年周边伴手礼品，装进喜庆的红色大礼盒，而且还玩起了年轻人的流行梗，将“国潮”包装玩得有声有色。2022 年虎年春节，安慕希更是颠覆大众对传统乳制品包装的印象，携手非遗传承人吴元新，采用麻将这一接地气的国粹，推出“麻将宝箱”“mini 麻将”“扑克牌麻将”三款“国潮”范儿十足的新年限定礼盒包装。如图 6-33 所示，安慕希虎年春节礼盒包装的整体色调依然延续经典的品牌蓝色，盒面装点麻将牌图案，中间的“发”字既吻合麻将牌的特点，又表达了品牌的新年祝福，铜锁、铜扣的搭配体现出国货礼品属性。礼盒内生动逼真的以麻将外观呈现的糕点小食，让人看了忍不住想打上几圈。当然，将麻将牌改成更为简易的扑克牌形式，让回家过年的消费者玩起来更轻松了。

这两年伊利安慕希的春节“国潮”营销，不只是单纯地通过产品包装设计换“国潮”年味儿的“新皮肤”那样简单，还通过挖掘更多的国粹精华与时事热点，利用不同营销传播手段，持续不断地增进与消费者的互动，带给国人一个更开心、更有趣味的春节，赋予了“国潮”包装更大的附加价值。

图 6-33 安慕希“国潮”包装及其营销传播画面

案例：百年老字号五芳斋对“国潮”的完美演绎，值得所有国货老品牌借鉴

五芳斋创立于 1921 年，已经有百年历史。该企业近年来业绩一路飙升，2021 年收入超过 25 亿，在全国拥有近 500 家门店。从当初偏安一隅的浙江嘉兴民间粽子铺，到如今全国第一的粽子品牌，五芳斋的成功凸显了传统老字号的顽强生命力。而五芳斋在新消费时代对于“国潮”的完美演绎，值得所有以年轻人为目标消费者的国货老品牌借鉴。

五芳斋在近年能够吸引大批的年轻消费群体，成为他们热捧的网红品牌，在新消费领域占据一席之地，首先是因为它拥有极致的产品力。早在 20 世纪，五芳斋粽子就以“糯而不糊、肥而不腻、香糯可口、咸甜适中”闻名天下。进入 21 世纪，五芳斋成为全国首批中华老字号企业之一，其粽子制作工艺还被收录进国家非物质文化遗产名录。只有好产品才有可能成就好品牌，没有好产品，打造品牌就成了空中楼阁。

五芳斋作为老字号，在品牌层面有十分明显的优势，这也是五芳斋能走红的重要原因。五芳斋在消费者心中就像是一位承载着满满记忆的老熟人。对于50后、60后以及70后、80后的消费者来说，老字号是口碑与信任、味道与品质的最佳代名词，而由此产生的品牌忠诚度是其他年轻品牌难以比拟的。但是在互联网时代的新消费环境中，以95后为代表的Z世代逐渐成为消费主力人群。他们对新兴事物的强接受能力和消费需求变化，促使老品牌必须焕发全新的活力。对年轻人来说，老字号可能是父母买的产品，他会吃，但自己不一定会选择买。因此，五芳斋要想延续生命力，必须给Z世代年轻人一个购买五芳斋的理由。所以，五芳斋率先改变自己来适应新的年轻消费群体。

作为中华老字号，五芳斋的“国潮”感更为浓厚。通过不断强化自身的“国潮”定位和竞争对手形成差异，是五芳斋成为年轻消费者喜爱的品牌的原因。五芳斋不是简单地设计了几款“国潮”风格的产品包装，就获得了年轻人的青睐，而是将品牌传播与包装设计完美结合，不断做出许多年轻化的营销尝试，将“国潮”玩出了新花样，将“潮”演绎到了极致。

如图6–34所示，首先，五芳斋与其他品牌联名推出“国潮”风格的包装产品。作为传统老品牌，企业不断与年轻品牌联名，制造出彼此品牌碰撞新鲜感的同时，也为自身注入了更多活力，从而吸引了大批年轻消费者。五芳斋曾经与迪士尼和漫威展开过跨界合作，打造了一系列颜值超高的IP联名包装，这些联名包装一经推出便备受年轻消费者喜爱；之后还与盒马鲜生、喜茶、拉面说等年轻国内品牌联名推出定制款“国潮”包装粽子；牵手乐事、钟薛高分别推出咸蛋黄肉粽味的薯片、粽香味雪糕；甚至与腾讯手游《王者荣耀》合作推出联名粽子礼盒。2017年中秋，五芳斋还和国内首家弹幕视频网站AcFun联合推出“AC五芳流心巧克力月饼”，通过AcFun的高黏性社群吸引年轻人注意，通过AR技术实现月饼消费者与AC娘的破次元互动。五芳斋通过超高颜值的“国潮”包装俘获年轻人的视线，用新奇、好玩的产品与年轻人建立沟通，并且在与年轻粉丝的互动中，通过“国潮”品牌话题吸引追求新鲜感的年轻消费群体，努力开拓新一代受众群体。

图 6-34 五芳斋 " 国潮 " 风格的产品包装

其次，五芳斋基于节日做年轻化的品牌传播推广。五芳斋的主力产品是粽子，专属节日自然是端午节。近几年的端午节，五芳斋相继推出了《爱你油》《过桥记》《招待所》《白白胖胖才有明天》等年轻化、创意感十足的广告，将“国潮”玩出了花。视频中的魔性洗脑元素让五芳斋频频出圈，帮助品牌获得了超百万级播放量。2021 年端午节，恰逢五芳斋 100 周年，五芳斋再次凭借一支名为《寻找李小芬》的九分钟长视频刷屏。许多年轻人都说，每到端午节，五芳斋的广告比粽子更令他们期待。图 6-35 展示了五芳斋基于品牌年轻化战略的“国潮”风格的广告。

图 6-35 五芳斋“国潮”风格的广告

已经“年过百岁”的五芳斋不断捕捉年轻人的喜好，无论在品牌传播，还是在产品包装设计上，都通过为中华老字号赋予国“潮”基因的品牌营销让品牌越活越年轻，屡屡以刷屏方式出现在年轻人视野，不断焕发着年轻的勃勃生机。

“国潮”跨界，让新品牌迅速获得消费者认可

今天的中国年轻消费者不再将国货看成是老气、廉价的产品，买国货、用国货成了他们对时尚和自信的一种表达方式。通过“国潮”制造话题，衍生出更多的内容和流量，从而引发年轻人的关注与喜爱，已经成为这几年众多品牌“国潮”营销的最好方式。甚至，如图 6-36 所示的许多国外品牌，如 SK-II、百事可乐、奥利奥等，也纷纷借势“国潮”，努力吸引中国年轻消费者的关注。

图 6-36 SK-II、百事可乐、奥利奥“国潮”风格的产品包装

一些新国货品牌，如喜茶、李子柒、汉口二厂、钟薛高、墨茉点心局、完美日记、花西子等，也借势“国潮”迅速完成了对年轻消费者的认知教育过程。相信未来，随着民族文化自信的不断提升，还会有更多新国货品牌借助“国潮”赢得市场机会。

案例：李子柒借势“国潮”，成为国货出海十大新品牌中唯一的美食品牌

李子柒在 YouTube 上的走红让“国潮”成为国际文化潮流现象，得到全世界年轻人的关注，为中国传统文化出海提供了全新注脚。李子柒通过视频镜头语言，在日出而作、日落而息的田园生活中，让中国传统文化中的笔墨纸砚、蜀绣、桂花酒等拥有了新的活力，为西方世界打开了一扇发现中国之美的窗口。2021 年 1 月 25 日，李子柒更是打破了一项吉尼斯世界纪录。以 1410 万的订阅量，刷新了由她创下的“YouTube 中文频道最多订阅量”吉尼斯世界纪录。不少国外网友感叹，李子柒向全世界重新介绍了那些被我们忽略的中国文化和智慧。

大部分内容 IP 制作者急于商业变现，先接广告，再借助电商平台进行直播卖货，很少会考虑自建产品品牌。而李子柒的账号在长达三年的时间里不接广告、不直播，也不做任何商业转化，只是以相对缓慢的月更节奏产出精品内容。在内容打造成功

后，才在2018年从零构建李子柒品牌的商业体系，先后推出了藕粉、柳州螺蛳粉、鲜花饼、绵阳米粉等具有地方特色的美食产品。此外，还采用“国潮”风格的包装，让本没有太多人知晓的地域小食“螺蛳粉”成了众多年轻人追逐的网红大单品。

“李子柒品牌”公众号显示，李子柒螺蛳粉的研发经历了漫长的迭代过程，研发团队多次前往柳州调研，其汤底、酸笋、红油均是反复试错、优化后的产物。从2020年开始，李子柒还与江南大学合作开展与螺蛳粉生产加工相关的专项科研，后续又与农科院全国农业科技成果转移服务中心合作。正是李子柒运营团队这种对产品品质的执着以及对品牌打造的耐心，才让李子柒品牌迅速获得消费者认可。《2021最具成长性的中国新消费品牌》数据显示，2020年，李子柒品牌销售额达到了16亿元。图6–37展示了李子柒品牌“国潮”风格的产品包装。

图6–37 李子柒品牌“国潮”风格的产品包装

在互联网短视频时代，李子柒的商业运营团队以展现中国传统手工生产的视频作为流量入口，打造具有“国潮”基因的特色产品，配以与商品属性相吻合的“国潮”风格包装，将IP影响力发挥到了极致。天猫数据显示，截至2020年5月，李子柒成为国货出海十大新品牌中唯一的美食品牌。“李子柒”这个名字，也从个人IP真正成为一个“国潮”品牌。

案例：花西子将东方古典美学演绎到新的商业高度

2018年前的中国彩妆市场充斥着日韩和欧美系品牌，难觅具有中国风特点的品牌，国产品牌也很少深入挖掘品牌内涵，将自身品牌价值融入营销各个层面。花西子瞄准这个空缺，通过“国潮”概念转换，在品牌营销的各个层面都将东方古典美学运用到了极致，受到了喜爱东方之美的年轻女性消费者追捧。花西子天猫官方账号上坐拥超千万粉丝，短短3年时间，年销售额就突破30亿元……这些以前国际美妆大品牌才能取得的亮眼数据，如今统统成为花西子的标签。

花西子创始人花满天发现，几千年前的中国古代美女会利用植物花卉来修饰打扮自己，因此他提出了“以花养妆”的品牌理念，使用“古代贵妃养颜配方”，复刻了“花露胭脂”古方口红和“螺子黛”眉料眉笔，将植物美妆完美地运用在产品外观和内涵之中。

花西子在产品外包装上强化“国潮”设计风格，相继推出具有杭州西湖标签的“西湖印记定制礼盒”，以及采用中国传统立体剪纸工艺、结合中国戏曲文化元素的“知音难觅套装”。此外，花西子在产品造型设计上也不断强化“国潮”风格，其口红产品的最大亮点在于采用了中国传统微雕工艺，将花纹印刻在口红本身的膏体上，使产品显得更加精致。花西子还采用了凌云仙鹤雕花、涅槃凤凰雕花、跃池锦鲤雕花、锦簇花团雕花等不同纹样。这种过硬的、高颜值的产品自带传播属性。很多爱美的年轻女性希望表现自己的精致，都会忍不住在社交平台上晒出自己买到的花西子精美产品。图 6–38 展示了花西子充满“国潮”味的口红造型和产品包装。

图 6–38　花西子“国潮”风格的产品造型和包装

花西子深知“让用户心甘情愿地积极帮助品牌传播”的重要性，在各大社交平台积极将品牌打造为属于年轻受众的社交货币。国内美妆品牌国货常有，但“国潮”不常有，借力“国潮”崛起，花西子明确了“以花养妆的东方彩妆”的品牌定位，着力铸造百年“国潮”美妆品牌。

中国企业的品牌打造，不能虚有其表。中国许多消费品企业的产品品质历来被人所诟病。要想成为世界级品牌，不仅需要“国潮”文化底蕴对品牌的赋能，更需要好的产品品质加持。产品品质和品牌全面营销意识的提高，是企业迈向品牌成功的两根支柱，缺一不可。

中国企业借助“国潮”盛行的崛起有着时代推力，但是想要真正获得企业持久发展、成为世界级公司，还必须要掌握品牌营销的正确方法。今天，许多中国企业对“国潮”内核的挖掘与品牌营销价值的理解还不够深入。品牌是在消费者心智认知中建立的企业精神价值的体现，品牌赋予受众价值观与承诺，而品牌文化传承则是任何企业做品牌营销的终极目标。品牌打造的五大支柱包括：品牌背景故事、品牌性格、品牌标识、品牌传播、品牌延伸，这里面任何一个支柱都离不开品牌文化底蕴的支持。

今天，一些设计师对“国潮”包装的认知仍然是浅层次的，往往重其表而轻其里。不深入研究企业的品牌与产品，不深刻理解如何在产品包装上生动呈现“国潮”的价值，仅把中国的诗文辞赋、绘画纹样、文字图腾等传统元素，与所谓现代美学表现形式进行生硬嫁接、胡乱杂糅。这些形式重于内涵的包装根本算不上真正意义上的“国潮”，不过是一张装点门面的“包装纸”而已。**“国潮”包装设计的底蕴是“国”，需要传承中华文化的血脉；表现形式是“潮”，是企业品牌文化的精华结合当下新消费观得出的全新展现方式。**

中国五千年的悠久历史文化是一座取之不竭的宝库，“国潮”包装已经成为传播中华优秀传统文化最重要的载体之一。以“国潮”风格的包装展现品牌价值，是传统与现代审美重新融合的过程，也是对中国文化的回溯与创新。真正具有商业审美价值的“国潮”包装，需要设计师在对中国文化有着深刻认知和理解的基础上进行提炼萃取，还需要在产品包装设计之初解决好中国传统文化与企业品牌营销的关联问题。

第 7 章

让包装成为产品的传播货币

如果说伴随着工业革命出现的包豪斯设计思潮，让设计专业从纯美术行业中分离出来，是现代商业设计的第一次思维革命，那么，伴随着互联网科技发展而来的数字营销时代，则彻底颠覆了以好看为标准的传统包装设计美学，为包装设计行业带来了一次彻底的思维革命。新时代赋予了包装更多的互联网传播属性，让包装成为年轻人的“传播货币”，进而真正成为产品的第一广告。

7.1 伴随互联网营销思维革命，吸引关注成为包装设计新指标

近年来，“新消费品牌”概念席卷了消费品行业以及投资圈。这些年崛起的新消费品牌，如王饱饱、钟薛高、拉面说、自嗨锅、元气森林、三顿半、花西子，正一步步把自己变成资本的新宠儿，疯狂蚕食着传统消费品企业的市场份额。很多人认为，这些新消费品牌成功的一大原因是包装“颜值”高。因此，很多企业把努力提升包装颜值作为品牌获得年轻消费者喜爱的主要市场营销战略。甚至一些营销领域的著名专家也争相提出“颜值即正义”的观点。他们纷纷指出：当年轻消费者逐渐成为互联网时代的主力消费人群时，有一个名词“性价比”消失了，出现了一个新名词“颜价比”。但是，产品“性价比”真的在年轻消费者的购物选择里消失了吗？“颜价比”真的成为数字营销时代产品获得年轻消费者喜爱的最重要标准了吗？

其实，并不是只有年轻人喜欢漂亮的东西，产品包装也并不是今天才需要设计得更漂亮、更符合潮流。爱美之心自古人皆有之，愿意追逐潮流也并不是这一代年轻人才出现的现象。将包装设计得好看与漂亮，从来都是一个合格的包装设计师的基本职责，也是所有企业对专业包装设计公司的基本要求。

此外，只要你仔细观察对比一下，就会发现那些针对年轻人的新品牌的包装与同类传统品牌竞品的包装相比，在颜值上大部分都不能说做到了“颜价比”的超越。其中一些产品的包装在美术设计细节处理上，甚至还不如同类传统品牌的竞品包装。两者对比如图 7-1 所示。

图 7-1　新品牌的包装与同品类传统品牌竞品的包装对比

今天，如果不是“颜值”，那又是什么让这些新锐品牌迅速崛起、挑战甚至超越传统消费品行业巨头的呢？

深度研究这些具备互联网属性的新兴消费品牌可以发现，这些得益于互联网红利发展起来的新消费企业，在市场营销的战略与战术层面与传统消费品企业有着显著的不同。这些新锐品牌在充分理解了互联网数字营销逻辑之后，重新建立起来一套区别于传统营销思维及包装设计原则的营销模式，即**“互联网产品创新思维 + 互联网数字营销思维 + 互联网包装设计新思维”的互联网商业三位一体新模式。**正是这一模式让这些企业的产品与品牌获得了年轻消费者更高的关注。

基于互联网年轻化属性，产品创新的 8 种选择

1）**属于年轻人的产品。**这些新兴品牌的产品创新方向必定属于年轻消费群体关注的品类。年轻消费群体有强大的购买力，而且他们作为互联网原住民，习惯通过电商购买产品，愿意通过小红书、抖音等内容平台搜索自己需要的产品，并且喜欢晒图分享自己购买的好产品。所有这些互联网购买体验都是其他年龄段的消费者无法具备的。

2）**属于细分赛道的产品。**随着行业竞争加剧，各个消费品类新品牌、新产品层出不穷，大品牌老少通吃的爆品时代已经不复存在。对于成熟品牌来说，针对细分赛道或特定人群研发一款新品，在某一区域售卖，其效率往往不如研发出一款能够在全国售卖的产品。所以成熟品牌更偏向通过营销战术手段推动现有产品销售。而新兴品牌在产品创新时，往往会深入一个细分品类赛道，也能做出几亿、十几亿，甚至上百亿级市场。而这些新的机会点，也可以说是成熟品牌为创新品牌留出的“红海市场中的蓝海市场空间”。

3）**属于高复购的消费品。**这些新崛起的消费品企业在产品选择上，主要集中于高购买频次、高复购、成瘾性的消费品类，如零食、咖啡、气泡饮料、美妆。产品的消费频次高、复购高、有一定成瘾性，往往意味着产品转化快、黏性强，同时产品的互联网传播转化率也会随之提升。

4）**属于高毛利的产品。**随着如今互联网获客成本越来越高，新兴品牌选择创新产品的毛利，必须可以支撑得起企业在互联网电商平台站内购买资源、在站外内容平台不断种草的营销开支，以及物流开支。像钟薛高冰淇淋、三顿半咖啡、完美日记的美妆产品、李子柒的复合调味酱、自嗨锅等都属于高毛利产品。

5）**属于消费升级类产品。**近年来，消费者消费升级意愿显著提升，年轻消费者也越来越关注消费升级类产品。在互联网被年轻消费者关注的个人护理品牌Polyvoly、代餐品牌Wonderlab、燕窝滋补品牌小仙炖、简爱低温酸奶、饭爷调味酱都属于这一类产品。同时，消费升级类产品往往也是高毛利的产品。

6）**具备差异化优势或特点。**产品必须具备区别于同类产品的差异化优势，并且这个优势可以满足目标消费者的需求，或者符合消费趋势。这也是新品牌选择产品时尤其重要的一点。产品没有独特优势，就不会产生话题，更无法成为年轻消费者关注的内容。

7）**可以工业化生产的产品。**产品只有通过工业化生产保证规模性，才能满足高复购的产量需求，同时也会降低产品生产成本，为企业带来较高毛利率。

8）**打造超级单品。**这些创新品牌在初期，还会遵循常规企业操作产品的原则，努力打造超级单品，来撑起新品牌大部分的销量。这些新消费品牌在打造超级单品上还有一个明显特征就是实现品类微创新。品类微创新主要有两种方式：一是满足市场留出的未被挖掘的消费品类需求，如王饱饱的烘焙燕麦片、元气森林的0蔗糖气泡水、锐澳（RIO）的低度预调酒饮料；二是提供更便利的消费使用场景，比如原来泡方便面还需要烧热水，现在买个自嗨锅直接倒入冷水，几分钟后便能食用了。不过，对于这些新消费品牌来说，成败都在爆款单品。成在于爆款单品容易聚焦流量与资源优势，前期可以迅速实现大幅销售增量。而败在于，如果爆品赛道过窄，很快就会达到销售的天花板。

基于互联网年轻化属性，数字营销新思维与传统营销思维的8点不同

1）**这些新消费品牌在诞生之初就明确了品牌自身价值。**新品牌讲好品牌故事，往往能够让年轻消费者对其有更高的认同感。相比于老一代消费者群体，新一代年轻消费者更加自主，不再忠实于大品牌，愿意接受与自身价值观相吻合品牌的产品。他们认同品牌价值后，便会愿意购买它的产品，甚至推荐给身边好友。如健身食品新品牌“ffit8”讲述健康的生活方式；女性内衣新品牌“内外”鼓励女性追求身心自在；三顿半咖啡推出定期回收包装活动，宣扬爱护环境的理念，年轻消费者参加活动不仅可以发朋友圈，表明自己是一个爱护环境的人，还能得到额外福利。

2）**这些新消费品牌都从电商销售平台起家，逐渐完成从线上到线下的渠道渗透。**从前，专注线下渠道的传统消费品企业崛起有3个核心壁垒：品牌知晓度、渠道渗

透率和企业营销效率。在数字营销时代，线上电商渠道空间足够大，传播覆盖也足够广，让拥有互联网数字营销思维的新兴品牌有了更大的用武之地。这些依托线上电商起家的新消费品牌，通过电商平台完成销售，依托内容型社交平台种草完成流量传播，无地域限制，迅速扩散，精准投放，全链路营销一气呵成，将品效合一用到了极致，迅速成为网红品牌。之后，企业再利用消费者对品牌与产品的高关注，触达线下经销商与零售渠道，完成从线上到线下的全渠道布局。无论是早期的三只松鼠、百草味，还是近年来的完美日记、钟薛高、拉面说、元气森林，皆是如此。

3）**这些新消费品牌都从传统的企业对消费者单向叫卖式沟通，转变为企业与消费者双向互动沟通。**这种通过移动互联网实时在线的双向互动式沟通方式，可以让企业的产品和品牌与内容相互融合，通过互联网种草，形成话题，这些种草话题在互联网上长期留存，能够长期影响消费者。此外，每一个消费者都是潜在的话题传播者。这就对企业如何通过互联网传播产品与品牌提出了更高要求。企业必须主动将产品信息生成内容，与消费者进行互动，不断增强消费者黏性。再通过大数据整理、分析消费者的反馈信息，推演消费者偏好，进一步改进、迭代产品与种草内容。在互联网数字营销时代的竞争中，谁能够更加贴近消费者，聆听消费者的声音，真正做到企业与消费者的双向互动沟通，谁就有可能获得更多市场机会。这种双向互动沟通，也真正使得企业生产的产品成为由消费者定义、由企业负责生产的产品，可以说，互联网的双向传播属性缩短了企业与消费者之间的距离。

4）**这些新消费品牌都更注重内容平台的引流作用。**今天，消费品企业的线上获客平台分为两类：售卖平台与内容平台。在京东、天猫这种售卖平台上，不同品牌的数百万种商品充斥其间，平台早已拥挤不堪。消费品企业想通过售卖平台站内流量获客愈发困难。如今的消费者在内容平台上停留的时间远超售卖平台。品牌通过内容平台吸引消费者关注，再引流到售卖平台产生购买转化，这一路径变得十分重要。小红书、抖音、快手、B 站等这些内容平台拥有广泛的年轻消费者基础，并且逐步完成了从内容到售卖的双向打通。在这个互联网数字营销快速发展的多媒介、多场景、多触点时代，所有希望撬动互联网红利的企业，都需要借助多平台频繁生产新的内容，时刻保持与消费者的互动沟通，吸引他们的持续关注。在多样且海量的内容累积下，消费者对于品牌的信赖就逐步建立起来了。

5）**这些新消费品牌都善于且专注于 KOL 营销。**新品牌都十分善用 KOL（关键意见领袖）营销。KOL 推荐是这些品牌宣传营销的重要手段，新品牌会将 KOL 直播作为宣传广告进行大量投放。针对媒介资源，这些品牌聚焦于年轻消费者经常光顾的小红书、抖音、快手、知乎等，先投放少量头部 KOL 种草，再投放成百上千个腰部、尾部 KOC（关键意见消费者）进行饱和式传播，在一定时间内达到高覆盖率，从而形成一种“潮流”。新消费品牌还会利用头部 KOL 的覆盖力和号召力，去新流量平台铺设更多内容广告。这些品牌还善用跨界营销，经常利用品牌联名方式，互相引流。永璞咖啡通过与小红书、日食记、小满手工粉、QQ 音乐、咖啡馆、《奇葩说》《新周刊》《记忆大师》《少年的你》等不同合作方合作的方式获取流量。2019 年 6·18 活动前后，永璞咖啡在微博上联合 30 多个品牌持续做了两个多月的联动，一共花费不到两万块钱。其创始人铁皮说：“永璞咖啡一共做过 400 多次品牌联名，被天猫称为联名狂魔，为品牌带来了很多线上流量。”

6）**这些新消费品牌更懂得聆听消费者的声音。**善于聆听消费者声音，是新兴品牌很重要的一个特征。这些品牌在产品研发过程中就会发起消费者产品体验，了解最真实的顾客需求。三顿半咖啡有一项“领航员计划”，领航员就是由核心目标消费者组成的“产品测评官”，是给产品指明道路和方向的人。只要有几十个领航员提出同一个建议，三顿半就会对产品进行改变。与其做法相似的还有美妆品牌花西子。早在花西子产品面市前，品牌就开始“与消费者共创”，邀请顾客成为产品体验官、参与测评，并且在沟通环节加入了注册营养师在线咨询环节，通过与消费者一对一的在线交流，让消费者和品牌之间能够有更深层次的互动分享。婴童食品品牌小鹿蓝蓝的 CEO 李子明说，新品牌不仅希望消费者可以参与到产品研发、优化迭代过程中，对售后服务与内容创造过程也同样希望如此。总之，这些新品牌都希望通过不断聆听消费者的真实声音，做到与他们共同成长。

7）**这些新消费品牌都借助互联网大数据快速提升企业全面市场营销效率。**消费品企业的所有市场营销战略与战术行动，都需要依靠大量数据分析支持，才能产生营销价值。但是对于传统消费品企业来说，过去获取各项营销数据并不容易。同时，在海量数据中找到核心规律，又非常考验市场营销人员分析数据的能力，有时捕捉消费者的需求数据甚至只能靠经验。然而，新消费企业通过互联网数字营销所积累的大数据，使得数据收集与分析成为企业自然而然的事。在新消费品牌的运营逻辑中，数据分析始终贯穿市场营销的全部层面。数据化营销思维，才是这些新消费企业的核心竞争力。

8）互联网流量与年轻人关注度去哪，新消费品牌的新商机就去哪。对互联网流量红利的超级理解能力，也是这些新消费品牌最重要的特质。2010 年，由于京东与阿里的竞争，阿里从重点扶持淘宝转向扶持天猫，从而导致天猫电商流量红利出现，造就了三只松鼠、百草味等第一批新消费品牌。2017 年，传统电商平台流量红利逐渐消退，种草型（如小红书）、分享型（如抖音）内容流量平台出现，成为新的红利流量入口。同时，由于拼多多的崛起，天猫重新思考自身的竞争优势，对小而美、长尾、优质的新品牌加大扶持力度，在运营和流量方面给予新品牌更多的倾斜与资源支持，成为整个天猫平台发展战略中非常重要的一个环节。之后，拉面说、完美日记、王饱饱等新消费品牌，利用天猫对小品牌的流量倾斜以及小红书、抖音等内容平台的流量红利，通过“内容平台种草、交易平台销售”的模式迅速成长。2018 年，“国潮”流行，李子柒、花西子、钟薛高等迅速借势成长。2019 年，移动互联网的红利开始消退，其用户规模和网上停留时长增长缓慢，互联网人群活跃度已经基本稳定。但在 2020 年年初，短视频直播带货成为新的风口。2020 年年底，抖音启动了抖音小店，相信从抖音小店的流量红利中也会成长出来新品牌。有流量红利，就意味着紧跟流量红利的新商机也会随之而来。

互联网数字营销时代的产品包装设计新指标

如今互联网的发展已经使企业与人、人与人、人与产品、人与信息都可以实现“瞬连”和“续连”。这种高度的连接让每一个消费者都可以通过互联网发布产品的包装图，对产品和品牌的优劣做出评论，并因此对他人的购买行为产生影响。在互联网数字营销时代，包装的传播作用被放大到极致，使之真正成为产品的第一广告。

然而，**“做广告的目的是为了销售产品。广告不是为欣赏服务的，而是为传播服务的，否则就不是做广告。”**大卫·奥格威的这段话告诉我们什么是广告。他始终坚持广告不是美学作品。图 7-2 展示的他那条最著名的、与众不同的海撒威衬衫广告，让默默无闻了 116 年的海撒威制衣厂一夜走红，更证明了不是漂亮的广告画面驱动了企业的产品销售。

图 7-2　大卫·奥格威为海撒威衬衫创作的广告

大卫·奥格威鄙夷那些将广告装扮得“拗口、花哨、哗众取宠”的同行。他曾尖锐地批评当时的广告行业：“许多企业受到把广告看成是一种艺术形式的广告创意人的骚扰。这些广告创意人诱骗不幸的客户一年花几百万来展示自己的创意，他们对客户宣传的产品不感兴趣，还认为消费者也不感兴趣，所以，他们几乎一点不提产品的优点。他们的唯一野心是获得戛纳广告节的奖项。而且直到现在，许多广告创意人依然还在浪费客户的钱，重复犯同样的错误。”他同时指出：**“广告创意绝不仅仅只是让广告画面更漂亮。广告创意首先需要突出产品的优点，注重品牌与消费者的情感联系，每一条广告都要通过独特且与众不同的创意手法，令观者记忆深刻。”**大卫·奥格威当年的这些经典警示，依然值得今天广告行业以及包装设计行业的同仁思考。

通过对大卫·奥格威广告传播思想的理解，再仔细观察图 7-3 中展示的在互联网数字营销时代获得年轻消费者喜爱的产品包装，可以发现，这些品牌的包装并不是设计得更好看、更有颜值才获得了年轻人的青睐。这些包装除了符合年轻人的潮流审美，还有着与竞品包装不一样的个性特点，甚至本身就成为引发年轻消费者互动的社交话题，而所有这些都是为了获得年轻人的更多关注，最大化地起到广告传播的作用。**在互联网数字营销时代，产品包装要想获得年轻消费者的喜爱，好看的“颜值”只是表象，获得年轻消费者的“关注”才是真正的内核。**

图 7-3 适应互联网数字营销时代的产品和包装

互联网数字营销时代的到来颠覆了自有包装设计学科以来以好看为标准的包装设计美学，为包装设计行业带来了一次彻底的思维革命。通过产品包装获得年轻消费人群的更多关注，创造出他们愿意分享、谈论的话题，让包装成为产品的第一广告，成为互联网时代年轻人的“传播货币”，具备可传播性、可分享性，成为互联网数字营销时代产品包装设计的新指标。

分众传媒创始人江南春先生在《人心红利》中写道："颜值只是起点，输出品牌才是终点。互联网时代流量的算法值得持续优化，但品牌更应该掌握人心的算法。同样是颜值出众，那些真正从烟花式偶像派的网红品牌走向常青树式实力派的'长红品牌'的企业一定不是因为赶上了潮流，在'颜值经济'这个名利场上过把网红瘾，而是专注于做好产品，以及对品牌价值内涵的不断升级。对于企业来说，比颜值更重要的是对品牌持久价值的打造。"**互联网数字营销时代，消费品企业的产品要想从网红产品真正成为"长红"产品，不能只简单关注产品包装，而是需要建立起一套区别于传统思维的"互联网产品创新思维 + 互联网数字营销新思维 + 互联网包装设计新思维"的互联网商业新模式，才能获得消费者的持续喜爱。**

7.2 可口可乐"昵称瓶"开启包装设计互联网思维新时代

互联网时代，万物皆可成媒介，包装更是成为产品与消费者交流的最好载体。让产品通过包装自带流量，持续获得年轻消费者关注，已经成为移动互联网时代企业最重要的市场营销手段之一。如何让包装自带流量、成为产品的免费宣传大使，其关键就是让包装成为消费者的"社交货币"。沃顿商学院教授乔纳·伯杰（Jonah Berger）在其著作《疯传》一书中指出："'社交货币'就是一个人或事物在社交场合所能突显的价值。凡是能'买'到其他人的关注，从而获得分享、评论、赞誉的行为都可以称之为'社交货币'。"

作为一个有着近 140 年历史的饮料品牌，可口可乐在做市场营销活动时常面临两大疑问，一是经典产品如何为消费者持续创造新鲜感？二是活动是否真的可以带动销量？但是从 2011 年到 2016 年，一波持续数年、覆盖多个国家、带有强烈社交属性的包装营销，让可口可乐持续受到年轻消费者关注，同时为产品带来了源源不断的销售增长。

从 2011 年开始，每年夏天，可口可乐都会在全球市场推出一个"畅享可乐"（Share a Coke）营销战役，在包装上玩花样，推动夏日饮料的销售。2011 年夏天，可口可乐率先在澳大利亚开启了这项以包装作为传播载体的营销战役。为了吸引年轻人关注，可口可乐在澳大利亚举办了一场以消费者名字为产品包装核心元素的"畅享可乐"活动。在 Westfield 购物中心的户外电子广告显示屏上，人们只要使用手机上传自己的名字，广告牌上就会显示出相应的名字。所有这些收集而来的名字经过角逐，评选出 150 个名字，被分别印在可口可乐最新上市的产品包装上进行销售。试想一下，喝着带有自己名字的可口可乐将是一件多么值得炫耀的事情。随之，那些加了名字的可乐包装，在互联网上被疯狂转发、传送，将包装的广告传播作用无限放大，从而引发了更多年轻人的购买欲望，产品销量随之大增。图 7-4 展示了可口可乐在澳大利亚的“姓名瓶”包装营销活动。

图 7-4　可口可乐在澳大利亚的“姓名瓶”包装

可口可乐姓名瓶的个人定制属性，激发了年轻人购买并分享快乐的欲望。所以，可口可乐决定把“畅享可乐”包装营销活动作为夏季市场营销的保留项目，每年在全球不同市场推出一个特殊的包装。2013 年夏天，印有“喵星人”“吃货”“大咖”“闺蜜”等文字的可口可乐“昵称瓶”包装红遍中国，大大增加了可口可乐与中国年轻消费者的互动，更为可口可乐中国带来了两位数的销售增长。2014 年至 2017 年，可口可乐在中国又相继推出了不同主题的文字包装瓶。

图 7-5 展示的可口可乐不同“文字瓶”设计，彻底颠覆了商业包装以美学为标准的传统设计观念，让包装有了更多的社交属性，让产品成为真正意义上的“社

图 7-5　不同的可口可乐“文字瓶”包装

交货币”。一款只写了几个文字、没有太多美感、但极富创意的可口可乐“文字瓶”包装，引发了年轻人的超高关注，并且通过他们在互联网的分享与疯传，达到了尽人皆知的效果，最终为企业赢得了品牌、口碑、销售的全面胜利。

社交是人的天性，具备社交属性的包装意味着产品自带传播性与高频流量。可口可乐“文字瓶”为消费品企业打开了包装设计的另一扇窗。继可口可乐“昵称瓶”之后，江小白的文案体包装、康师傅茉莉花茶的“表白瓶”、味全果汁包装的“拼字瓶”……围绕产品包装社交属性产生的经典设计案例越来越多。毫无疑问，带有社交属性的产品包装一定会成为互联网时代包装设计领域的新宠儿。

未来一定会有越来越多的品牌，通过更具年轻人关注度的产品包装，拉拢年轻一代的消费人群，让包装真正成为消费者的“社交货币”，从而赢得市场空间。要让包装成为消费者的“社交货币”，包装设计者可以从创造话题、占领场景、角色扮演三个维度思考。

7.3 让包装自带话题

人与人的交流都需要话题，彼此都感兴趣的话题是获取他人认同的重要方式。让包装成为“社交货币”的一个重要手段就是创造话题，具有话题的包装赋予了产品被谈论的价值。但并不是所有话题都能激发人们分享交流的兴趣。年轻消费者往往愿意分享那些幽默、好玩、有品质、有爱心的话题，以让自己显得更有品位、更有性格。所以包装要想自带话题，并且成为“社交货币”，所创造的话题就必须让消费者愿意分享与交流。

案例：味全的“拼字瓶”包装让年轻消费者主动改编出更多的互动话题

在 2016 年以前，在许多年轻人眼里，味全每日 C 纯果汁也变成了具有年代感的老品牌，在将近 2 年时间里销量严重下滑。那么到底是什么原因让味全实现了强劲的反弹？很简单，就是味全重新制定品牌营销策略，运用互联网营销思维，通过产品包装与年轻人产生情感的互动与沟通，赢得他们的关注，从而给销售带来了强劲增长。

味全低温纯果汁主要销售对象是 20~35 岁的年轻都市白领。这些人一方面追求健康，在意生活品质，另一方面却因为工作压力，整天忙碌，养成了许多生活上的坏习惯。于是味全主动改变品牌营销传播策略，针对年轻都市白领，提出了“既然改不了坏习惯，就养成一个好习惯，你要喝果汁，每天喝果汁”的品牌传播新主张。

味全与年轻都市白领沟通这一品牌新主张的主要载体就是产品包装，用包装这种最直接的传播载体吸引年轻人的眼球，将自己打造成最懂年轻人的果汁品牌。图 7–6 展示的味全每日 C 果汁的新包装，一改传统消费品包装将品牌作为视觉核心的设计方式，将包装的主要视觉中心留给了沟通的话术。原本放置味全每日 C 品牌标志的位置被“加班辛苦了，你要喝果汁”“你爱你自己，你要喝果汁”等不同文字取代，立刻引发了年轻都市白领的关注。味全之后又基于包装引发的互联网社交互动，在一年多时间里先后推出“理由瓶”“Say Hi 瓶”“台词瓶”和“拼字瓶”。

图 7–6　味全每日 C 果汁包装

味全空白“Say Hi 瓶”包装，鼓励年轻人在瓶身上 DIY 填写自己喜欢的文字，并发布在互联网上进行传播。“台词瓶”配合当年火爆年轻人朋友圈的电视剧的流行台词，进一步引发了热议。之后，味全又在“拼字瓶”包装上印上不同汉字，还配上一段话。比如，写着“天”的桃汁包装上写着“宠上天，你要喝果汁”；而印有“多”字的苹果汁包装上写的是“笑得多甜，你要喝果汁”。如果把瓶子排列在一起，包装上的汉字就可以排列组合成各种句子。味全将该系列一共 42 款产品的包装都印刷上了不同的汉字。可想而知，这样的瓶子自然逃不掉被年轻人“玩坏”的命运，从而显得更加有趣。味全的“拼字瓶”包装通过一些年轻人在互联网上的吐槽，成功吸引到更多年轻受众亲自购买几瓶，追追“拼字”的热潮。如图 7–7 所示。

图 7-7　味全“添字瓶”和“台词瓶”包装

在味全看来，用年轻人熟悉的语言鼓励他们喝果汁，比强调产品的成分与高品质的厂商语言，更容易激发起年轻人的购买欲望。味全希望用一种不说教的方式，对年轻消费者传达“改不了一个坏习惯，就养成一个好习惯，你要喝果汁，每天喝果汁”的新品牌主张。企业依靠包装不仅拉近了品牌与消费者的关系，还大幅度提升了销量。数据显示，2016 年味全果汁月销售额同比提升了 40%，迅速成为国内纯果汁品类市场销量第一。

传统定位理论认为，品牌传播语是一个品牌贯穿始终的存在，需要保持不变。但事实却并不是这样，定位绝不是一句简单的不变的广告语。今天，互联网已经成为年轻人分享与沟通最主要的媒介载体。许多消费品企业已经感知到，传统的传播形式越来越难以对年轻消费者产生作用，生硬的广告语不再能吸引他们的关注。企业若想拉近自身与年轻受众的距离，首先要降低身位，使品牌成为年轻人可以谈论的话题，才能让自己的品牌年轻起来。今天，所有希望获得年轻消费者关注的品牌都需要记住的是“你若端着，我便无感，我若无感，便不会买”。

其实，适时改变品牌广告传播语并没有那么可怕。在互联网时代，品牌传播路径更切合年轻人个性的同时，围绕核心定位不断变化的广告语也能确保品牌与时俱进。

每年 6 月的高考，都是全国千万考生与家长最关注的时刻。蒙牛借助高考这个焦点话题，在 2020 年 6 月高考季，面对全国 1071 万考生特别推出了一系列“高考押题牛奶”包装（图 7-8）。

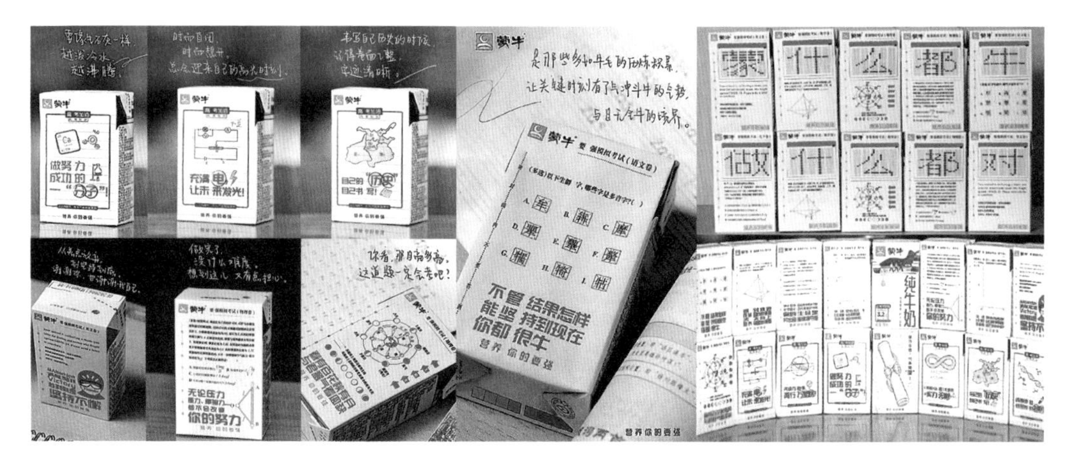

图 7-8　蒙牛“高考押题牛奶”包装

考前押题是每一个高考考生必然会做的一件事情，蒙牛将普通牛奶包装设计成“高考押题牛奶”包装，直接把往年的高考试题印在了牛奶包装盒上，衷心祝福高考学子们“蒙什么都牛、做什么都对”。

蒙牛这些“高考押题牛奶”包装上的考题，涵盖语、数、理、化、生、政、史、英、地每个高考科目，但都没有答案，瞬时激发起了许多考生的押题欲，考生竞相解答。同时，蒙牛还结合这次营销活动的核心主张“营养你的要强”，衍生出一套紧扣各科押题方向的励志走心金句，将这些金句放在了包装上面，如“自己的历史自己书写”“做努力成功的一分子”“充满电，让未来发光”等。从高考押题到人生启示格言，蒙牛“高考押题牛奶”包装带给考生们身体上营养的同时，也带来了精神上的暖心鼓励，引起了众多消费者强烈的情感共鸣。

此外，蒙牛还借助品牌 IP 形象牛蒙蒙，在互联网上发布了一支模仿 B 站“后浪体”的广告——《后题（蹄）》，献给即将参加高考的广大学子。《后题（蹄）》埋梗无数，用年轻化的语境制造趣味反差亮点，在帮助化解高考带给学子们的紧张情绪的同时，进一步让“高考押题牛奶”包装成为年轻考生们愿意主动传播互动的话题。

以低温酸奶为市场切入点的区域乳企新疆天润，也是通过在产品命名与包装设计上赋予产品自传播话题，迅速打开了全国市场。“冰淇淋化了”可以说是每个人童年时都曾经历过的悲惨事件。冰淇淋离开低温环境时，很容易化掉，就会让人产生一种赶快吃掉的冲动。天润酸奶正是借助“冰淇淋化了”“巧克力碎了”“蜜了个瓜”“百果香了”等一系列年轻化的口语（图 7-9），并通过微博、抖音、快手、小红书等平台与年轻消费者互动，让天润酸奶迅速成为低温酸奶品类中的“网红”产品。

图 7-9 天润酸奶包装

产品包装只有具备话题，才能促使年轻人在社交媒体上进行分享、传播和推荐。三只松鼠创始人章燎原说过：“企业做一百次广告，不如一个熟人推荐。”互联网时代，随着更多带有话题性的、具备社交属性的产品包装出现，一些本没有什么知名度却具有传播口碑的新品牌有了更多市场机会。近年来，三顿半、单身狗粮这些新品牌，通过带有话题的产品包装，利用互联网的社交传播方式，纷纷崛起，品牌声量丝毫不逊色于那些传统大品牌，并且赢得了更多年轻人喜爱。

7.4 让包装占领不同社交场景

社交在人类活动中发挥着至关重要的作用，而社交本身就具有天然传播性，消费者通过社交进行产品分享的过程，也是产品实现传播裂变的过程。当一件产品在不同社交场景中出现多了，自然就会带有社交属性。有些产品天生具有社交场景属性，比如酒天生就具有餐饮社交场景属性、运动饮料天生具有运动使用场景属性。其他的产品要想获得同样的社交属性，可以通过包装为自己找到一个适合的社交场景，使产品成为人们在社交活动中的沟通载体。

通过包装设计为产品占领不同社交场景有很多种方式，比如将包装设计成礼品，使产品具有送礼场景属性；设计不同节日主题包装，将产品带入消费者的过节场景之中；将年轻消费者喜爱的明星、电影或游戏人物、主题活动等植入到包装中，让产品融入他们的生活场景；将包装设计成超大规格分享装，使得产品具有朋友间聚会分享的使用场景属性等。

案例：占领不同社交场景的可口可乐包装

2012 年巴西世界杯期间，作为世界杯饮料赞助商的可口可乐不甘寂寞，通过包装向全世界的球迷传递世界杯的信息，与他们产生积极的互动。可口可乐将产品包装的标签设计成32支参赛国家队的图案，球迷只要将印有自己喜欢的球队标签撕下，就可以把它作为手环带在手上，支持自己喜爱的球队。

2016年圣诞节期间，可口可乐推出圣诞限量版拉花包装，巧妙利用塑料卷膜有弹性、不易撕破的特点对包装标签进行了改造，与消费者产生了更好的互动。购买者只要轻轻将隐藏在标签下部的白线扯到底，原本平淡无奇的包装瞬间就可以变成一朵圣诞礼花。可口可乐的这款拉花包装，一上市就受到消费者极力追捧，无论在哪里销售都瞬间卖空。

2017年春节，可口可乐在越南推出了一款限量版春节包装，这款包装融入了大量的越南春节元素，充满节日气氛，让产品成为在春节期间与消费者传情达意的沟通载体。与中国的春节类似，越南春节不是一个普通节日，更代表了全家人的团聚、对彼此的祝福以及对于未来的美好期盼。设计师尝试多个版本后，最终选取燕子作为包装的视觉核心元素。燕子在越南有特殊的含义，是传递春天信号的使者，为人们带来美好希望。该系列三款包装分别搭配三种图案：桃和杏花图案，代表繁荣的未来；烟火图案，代表美好的明天与希望；水果盘图案，代表祝福与孝敬长辈。瓶身整体设计节日感浓烈，细节处理细腻妥当，简单金色线条勾勒出的燕子、花朵、水果、烟火、太阳、星星等众多设计元素排列得体且不杂乱，整个包装让人爱不释手。

可口可乐限量版圣诞拉花包装和越南限量版春节包装如图7-10所示。

图7-10　可口可乐限量版圣诞拉花包装和越南限量版春节包装

要让包装具有社交属性，就必须能够吸引年轻消费者的关注，和他们有共鸣，让他们觉得好玩有趣、愿意在互联网上分享。历经140年的可口可乐始终永葆年轻的一个奥秘，正是不断通过独特的包装创意设计，占领了许多人的生活社交场景，不断向他们传递着温暖、快乐与甜蜜。

可口可乐“自拍瓶”包装：自拍是许多年轻人在聚会时非常愿意做的事情，可口可乐自拍瓶仅仅在瓶盖上设计一个小凹槽，就可以让可乐瓶一秒钟变成自拍杆。把手机卡在瓶盖凹槽里面，按好定时功能，就可以愉快地自拍啦！

可口可乐“交友瓶”包装：为了给年轻人提供搭讪交友的机会，可口可乐还设计了“交友瓶”包装。可口可乐的“交友瓶”单独一瓶是拧不开的，只有两个人把瓶盖口对接，一起旋转瓶子才可以打开。这个设计的小心机，就是让消费者能和陌生人发生互动，帮消费者开启一段新的友情。

可口可乐“生活小技能瓶”包装：喝完的可口可乐瓶子还能变成生活小助手。可口可乐“生活小技能瓶”融入生活小场景，将瓶子变成水枪、笔刷、照明灯、转笔刀等工具，名副其实地变废为宝。这些“亲民”的创意，贴近每个人的生活场景，深入人心，让人觉得可口可乐是在用心地和消费者沟通，真正给消费者带来附加的乐趣。

可口可乐“自拍瓶”“交友瓶”“生活小技能瓶”包装如图 7-11 所示。

图 7-11　可口可乐“自拍瓶”“交友瓶”“生活小技能瓶”包装

2016 年，我们给百乐顺饼干设计了一款专属于年轻人的包装礼盒。百乐顺作为德国第一大饼干生产企业，在中国市场的知名度并不高。面对中国市场，百乐顺希望推出一款可以被年轻消费群体喜爱的饼干礼盒。设计师通过捕捉年轻人的生活方式，采用生动多彩的插图表现形式，将不同年轻消费群体购买食用饼干的消费场景设计成包装画面，然后在包装的封口腰封上配以 36 款不同文案，如“单身太辛苦，拿去补一补”“我实在是太美了，多吃点儿也没关系”“可以让我住手，但我不会住嘴”。购买者还可以通过手机定制自己喜欢的文案。这让一款礼盒制造出了年轻消费者喜欢的话题，同时也让产品拥有了更多的互联网社交属性，如图 7-12 所示。2017 年春节，百乐顺采用这款包装的礼盒成了华东市场年轻人最愿意购买的饼干礼盒。

图 7-12 百乐顺礼盒包装

包装设计不仅可以采用有趣生动的创意画面，与消费者产生社交互动，还可以通过不同的技术加持，创造更丰富的社交互动体验。

听音乐、看视频、聚会都是年轻人喜爱的社交活动形式。2016 年 4 月，奥利奥推出了一款音乐盒包装。在这个包装里面有 6 块浮雕着不同纹样的奥利奥饼干。当你将不同纹样的饼干放入包装内的小唱盘时，就会听到不同的音乐。如果你馋了，还可以咬一口这张特殊的“奥利奥饼干唱片”。2017 年，奥利奥又对饼干音乐盒包装进行了升级，植入了“咬一口就切换音乐”的智能模式，将饼干放在音乐盒包装的表面就可以直接播放音乐，每吃掉一口饼干，小唱盘还会根据饼干的形状自动切歌。如此强大的互动功能真让人爱不释手。

同年，必胜客也推出过一款极具社交属性的投影仪包装。在不同口味的必胜客投影仪包装里面，除了内置一个微型投影装置外，还储存了不同的科幻电影短片。一边享受美味的必胜客比萨，一边观看好看的电影视频，是一件多么惬意的事情。

喜力啤酒和 ELIXYR 香烟采用特殊的荧光油墨印刷技术，专门为年轻人酒吧夜店消费场景设计了定制款包装。这种包装在白天与夜晚不同光线下呈现的画面截然不同，尤其在夜晚灯光下包装画面营造出的炫目迷幻效果让人爱不释手。

奥利奥、必胜客、喜力啤酒和 ELIXYR 香烟的包装如图 7-13 所示。

图 7-13 奥利奥、必胜客、喜力啤酒、ELIXYR 香烟包装

7.5 赋予包装一个社会化角色

角色代表了人的不同身份，包含人的社会关系、社会地位、容貌特征、行为性格特点四种要素。每个人都有不同的角色，与他人交往的言行都会受所扮演的角色影响，有着相同爱好、习惯的人更容易彼此亲近。俗话说，物以类聚，人以群分。通过包装为产品贴上一个标签，使品牌成为一种社会化角色的象征，是获得有着相同社会角色的人群认同的一种重要方式。

对许多年轻人来说，购买产品除了满足自己的功能需求外，更重要的是通过互联网的分享与交流，获得内心的满足与成就感，这也是他们表达自我品位、身份和个性的一种手段。当一件产品包装能够给消费者带来角色认同和自豪感时，他们会非常愿意与别人分享或者向别人炫耀自己是它的忠诚粉丝。

案例：百事可乐为品牌贴上新生代年轻人群角色的标签

可口可乐和百事可乐之间的竞争由来已久，他们之间的恩怨有着 100 多年的历史。从图 7-14 中我们可以看出，在百事可乐创建初期，品牌标识与产品包装都有模仿可口可乐的嫌疑。百事可乐的产品销量也与可口可乐相距甚远，后来，正是通过将品牌定位改为“年轻就要选择不一样”，将产品包装主色改为和可口可乐截然不同的蓝色，为产品包装贴上了年轻的标签，才让百事可乐获得了无数年轻消费者的认同，成了唯一可以和可口可乐一较高下的全球畅销的碳酸饮料品牌。

图 7-14　早期的百事可乐包装

百事公司前 CEO 唐纳德·肯德尔是百事可乐成功的缔造者。1960 年，肯德尔推出了“百事新一代”营销战略，让百事可乐与可口可乐展开直接竞争。在可口可乐强调自己是正宗可乐的时候，百事可乐避其锋芒，将自己塑造成面向年轻人的时尚新贵产品，受到了众多年轻消费者的喜爱。同时，百事可乐还暗怼可口可乐：你已经老了，我才是新生代的可乐。

百事可乐的年轻化身份标签是其可以与年轻人产生互动的跨越时代的感染力来源。百事可乐观察到年轻人对音乐与体育的关注度很高，于是聘请众多音乐、体育明星为其站台，向年轻人表明：我的品牌代表了完全不同的年轻态度，具备“新一代”的年轻精神。

百事可乐虽然不是足球世界杯的赞助商，却青睐于诸多世界级足球明星。贝克汉姆、劳尔、卡洛斯、罗纳尔迪尼奥、卡卡、兰帕德、托雷斯、梅西等足球巨星都是百事可乐全球宣传大使。2014 年世界杯期间，百事可乐发布了自己的年度全球超级足球巨星名单，梅西、阿圭罗、范佩西、拉莫斯、马里奥·戈麦斯、孔帕尼、萨拉赫等足球明星的形象，不仅出现在百事可乐的全球电视广告中，还出现在了产品包装上，受到了世界各地热爱足球的年轻消费者喜爱。图 7–15 展示了不同时期不同款的百事可乐足球版包装。

图 7–15 百事可乐足球版包装

在音乐方面，百事可乐几乎见证了当代世界流行音乐的发展。20 世纪 80 年代，摇滚天王迈克尔·杰克逊凭借个人魅力红遍全球，百事可乐为巩固自己在年轻人心中的地位，不惜耗巨资邀请迈克尔·杰克逊代言，迈克尔·杰克逊不仅为百事可乐拍摄了脍炙人口的广告，创作了专属百事的流行单曲《Billie Jean》，并且还允许百事可乐将他的肖像印在产品包装上。有了迈克尔·杰克逊站台，百事的全球音乐营销攻势打得更为猛烈，百事可乐在聚拢了全世界年轻人人心的同时，成为当时年轻人最喜爱的碳酸饮料。

随着互联网时代到来，百事可乐发现，现在的年轻人更加勇敢追寻自己，希望找到属于自己的舞台，表现欲更加蓬勃旺盛。于是，2012 年，百事与“中国好声音”

冠军吴莫愁牵手，在中国市场开启了持续多年的“百事校园最强音”全国高校歌手大赛，让喜欢音乐的年轻人拥有了展现自己的舞台，用行动演绎了品牌“新一代”的年轻精神，让无数曾经登上百事音乐舞台的年轻人走上了音乐的道路。2017 年，百事可乐还将 AR 科技运用在产品包装设计上，通过手机 App 扫描包装画面，消费者不仅可以听到自己喜爱的流行歌曲，还可以看到包装上原本静止的代言人图片神奇地随着音乐跳起了动感十足的舞蹈。图 7-16 展示了不同时期、不同款的百事可乐音乐版包装。

图 7-16 百事可乐音乐版包装

百事可乐还在产品包装设计上做了许多大胆尝试，如图 7-17 所示。“敢黑”的百事无糖可乐包装，用新的潮流语言诠释了年轻一代张扬个性、敢于探索、无所畏惧的勇气。随后，百事无糖可乐又与上海国际时装周一起推出了全新联名包装，采用黑色与蒂芙尼蓝色，结合直线花纹图样；还陆续推出与著名服装设计师 Alexander Wang 合作的百事特别限量版、星球大战系列限量版、百事可乐 +KFC 限量版，充分体现了百事可乐不断迎合年轻消费者、勇于突破自我的品牌态度。

图 7-17 百事可乐“敢黑”联名款包装

百事可乐永远不变的品牌精神，就是追求年轻的梦想和始终乐观的年轻心态。对于今天成长在互联网时代的年轻人，百事可乐在和他们的沟通中有着深刻的思考：流量不是最重要的，与年轻人产生共鸣才是答案。如今的年轻人更加强调个性，做自己想做的事情是当今年轻人的期盼。而这种年轻人的价值期盼，也融入了百事可乐的品牌文化血脉之中。也正因此，百事可乐伴随着不同时代年轻人的热爱，始终屹立潮头。

案例：小茗同学巧妙运用 95 后年轻消费者标签取得市场成功

2015 年，统一推出的小茗同学冷泡茶一上市就在短时间销售爆棚，成为年销售额 10 亿的大单品。小茗同学的成功完全得益于贴上了 95 后的年轻标签。提起小茗同学的品牌名字，就会让人感受到年轻人设标签。这个小茗同学感觉就像每个人在学生时代都会遇到的、坐在自己旁边的那个“小明同学”。

包装是品牌价值的充分体现。小茗同学借助产品包装设计，进一步给品牌贴上了属于 95 后年轻人的快乐标签。显得十分“拙气”的简单插画表现，带有丰富搞怪表情的小茗同学面部肖像，四种颜色的活泼包装，加上特别的盖上盖设计，充分体现了品牌年轻人设标签的特点，显著区别于当时市场上所有茶饮料包装（图 7–18）。

图 7–18 小茗同学的 IP 形象和产品包装

2017 年年底，小茗同学更是通过产品包装设计，进行了一波“不要脸”的市场营销活动。小茗同学限量推出一定数量的“空白脸”瓶，号召年轻人一起“不要脸”。包装上的小茗五官全部消失，只剩一个空白的脸部轮廓，鼓励消费者通过涂鸦方式将空白的脸补充完整。不仅如此，小茗同学还开发了配合活动的 H5“测试你的不要脸指数”。消费者只需要上传面部照片粘贴到瓶身上的空白脸处，保存并留下地址，就有机会收到独一无二的印着自己的脸的小茗同学“定制表情瓶”。

案例：汉口二厂汽水为品牌贴上国货创新的时代标签，受到了年轻人的喜爱

近年来爆红全国的汉口二厂汽水是一款来自武汉的老牌汽水。但是与二厂汽水的前身老滨江汽水相比，新产品的包装在瓶身材质、尺寸、造型、标签和瓶盖的设计上都做了大胆调整。

在包装瓶体材料选择上，汉口二厂在传统玻璃瓶基础上，选择了通透度更高的化妆品级别的玻璃材质，并且在瓶身上融入了凸起的复古纹样装饰。瓶盖保留了铁皮材质，但并非国内众多汽水品牌常用的一次性撬盖，而是采用了旋盖设计。瓶盖上的“嗝”字设计，更让喜爱汽水的年轻人大有感触。汉口二厂的包装虽然主打国风，但并不是传统国风复古设计，而是把中国元素和现代时尚流行文化符号完美融合，不断制造网红款包装，引发年轻消费者的主动传播。

显然，汉口二厂从一开始就准备好要做年轻人喜爱的国货创新网红品牌，首先，从产品包装外观上，它就抓住了年轻人爱在社交网络上分享的心态。在微博中搜索“汉口二厂”，会发现“包装好看”是多数消费者对该品牌的第一印象。用汉口二厂品牌主理人金亚雯的话来形容，就是希望包装能够呈现出一种“高级感”，即当消费者第一眼在货架上看到产品外观时，就能产生主动消费，而不会因为单瓶 8 元的价格有所顾虑。

不同于其他国产汽水品牌的单品策略，汉口二厂采取了高频上新的多口味产品矩阵策略，共推出了橙汁味、荔枝味、樱花风味水蜜桃味、桂花酸梅味等十几个口味。不同的产品承担着不同的“任务”，有的产品需要承担销量，有的产品则作为网红款，需要具备极强的互动性和话题性，成为品牌的推手，为经典款产品带来流量。

真正让汉口二厂引爆的产品“恋爱 soda”樱花风味水蜜桃汽水，其成功并不是因为口味比其他产品突出，而是由于其产品包装自带强互动性和强话题性。在一次产品会上，汉口二厂品牌主理人金亚雯想到，每年樱花盛开的季节刚好与情人节接近，或许这款汽水能够成为一款年轻人恋爱的“表白产品”。最终，设计部将瓶身背面的贴纸设计为可以撕开的双层贴纸，内层采用变色油温印刷上表白词。当购买者揭开背面贴纸后，需要将内层贴纸加热，当温度上升到接近于人体体温的 37.2 摄氏度时，表白词才会显现。这一特殊设计，很快引发了大量年轻网友的线上讨论。这款产品上市后，在全网平台引发的自传播流量超过千万。图 7–19 展示了汉口二厂不同口味的产品包装。

图 7-19 汉口二厂汽水包装

汉口二厂的品牌总监刘珺说："其实有时候品牌是为消费者代言的，我们首先是站在年轻消费者的角度，为品牌贴上年轻人的标签，将他们心中隐藏的想法转变成现实。品牌只有与消费者产生共情，才有可能引起他们的自发传播。"

第三部分
完整的工作流程造就好包装

人都知道自己在做什么，

但有些人知道“怎么做”，

有些人却不知道“怎么做”。

知道做事的方法可以让工作化繁为简，

对失败有防范，对成功有预判。

第 8 章
包装设计开始前的准备工作

许多企业在和包装设计公司合作初始，总是希望可以在最短时间内设计出一件双方满意的包装。他们往往最爱问两个问题：设计一款包装多少钱？设计一款包装需要多长时间？他们找的好像并不是一家包装设计公司，而是一家快递公司。

其实，影响包装设计报价与时间的因素很多，它不仅和包装设计师的知名度与设计水平有关，也和设计公司可以提供的服务内容与设计流程有着很大关系。有些公司只负责包装的美学设计，有些公司可以提供从市场调研、品牌定位、营销策略导入，到包装设计、印刷签样的产品包装整体营销解决方案。企业与设计师要想创作出一款获得市场认同的、为产品带来良好销售预期的好包装，必须遵循商业包装设计应有的工作流程。

8.1 完整的包装设计 15 步工作流程

一款可以真正带动销售的好包装，并不是由一位专门负责包装美学设计的设计师独立完成的，而是需要不同专业技能的人分工合作。包装设计从起始阶段到最终完成，是企业负责包装工作的市场营销人员，设计公司的策略部门、设计部门、完稿部门，以及制版公司和包装印刷厂等不同企业与个人的一系列组合工作的集合。

一套完整的包装设计工作流程分为设计前期、设计中期、设计后期三个阶段，包含市场调研、策略梳理、工艺确定、工作任务下达、创意设计、创意提案、消费者定量调研、设计修改调整、消费者定性调研、包装完稿制作、包装打样、包装完稿调整、包装文件的检查与储存、包装制版与印刷签样、包装大货生产 15 个步骤，如图 8-1 所示。

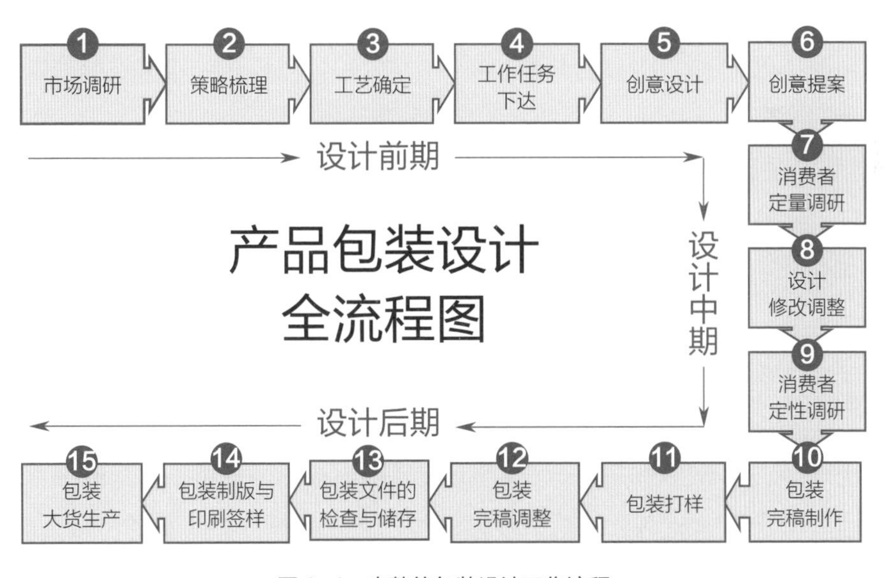

图 8-1 完整的包装设计工作流程

1）**市场调研**。包装设计最重要的作用是为企业商品销售服务，所以包装设计工作开始阶段的市场调研工作十分重要。市场调研内容包括产品消费趋势、产品市场潜力、竞争产品优劣势对比、目标消费人群状况、购买驱动因素等。同时，还需要收集竞争对手的产品包装样品。精确的市场调研可以为包装设计工作提供准确的依据。

2）**策略梳理。**由于大多数包装设计师只专注于美术创作，对于客户、产品、市场竞争环境、目标消费者了解较少，所以需要策略人员首先梳理清晰产品的营销策略、品牌定位，确定好包装设计方向，设计师才能展开包装设计工作。只有通过策略梳理，将企业的需求与目标消费者需求巧妙融入包装设计中，才能让产品真正获得目标消费者的青睐。

3）**工艺确定。**不同的包装容器形状与材质、包装标签材料、包装印刷工艺，与企业的产品成本测算、最终包装的货架呈现效果息息相关。开始设计前，包装设计师必须明确产品包装容器与标签的各部分工艺与印刷要求，甚至需要提前和容器制造厂、包装制版公司、包装印刷厂进行设计前的技术沟通，才能保证包装设计工作的顺利进行。

4）**工作任务下达。**明确清晰的包装设计工作任务下达，对于保证包装设计工作顺利进行非常重要。企业对设计公司的工作任务下达应该以书面简报方式完成。包装设计工作简报包含设计目的、设计背景、具体设计内容阐述以及明确的包装设计评定标准。包装设计工作简报是企业与设计公司针对包装设计指导原则以及评定标准达成的协议。

5）**创意设计。**包装设计创意体现在多个方面，包括包装容器的材料、造型、结构设计，标签画面的字体、图形、色彩、排版设计。产品包装是美学艺术与商业价值的结合体，是包装设计师将自身美学视觉表现的独创性与目标消费者的大众审美相结合的产物。包装设计还要注意品牌、产品名称、产品卖点、产品系列的呈现，既要在主要展示面上通过清晰的层级传递出产品的准确信息，又要联系包装不同的面、体关系，调和视觉与信息的主次关系。同时，强大的包装视觉规划系统还对企业的品牌、品类、产品管理起到非常重要的作用。设计师在包装设计过程中还应该注意包装上用到的字体与图案是否侵权，内容是否符合相关品类包装的法律、法规要求，包装设计是否符合最终印刷制作要求。

6）**创意提案。**提案是设计公司与企业营销负责人，就产品包装设计进行深入探讨的过程。很多企业不会听取包装设计公司的创意提案，或者只是简单地通过电话会议沟通完成提案。但是，当包装设计提案内容涉及产品策略、品牌定位、品牌命名、品牌设计时，包装设计公司的策略负责人与主创设计师亲自向客户企业现场提案就变得非常必要。因为仅通过对提案文件的简单理解，不进行面对面沟通，是无法对提案内容有深刻理解的。企业只有和设计公司面对面地针对产品策略与包装设计出发点进行充分探讨，才能够对接下来的包装设计调整工作做出明确判断。提案过程需要企业与设计公司的主要负责人全程参与。

7）**消费者定量调研。**当企业无法确定哪个方向的设计方案会受到目标消费者青睐时，可以通过消费者定量调研的方式进行判定。产品包装的定量调研可以通过网络调研或线下问卷方式完成，对定量调研获得的数据进行分析，可以获得目标消费者的消费倾向和需求喜好。在企业内部征询一定数量的目标人群意见也是一个很好的选择。

8）**设计修改与调整。**包装设计创作过程中的不断精进修改是正常的现象。结合客户意见或调研结果，进行设计修正与细节调整，才会最终产出一件精致完美的包装设计作品。一个产品包装往往会经过多次的修改调整。

9）**消费者定性调研。**产品包装设计基本定稿后，企业经常还会进行消费者定性调研测试，以确定企业希望包装传递的全部信息都被准确清晰地传递了出来，以及消费者可以第一时间捕捉到这些信息。定性调研一般会采用目标消费者分组问询方式完成，需要有真实的包装实物打样，有时还会将包装实物打样与竞品的产品包装一起陈列在模拟货架上，通过眼动仪进行比较测试。包装定性调研完成后，设计师还会根据调研结果再次调整包装设计。

10）**包装完稿制作。**完稿是将包装设计草稿最终制作成可印刷的印前文件的过程。包装完稿工作具有很强的专业性。完稿师会按照印刷制版要求，对设计师包装效果图上的图像与文字进行符合印刷要求的最终技术处理。

11）**包装打样。**包装打样分容器打样和标签打样两个部分。容器打样有 3D 打样和开模打样两种方式，其中开模打样需要较长时间。而标签打样是包装标签印刷前的一个模拟印刷过程。包装的标签打样也是设计公司和企业对于标签设计效果是否符合要求做出最终认定的依据。设计公司会通过包装打样来进一步检查、调整包装完稿中出现的问题，向企业提供进一步的包装设计改进建议。

12）**包装完稿调整。**许多时候，包装的打样不会只做一次完成。只有针对多次包装打样稿件发现的问题，进行包装完稿的校正与调整，才能保证最终包装成品完美无缺。

13）包装文件的检查与储存。包装设计文件的最终检查与储存，无论对于消费品企业还是包装设计公司都非常重要。包装完稿文件一旦出错，轻则导致包装印刷损失，影响产品上市时间；更严重的，错误的产品包装进入消费流通市场，甚至会给企业产品和品牌信誉带来不可估量的损失。企业与设计公司都应该建立一套完整的包装文件检查流程与签批制度。产品包装负责人必须通过严格的检查与审批，确保包装设计最终文件的准确性和规范性。同时，由于完稿文件还会在不同设计公司、制版公司、印刷工厂间流转，不同电脑软件版本与字体格式也会影响包装文件打开的正确性。此外，企业经常还会在一定时间对原有老包装进行升级调整，对最终正确版本包装文件的保管与储存，对于企业与设计公司十分重要。

14）包装制版与印刷签样。在包装的制版与印刷环节，有一句行业惯用语："包装印刷的好坏，九分靠制版一分靠印刷。"包装制版的好坏，直接决定了包装成品印刷的品质高低。包装印刷时的上机签样也十分关键。签样也被称为对包装成品的色彩管理，是包装进行批量生产前的最后一道检验环节。

15）包装大货生产。包装大货生产是企业包装从设计到产出的最后环节，每次大货生产都需要严格按照包装的印刷签样标准进行监督和检验。

8.2 包装设计工作开始前的 20 条自查清单

包装设计是企业非常重要的市场营销工作。要设计一款被市场认可的包装，需要企业在包装设计工作开始前，先充分梳理影响包装设计的 20 条自查清单。这 20 条清单包含两部分，关于产品市场营销问题的 13 条清单，和关于包装排版与后期印刷问题的 7 条清单。

关于产品市场营销问题的 13 条清单

1）明确是对现有核心产品进行包装升级，还是为新产品做全新包装。企业对于新产品的包装设计，往往需要以满足核心目标人群需求、体现市场竞争优势为指导原则，突破创意的边界。但是，对于已经在消费者脑海中建立了强烈市场认知的现有核心产品，包装升级工作一定要考虑如何留住老客户，再建立新人群对于产品的认知。有时候企业与设计公司对核心产品包装做了很大胆的创新调整，但新包装不仅没有赢得新顾客的青睐，还丢失掉原来忠实的老顾客。

2）**明确市场定位。**准确的定位是包装设计工作的前提，更是衡量包装设计是否符合企业要求的标准。商业包装设计就像写文章，不能跑题。明确的市场定位，不仅可以给出正确的设计方向，更是指导品牌命名和品牌视觉 IP 形象设计的核心。

3）**明确品牌命名。**品牌名称往往是包装设计的视觉核心点，决定了消费者对于产品的第一印象。如果不想自己产品上市后被别人模仿，首先就要在产品包装上设计一款具有独特识别性的品牌标识，为产品建立起品牌壁垒。

4）**明确产品目标消费对象。**每个产品都会有它的核心目标消费人群，但并不是所有的目标消费者都是产品最终购买者，而且即使是购买了产品的顾客也不一定是产品的最终使用者。产品包装设计师在捕捉目标消费者需求的同时，要做到兼顾产品购买者的货架识别度、购买动因，与使用者的使用心理、使用场景和使用习惯。

5）**明确消费者购买与使用场景。**自用的产品包装和用于送礼的产品包装在设计上有很大区别。一个新产品的包装设计，包装正面注明“新产品”可以激发起许多希望尝试新品的消费者的购买欲望。促销产品的包装设计上突出“多送 20%”“再来一瓶”“100% 中奖”等信息远比漂亮的画面更容易让消费者产生购买冲动。

6）**明确产品卖点。**哪些产品卖点能够打动消费者，这些卖点与竞争对手相比，是否具有优势。产品核心卖点会通过图形或文字形式展现在包装上。只有产品有卖点，消费者才会有买点。

7）**明确产品销售区域。**不同区域人群的品位差异很大，一二线城市消费人群与乡镇市场消费人群对包装的关注点存在很大差异。如果企业推出的产品以区域销售为主，不同销售区域的包装风格差异是进行设计时必须注重的问题。

8）**明确产品销售渠道。**明亮的超市和杂乱的街边小店的产品陈列环境非常不同。很多只在餐饮特殊渠道销售的饮料，其产品包装从容器大小到画面设计，都和在其他渠道销售的饮料非常不同。今天，许多产品的销售已经从传统线下渠道扩展到线上电商渠道，许多线下渠道的产品包装，也需要和线上渠道的产品包装进行一定区隔。

9）**明确产品对标的竞品。**包装是企业的产品在销售终端货架上最有力的市场竞争武器，应该充分体现产品的竞争优势，所以，必须在包装设计工作展开前，了解产品的竞争对手到底是谁，他们的产品都有哪些优势，包装都有什么特点。而对标竞品指的是陈列在同一个销售区域的相同销售渠道、面对同样的购买人群，与自己企业的产品产生市场竞争的同类产品或相关产品。包装设计的差异化来自与对标竞品包装的货架比较。

10）**明确产品的定价范围。**价格决定了你的产品在同类产品中，属于高附加值产品，还是物美价廉的产品。包装设计的风格和调性需要与产品定价相符。

11）**考虑产品线规划。**设计产品包装时，还需要考虑该品牌未来的产品线延展。没有完整产品线规划思考的包装设计，会让产品包装越做越乱，品牌越做越模糊。包装设计的产品线延展规划需要考虑母品牌、子品牌、品类、规格、口味、功能、货架陈列原则等多个方面。

12）**考虑包装成本核算。**包装的成本涉及包装结构成本、材料成本、印刷颜色成本、制作工艺成本，没有测算包装成本就展开包装设计，往往会导致包装最终的生产成本超出企业预算，对产品销售利润造成很大影响。

13）**考虑产品市场推广需要。**产品包装上的很多设计元素，如品牌标识、颜色、Icon、IP 形象、辅助图形、照片、插图等，都有可能成为产品上市后传播推广物料中的重要元素。但是由于包装的尺寸较小，上面的图案和照片等设计元素被放大运用到大规格传播物料设计时，往往会出现图像精度不够、模糊不清的现象。所以企业在设计产品包装前期，还应该考虑包装上的哪些设计元素会被应用在将来的传播推广物料中，以便在包装设计时就做好这些元素的高清图。

关于包装排版与后期印刷问题的 7 条清单

1）**包装容器。**包装画面会围绕包装容器展开设计，容器与标签共同组成一个完整的包装。产品容器的形状、规格、尺寸需要在包装设计前明确。

2）**包装技术图。**产品包装标签或包膜的标准展开技术图，与标明包装正面可视面积的包装成品技术效果图，需要在包装设计工作开始前提供。

3）**包装必要视觉元素。**品牌标识、品牌标准字体、品牌 IP 形象、产品图片等所有在包装上出现的必要设计元素，企业都需要提供给包装设计公司。如果企业有品牌使用规范或包装设计规范，也需要提供给设计公司。企业对于自己的品牌与产品包装出现在消费者面前的统一视觉形象，需要时刻维护。

4）**包装正面信息的排列顺序。**包装正面的品牌标识、产品名称、产品卖点、产品图、净含量等所有内容，要有排列顺序，以避免包装标签上的信息混乱不清、消费者无法清晰辨别。

5）**包装全部信息内容。**包装设计是360度的立体设计，设计师在设计前期，就要考虑包装不同展示面、不同信息的合理布局。除包装正面信息外，产品配料表、营养成分表、产品制造商、生产厂、法规信息、条形码、二维码等其他信息，都需要在包装设计工作开始阶段提供给设计公司。

6）**包装的印刷材质以及印刷工艺。**产品包装的印刷材质、印刷工艺对包装的最终呈现效果至关重要。使用几色印刷？是否允许有专色？是否可以加入特殊工艺？这些问题都需要在包装设计工作展开前加以明确。

7）**企业生产线。**包装设计师在开始设计前，有时还需要对企业的生产线进行了解。不同企业的生产线对于包装容器的高矮、宽窄、瓶口灌注尺寸大小、包装形式、标签贴标方式、印刷工艺等的要求都不尽相同。即使是相同的产品，如低温液奶的利乐包装和康美包装，在印刷材质和工艺上也有很大区别，在包装设计过程中都需要区别对待。

许多企业负责包装设计的市场营销人员或包装设计师，认为梳理以上这些内容太繁琐，理解这些内容也太花时间，会拖延包装设计的进度，影响产品上市时间。但是请相信，在包装设计开始前，明确以上20条自查清单信息，不仅不会延长设计时间，还会缩短设计的工作周期。同时，在这里还需要提醒大家的是：**企业不整理清楚产品相关的市场营销问题，以及包装排版与后期印刷问题，是不可能设计出可以真正带动产品销售的好包装的。**

8.3 好包装设计源自好简报

包装设计工作简报又可以称为包装设计工作单。今天，许多企业在给包装设计公司下达设计任务时，都没有开具包装设计工作简报的习惯。许多包装设计公司尽管做了多年包装设计，甚至都没有听说过设计工作简报。

如今，许多企业会通过电话对设计公司说“我需要设计一款产品包装”，再简单沟通几句，稍微好一些的也仅仅是提供几页表述并不清晰的文件。双方就会在这种模棱两可的状态下匆匆展开工作。接下来就是企业在不停修改中不断增添新的要求，以及加入本没有参与工作的各色人的不同意见和想法，在一片混乱中让彼此不知所措。面对这种情况，唯一的解决办法就是在设计工作开始前就开具一份清晰的包装设计工作简报。

在包装设计工作开始阶段，开具一份清晰的工作简报非常重要。**一份清晰的包装设计工作简报不仅要告诉设计公司做什么，还要告诉他们产品的优势是什么、为什么要做包装设计，以及做完后希望达到的目的是什么。一份简洁、明确的包装设计工作简报会是开启包装创意的钥匙。同样，一份糟糕的工作简报也会带来灾难性的后果。**当年，我工作的 4A 广告公司对于一份糟糕的工作简报曾经有这样一个形象的评价：吃垃圾，只会吐垃圾（Garbage in，garbage out）。

一次，我参与一家国际企业非常重要的新产品的包装设计工作，该公司市场部负责人和我们约好会议时间，听取她的简报内容。可是这份设计工作简报却写得非常不清晰，甚至连产品都还没有定型，品牌名称也没有确定，品牌 IP 到底用什么形象也没有确定，对目标消费者的需求描述也是模棱两可，更不要说产品卖点挖掘了。但是客户却提出，设计公司要在两周之内完成包装设计工作，并且还需要完成品牌标识与卡通 IP 形象的视觉设计呈现。当时在会上，经过一番激烈讨论后，我指出：面对这样的设计工作简报，我们不清楚目标消费者的需求，无法提炼产品卖点，没有品牌命名，也无法展开品牌标识与 IP 形象设计，更无法在这么短时间内完成包装设计任务。

最终，客户接受了我的建议，3 周以后重新给我们提供了一份清晰的设计工作简报，不仅明确了品牌名称、IP 形象要求，提供了清晰的产品卖点，还附上了许多竞品调研资料，用来帮助设计师更好地理解工作。之后，我们短时间内帮助客户顺利完成了设计任务，产品上市以后也为企业带来了很好的销售成绩。

一份清晰的包装设计工作简报，需要向设计公司的创意设计人员做出包装设计需求与目的的明确解释。为什么做？该做什么？怎么做才是项目成功的评判标准？

包装设计工作简报是企业开展包装设计工作前，给到设计公司最重要的指导文件，是企业与设计公司针对包装设计指导原则达成的协议，也是设计公司的包装设计成果最终是否符合企业要求的评定准则。同时，工作简报的书写过程也可以帮助企业所有市场营销相关人员，梳理清晰产品的市场营销策略和思路。一份完整的工作简报需要企业内部负责包装工作的全体人员，自上而下达成一致意见，并确保信息是完整的。

不得不承认，今天许多消费品企业负责包装设计工作的产品负责人，已经没有了开具一份好工作简报的能力，甚至许多人都没有听说过设计工作简报。这是因为，从前开具一份好的简报并不是企业市场部的事情，而是全案广告公司客户部的工作范畴。过去企业与广告公司的合作模式是，企业负责生产一流的好产品，广告公司负责产品的全部市场策划、品牌打造、包装设计、创意传播推广工作。

那时的企业产品经理会全权负责产品从研发到上市推广的全部工作。同时，一家全案广告公司会完成企业的一个产品从市场调研、品牌定位、包装设计到广告创意、媒介策划、渠道活动的大部分市场营销推广工作。那时的全案广告公司虽然很忙碌，但也更有成就感。广告公司会在产品研发阶段就参与到企业的市场营销行动中，甚至会和企业一起进行产品研发时期的消费者调研与市场走访，对企业的品牌、产品以及市场竞争环境都非常了解，熟练掌握包括产品策略、品牌定位、创意设计、传播推广在内的所有工作。

所以，当时的工作简报往往是由广告公司内部具有策略思维导向的、非常了解企业的客户总监或资深客户经理，经过和客户的深入商讨后开具给创意部门的。当时开具一份清晰准确的工作简报，是衡量广告公司客户部相关人员专业性的重要标准。

但是今天，原本交由一家广告公司全案完成的市场营销推广工作，已经被拆解得非常细碎。企业的市场调研工作有调研公司，品牌定位有咨询公司，包装设计有设计公司，传播有线上互联网传播公司、TVC 视频公司以及线下营销活动执行公司，媒介购买有媒介代理公司。另外，如今兼备优秀的市场营销策略思维、品牌传播意识以及创意设计能力的市场导向型包装设计公司非常稀有。包装设计公司的主创人员往往都是美术专业出身，仅仅会针对产品的包装美学提出自己的独到想法，并没有市场营销意识，也不会参与到企业的产品研发、品牌定位、传播推广过程中。

企业与包装设计公司的合作模式往往是，企业推出一个产品，在前期市场调研、消费者研究、产品研发、品牌定位等市场营销方面做了大量工作，沉淀了大量结果性数据和结论，但是只将包装设计部分交给设计公司完成。负责包装设计工作的设计师，对市场洞察、产品卖点提炼、目标消费者研究、品牌定位、市场竞争环境和营销策略并不感兴趣。这些设计师也大都没有仔细阅读设计工作简报、理清前期设计思路的习惯，因此也不可能设计出一件让市场满意的好包装。

包装设计工作简报的重要作用

包装设计工作简报的核心是企业与委托设计公司的工作交接文件，可以保证双方对于设计需求信息的一致性。同时，企业负责包装设计项目的相关人员，也可以对包装设计工作有一个统一的评判标准。包装设计工作简报可以在企业与设计公司进行充分讨论后共同撰写完成。设计公司在工作展开前对工作要求了解得越清楚，进行包装设计时心里就越有底。包装设计工作简报除了可以帮助企业与委托设计公司理清设计思路，还可以起到以下作用：

- 作为企业与委托设计公司项目交接的依据与合约文件，是衡量包装设计是否符合企业要求的评定标准。
- 作为企业内部不同部门、企业与设计公司每次开沟通会议时讨论与回顾的参照标准。
- 作为企业内部共识文件，要求企业内部所有参与包装设计的人员，在向设计公司下达包装设计任务前，就简报提出意见，保障所有人对任务的问题与目标理解相同。
- 在企业感觉包装公司的包装设计方向出现问题时作为与设计公司进行沟通的凭证。
- 作为新入职员工迅速了解企业产品的重要培训工具，作为下次对包装设计进行延展或升级调整的依据，保证产品包装与品牌的持续健康发展。
- 作为包装调研阶段的参考依据，在进行消费者包装调研测试时作为总结测试结果成功与否的标准框架，确保正在调研测试的产品包装按照工作简报成功标准中的内容执行。
- 作为企业内部法务及其他包装审核部门的审核依据，让企业内部法务部门通过工作单，可以评判包装设计内容是否存在商标、知识产权等方面的风险。

开具一份优秀的包装设计工作简报并不简单

一份好的包装设计工作简报，需要围绕正确的产品市场定位和营销策略来撰写。如果设计工作开始前的营销策略决策错误，则满盘皆输。

包装设计工作简报最终是要给包装设计人员看的，因此必须要让设计人员看懂才行。设计工作简报与产品市场营销策略撰写方式不同，需要依据设计人员的阅读习惯

撰写。好的工作简报不应成为约束包装设计师创意想象力的枷锁，而应该给创意插上想象力的翅膀。撰写一份优秀的包装设计工作简报包含三个写作阶段：

（1）前期广泛收集市场与产品的详细资料，发现问题。通过洞察市场，了解目标消费者需求，清楚企业的产品与竞品的差异点在哪里，知道生意机会在哪里，明确包装设计的最终目的。

（2）中期通过分析思考，深入挖掘出产品的核心卖点，确定产品的品牌定位，制定出产品市场营销策略，明确包装设计需要解决的问题，再提炼有价值的内容进行撰写。此外，在将工作简报交给设计公司之前，还要在企业内部达成共识。

（3）后期与设计公司就简报内容进行充分讨论，确保设计师真正理解企业的需求。把所有问题都摊开聊清楚后，再对简报不清晰之处进行修改，从而完成最终撰写。

撰写包装设计工作简报时需要避免：

- 没有相关信息支持，只是将领导的要求直接转化为工作简报；
- 缺乏对简报整体脉络的掌握，只是将许多信息进行大杂烩式的拼凑组合，仅靠剪切和粘贴拼凑成一份工作简报；
- 简报冗长，导致设计公司不明所以或感到厌烦，草草看下就开工。
- 产品上市时间紧张，没有清晰明确的品牌定位与市场营销思路，没有经过思考就匆匆撰写简报。
- 给出非常具体的美术画面指导建议，限制包装设计师的创造力。

也许很多企业市场部人员觉得写设计工作简报是一项很烦琐与耗时的任务。但是，包装作为企业产品转换成商品的重要营销要素，是产品的第一广告，承载着企业商品在销售终端获得消费者青睐的最重要任务。请相信，多花一些时间梳理清包装设计工作简报的全部内容，不仅可以为设计工作节省时间，而且能够帮助你的产品在推向市场以后获得良好的销售成绩。

8.4 如何撰写一份清晰的包装设计工作简报

以下是我结合自己多年工作实践总结的包装设计工作简报模版，这份模版既适用于企业，也适合设计公司，供大家参考。一份标准的包装设计工作简报分为项目信息、核心内容、包装设计时间排期及其他注意事项、设计成果交付及签批四个部分。

第一部分：项目信息

在包装设计工作简报的第一部分，首先需要填写清楚企业（客户）名称、品牌、项目名称、包装设计类型、工作单号、工作发出时间、产品（预计）上市时间、产品销售区域与销售渠道、项目管理核心团队成员、委托设计公司 10 个信息，这便于企业或者设计公司对于此项包装设计工作的分类管理。如图 8–2 所示。

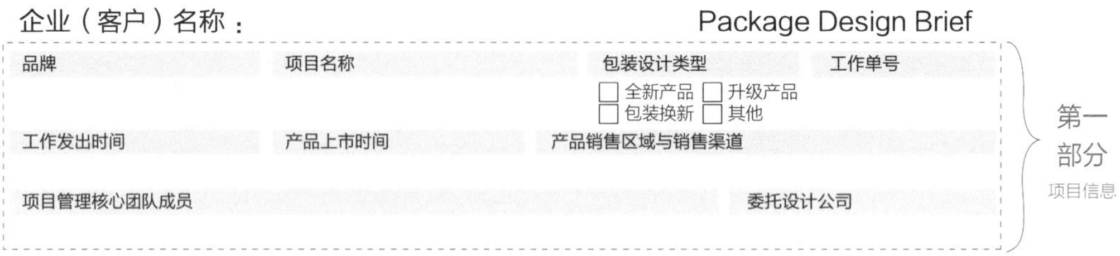

企业（客户）名称： Package Design Brief

品牌 项目名称 包装设计类型 工作单号

□全新产品 □升级产品
□包装换新 □其他

工作发出时间 产品上市时间 产品销售区域与销售渠道

项目管理核心团队成员 委托设计公司

第一部分
项目信息

图 8–2 包装设计工作简报第一部分

企业（客户）名称：企业的全称。

品牌：企业需要设计包装的品牌名称。

项目名称：清晰的项目名称阐述，例如，XX 品牌功能食品系列包装设计。

包装设计类型：明确是全新产品的包装设计，还是升级产品的包装设计，是老产品的包装设计延展（包括新 SKU、新规格、促销装、定制礼盒），还是老产品的包装升级焕新。

工作单号：每一项包装设计工作都应该有一组完整的项目工作单号，便于企业、设计公司对于众多包装设计项目的管理。项目工作单号需要包含企业名称、品牌名称（产品名称）、设计时间，以及是该产品的第几次包装设计。工作单号可以采用英文拼写（或拼音简写）和数字的组合。

工作发出时间：清晰标注简报的发出时间，便于对整体项目的时间进行合理管控。

产品上市时间：企业展开一项包装设计工作，从开始到最终大货生产，涉及设计、调整、修改、完稿、打样、印前检查、制版、印刷等多个环节，需要企业内部多个部门审批检查，还需要设计公司、制版打样公司、印刷厂等多家企业配合，有时还需要进行消费者包装调研。但是每个产品的上市时间不容耽误。注明产品预期上市时间，便于企业与设计公司对包装设计项目的整体进度把控。

产品销售区域与销售渠道：不同销售区域的产品包装设计在注意事项与设计细节方面会有许多不同。不同销售渠道，如线下与线上、to C 市场与 to B 市场的产品包装也会有所区别。

项目管理核心团队成员：许多企业的产品包装要经过企业负责人、总经理、战略品牌部、市场部、技术部、法规部、销售部等不同部门的审核批准。包装设计工作简报的内容也应该让相关部门相关人员知晓。

委托设计公司：注明委托设计公司的名称。

第二部分：核心内容

设计工作简报第二部分核心内容是其精华所在。项目负责人在撰写此部分内容时，需要调取大量相关数据，要对市场竞争状况、目标消费者核心需求、产品的差异化竞争优势、产品营销战略、产品品牌定位都已经进行了充分思考分析，有了清晰思路后才可以撰写。此部分内容有时甚至还需要项目负责人与产品研发团队、调研公司、营销策略公司、包装设计公司的主创人员一起商讨完成。在撰写完成以后还需要与主管领导以及包装设计公司进行充分沟通，确保设计方向和目标统一，大家对简报所有内容达成共识。在遇到问题时，还需要进行修改。

此部分内容包含：设计项目内容、项目目的、项目背景、品牌及产品介绍、目标消费人群、消费者需求与消费场景洞察、市场竞争环境洞察、产品与品牌带给消费者的利益（RTB）、包装设计风格与调性、包装正面必要信息内容及传递优先层次、包装设计注意事项、包装其他文字内容、项目成功的衡量标准等 13 个部分，如图 8–3 所示。

设计项目内容：企业具体要做什么包装设计，是否需要设计品牌字体、包装容器、包装标签、包装外箱，是否包含不同口味、不同功能、不同规格的 SKU 产品线延展包装。

项目目的：准确地表达此项工作需要达成的目的非常重要。这里需要特别提醒的是，工作目的要尽量阐述得具体准确，不要过于笼统模糊。比如，“我们需要为我们 ×× 品牌的新产品设计一个漂亮的包装”是模糊的，你真的确认你只是需要一个漂亮的产品包装，而不是一个好卖的产品包装吗？再比如，“我们需要对我们的核心产品进行包装升级，我们希望新包装比老包装更时尚、更漂亮、更吸引年轻

Package Design Brief

设计项目内容 □品牌设计 □容器设计 □标签设计 □包装延展 备注:	项目目的 此次包装设计需要传递什么信息/达到什么目的
项目背景 包装设计的动因\面临的问题	品牌及产品介绍 品牌和产品介绍
目标消费人群 产品的核心目标受众（购买者、使用者）	消费者需求与消费场景洞察 产品的核心目标受众（购买者、使用者）
市场竞争环境洞察 市场状况、市场上的竞争对手、竞品的产品特点、竞品传播核心、竞品的包装样子	
产品与品牌带给消费者的利益（RTB） 消费者为什么会购买我们的产品\产品的卖点有哪些	包装设计风格与调性
包装正面必要信息内容及传递优先层次	包装设计注意事项 包装设计涉及的企业品牌使用规范及法律、法规要求
包装其他文字内容 营养配料表、工厂信息、企业信息、条形码、环保标注等	项目成功的衡量标准 判断包装设计是否达到要求的标准

第二部分
核心内容

图 8-3 包装设计工作简报第二部分

人的注意”的表述也不够准确，你真的确认需要一个完全和老包装不一样的新包装吗？但是，项目目的也不能阐述得过于具体，这样也会限制包装设计人员的想象空间，难以发挥他们的创作优势。比如，有的企业会说：“我们的产品包装在销售终端无法获得消费者的关注，我们希望换一个更鲜艳的颜色。”但是，你确认只需要一个更鲜艳的颜色，就可以解决产品货架关注度的问题吗？再比如，有的企业会要求：“我需要给产品包装配一幅更好看的插画，因为市场领先者的产品包装就是用了一幅更好看的插画才获得了销售的成功。”但是，你确认领先者的市场成功仅仅是因为一张包装插画吗？你不想尝试一下更新颖的、超越竞争对手的包装创意方式吗？

项目背景：清晰阐明产品目前所属品类的市场发展状况、项目动因以及企业和产品目前面临的市场问题。工作开始前首先要阐明问题，只有解决了问题，才能达成目的。

品牌及产品介绍：让设计公司尽量多地了解企业的品牌历史、品牌背景、品牌价值，以及产品背景和产品状况，可以帮助设计师更好地把握包装设计的方向与重点。

目标消费人群：不仅要明确指出产品核心目标受众的年龄、性别、教育程度、收入状况、居住区域等，还要分清产品的购买者和使用者。包装作为产品货架表现力的体现，在其设计中最重要的一点就是对购买者购物行为的捕捉。

消费者需求与消费场景洞察：清楚描述目标消费者的喜好与购买决策习惯。满足目标消费者的需求，是影响消费者购买行为的最重要因素。

市场竞争环境洞察：包括整体市场竞争状况如何，以及竞争对手都有哪些。同时应该清楚说明竞品的卖点、竞品包装的样子、竞品的品牌价值核心与主要传播诉求。只有充分了解了市场竞争环境，做到知己知彼，才能发现差异化的市场机会。企业在寻找竞争对手时，最容易犯的错误是定义竞争对手的方法不对。真正的竞争对手是和企业的产品在同一个销售区域，摆在同一个货架上，面对同一群目标消费者的相似产品。

产品与品牌带给消费者的利益（RTB）：产品利益是消费者购买企业产品的理由。产品利益点是通过品牌定位提炼出的产品卖点精华，包括产品的功能利益和品牌的情感利益。好的利益点表述在 5~7 字之间，简短明确、容易记忆。

包装设计风格与调性：每个品牌的包装都应该有其独特的设计风格与调性。包装设计的风格调性必须与品牌个性保持一致，是产品品牌价值的视觉体现，从而形成消费者对于品牌的感官认知。产品包装拥有明确的设计风格与调性，不仅是让产品区别于竞品的有力保障，而且这种风格调性甚至会贯穿品牌长期的传播推广中。

在对包装设计风格与调性进行表述时，需要避免空洞的、无法通过视觉语言实现的词汇，如“高端、大气、上档次，有视觉冲击力”等词，而应该尽量用清晰、直接、可形象化的词汇，如清新淡雅、自然健康、阳光的、自由气息，体现专业、好品质。无印良品的所有包装设计风格，都充分体现了其品牌向消费者传递的核心价值：不强调所谓的流行感或个性，只突出简约、平实、好用、自然纯粹、好品质的安心生活。

包装正面必要的信息内容及传递优先层次：包括包装正面出现的品牌标志、产品名称、口味全称、产品卖点、品牌口号、净含量等所有具体文字内容。为了保证产品包装需要传递的所有信息都可以被消费者清晰地阅读，企业在提供给设计公司包装正面所有必要信息内容时，还应该依据从主要到次要的顺序，表明不同信息的优先排列顺序。

包装设计注意事项：包装设计中涉及的品牌使用规范，以及法律、法规对包装文字与一些图形的描述与放置规定。比如，在药品、保健品包装设计中，相关法规对于产品名称和品牌名称、保健品“蓝帽子”标识的使用，有着严格的位置、大小和文字描述规范。同时，在包装设计注意事项中，也需要清晰注明企业对包装设计的一些限制条件。比如，必须遵照企业品牌管理手册设计包装上的品牌标识；企业不会额外花费拍照、修图、租图或插图费用。

包装其他文字内容：包装设计不是平面化的，而是360度的。企业越早提供包括产品配料表、营养表、使用说明、企业与生产工厂信息、条码、环保标注等相关文字内容，设计公司可以越早进行包装整体设计考虑。

项目成功的衡量标准：判断包装设计是否达到要求的标准。企业应该以准确明晰的文字，告知包装设计公司对于包装设计的评定要求。这同时也是衡量包装设计公司最终作品是否符合工作简报要求的衡量标准。例如：

- 包装必须传递出品牌的核心价值。
- 对品牌标识的设计要醒目突出且个性鲜明。
- 对产品卖点的传达做到简单、易懂、清晰。
- 包装设计需要准确传递产品的品类属性，并充分考虑产品线未来的延展。
- 设计须彰显品牌作为行业领导品牌的专业性与安全性。
- 包装正面信息沟通优先次序清晰。
- 包装在终端货架与竞争对手相比有显著的差异与竞争优势。

第三部分：包装设计时间排期及其他注意事项

包装设计工作简报的第三部分，包装设计时间排期及其他注意事项，如图8-4所示。

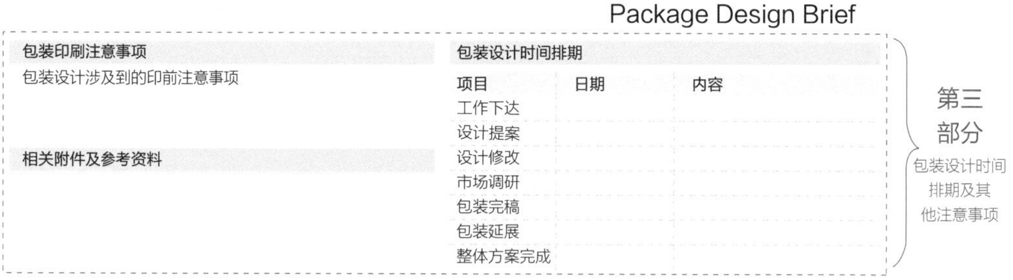

Package Design Brief

包装印刷注意事项

包装设计涉及到的印前注意事项

相关附件及参考资料

包装设计时间排期

项目	日期	内容
工作下达		
设计提案		
设计修改		
市场调研		
包装完稿		
包装延展		
整体方案完成		

第三部分

包装设计时间排期及其他注意事项

图8-4 包装设计工作简报第三部分

包装印刷注意事项：应该告知设计公司包装印刷注意事项，如印刷材质（纸张、塑料、镀铝膜、金属、利乐包等）、印刷工艺（几色印刷、是否可以使用专色印刷、是否可以使用特殊工艺印刷等），以便包装设计的最终完美落地呈现。

相关附件及参考资料：企业需要将包装设计工作需要的所有相关文件资料提供给设计人员。如包装技术图、包装容器工程图和效果图、品牌标识矢量文件、产品图片等相关元素，以及品牌 VI 使用规范、包装设计规范等相关资料。如果是对企业原有产品的包装升级调整，还需要提供原产品包装的展开完稿文件。

包装设计时间排期：对于包装设计的有效时间管理，是新产品按时上市的保证。

第四部分：设计成果交付及签批

包装设计工作简报第四部分内容，涉及包装设计公司的项目成果交付类型，以及整个包装项目企业端与设计公司主要参与者的签字批准，如图 8-5 所示。

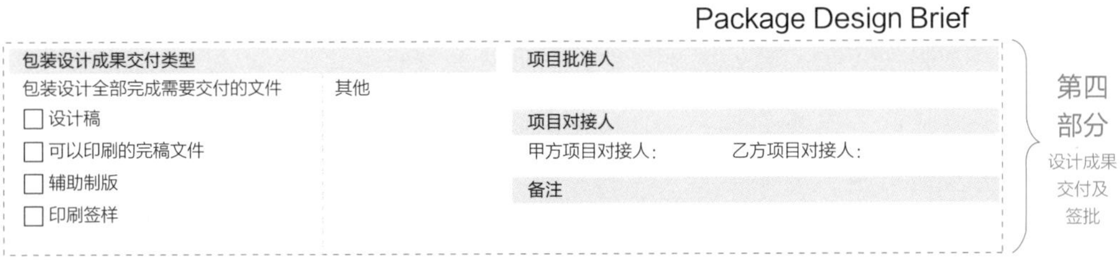

Package Design Brief

包装设计成果交付类型

包装设计全部完成需要交付的文件

- ☐ 设计稿
- ☐ 可以印刷的完稿文件
- ☐ 辅助制版
- ☐ 印刷签样

其他

项目批准人

项目对接人

甲方项目对接人：　　乙方项目对接人：

备注

第四部分
设计成果交付及签批

图 8-5　包装设计工作简报第四部分

包装设计成果交付类型：不同企业对于不同包装设计工作的交付成果要求不尽相同。有些企业有自己的内部设计团队，习惯包装设计公司只交付包装效果图以及相关设计元素就可以，有些企业甚至会委托设计公司负责包装最终在印刷厂的签样监督。

项目批准人：企业包装设计项目最终审批人签名同意，代表企业对于工作简报上的全部内容都已经认可，这些内容将作为最终评定包装设计的统一标准。

项目对接人：填写清楚明确的企业与委托设计公司的项目对接人，便于包装设计进行阶段的跟进管理。

备注：补充包装设计工作的其他注意事项。

对待包装设计工作简报的正确态度

我在智威汤逊广告公司工作时的创意总监、被誉为广告界文案女王的林桂枝小姐在她的《秒赞》一书中，对传播创意工作简报的重要性有着深刻的表述，我在这里适当加以调整和补充：

- 项目启动前期，花时间花精力整理一份清晰的简报，会节省整个项目的时间，避免不清晰带来的各种问题，换来更高的效率。
- 一份好的设计工作简报是指南针，为包装设计指引方向，让设计师知道要解的是什么题，并启发设计师如何进行解题。
- 好工作简报也是包装设计完成后的项目评估准则。
- 设计师要用心阅读工作简报。工作简报的核心是提出问题。提问是思考之始。一切“没问题”往往都会带来大问题。设计师只有清晰了解客户的问题，才能够给出最好的包装设计解决方案。如果设计师对工作简报内容有异议、不明白，一定要在工作开始前主动联系客户，用心讨论，让工作落实得更清晰准确，真心解决问题，从而建立双方信任。
- 设计公司的主创人员对客户不清晰的工作简报说“不”，源于对人对己的责任以及专业的工作态度。
- 以专业对专业，对事不对人。这个过程有时虽有不快，可是专业的不愉快比人情的愉快更有价值，因为前者促进大家进步，最终结果完美；后者得过且过，妨碍业务发展。
- 没有设计工作简报就直接做设计，只会让包装设计师变得越来越不会思考，越来越被动，甚至失去对好包装的判断能力，并且会逐渐对工作失去热忱，没有成就感，不再为工作投入精力。
- 一份混乱不清的工作简报会导致包装设计工作失去方向，最终往往只能依据简单的个人审美对设计产出进行评判，背离商业包装设计“在商言商”的本质，给产品上市后的销售带来灾难性后果。
- 在包装设计工作开始前，包装设计师还必须深入了解客户的产品与品牌，亲自去品尝、去试用、去感受、去体会。

案例：果缤纷——最糟糕的包装升级设计

美国畅销果汁品牌果缤纷（Tropicana）长期占据着北美市场30%的市场份额，是这个品类市场的绝对老大。2009年，经过5个月的筹备，果缤纷启动了产品包装升级计划。但是自我感觉良好的更现代简约的新包装，以及为新包装投入的3500万美元巨额市场营销支出却没有为产品带来销售增长。新包装上市后的一个月内，果缤纷销量骤然下跌了20%，最后导致企业不得不将新包装全部下架，换回了老包装。其实，正是负责果缤纷此次项目的企业工作人员和设计公司在开展工作之前错误的设计工作简报，以及对商业包装设计常识的缺乏，导致新包装形象定位模糊，加上设计师完全基于自我美学意识的糟糕包装设计，市场失败是必然的结果。

果缤纷新包装的设计缺陷显而易见。新包装完全看不见老包装的影子（参见图8-6）。顾客在货架上根本找不到从前习惯购买的产品。果缤纷原来的旧包装上面的各种产品信息元素排列有序，品牌、视觉锤、产品卖点分明。而新包装上的信息却让人完全无法理解。以果缤纷品牌名称为例，之前使用深绿色的、居中的粗体品牌文字，即使消费者站在货架很远处也很容易辨识。而新包装的品牌字体不但变得更细，颜色也变淡，最糟糕的是居然垂直竖排，而且被推到了包装的一个角落上，简直可以说根本不打算让消费者看到。

图8-6　果缤纷新旧包装对比

在包装上清晰地标示出产品最重要的卖点信息，是商业包装设计的基本原则之一。旧包装在顶部的大红框内清晰标示出产品核心卖点：NO PULP（不含渣，纯果汁）。新设计却完全没有考虑这一点，仅仅在包装上标注了“100% orange”，而且信息还被塞进了果汁杯里，从对比清晰的红底白字变成了黄底反白字设计。消费者在货架上选择产品往往是瞬间的决定，包装首先要确保有层次地清晰地传递出产品正确的信息。

插进橙子里的吸管是果缤纷产品旧包装上标志性的视觉识别符号，早已经被消费者所熟悉，是其他品牌的果汁包装都没有的视觉符号，消费者看到带吸管的橙子包装不仅会自动联想到果缤纷品牌，而且还能形象地感觉到产品是100%新鲜原榨的。而新的包装视觉锤改成了橙汁杯，并且被设计在了包装的两边。如果产品没有被调整到45度角摆放，根本看不出来这个图形是一个杯子。新包装没有了带吸管的橙子，怎么让老顾客接受？

新的品牌定位主题“爱”，也同样让人摸不着头脑，无法理解。无论是在品牌传达清晰度还是在传播力上，新主题都很难超越之前的品牌定位“纯粹优质橙汁”。消费者喝橙汁时只是想要一杯优质的100%纯橙汁，喝橙汁为什么需要爱？

Arnell广告公司的创始人兼CEO彼得·阿内尔负责此次新包装的升级工作，他为自己辩解说：“消费者在包装上永远只能看到一个橙子，但为什么不直接展示我们的产品橙汁呢？”这种辩解很有意思，难道还有比橙子更清楚的橙汁标识吗？用橙汁作为包装视觉锤的展示就已经很大胆，再配上一个看起来更像是盛洋酒的高脚杯，让人觉得果缤纷是开始卖橙味酒了吗？

负责品牌升级的阿内尔是当时美国广告界的明星，可是由他亲自操刀的果缤纷包装换新工作却给企业挖了个大坑。他说：“品牌重塑最重要的就是要让品牌变得更新潮、更现代。”但变得现代与追逐潮流有时也会成为“平庸”的代名词。果缤纷的品牌定位太过深奥，新包装设计得太过时尚。对于产品包装来说，漂亮时尚的设计固然重要，但如果不能准确传递产品的价值，漂亮时尚就没有任何意义。

这次失败最有意思的地方是：企业那么多负责包装升级的专业市场营销人员，居然都没有意识到仅仅是一个包装升级的错误，就会为企业造成如此重大的损失，直到市场给出了最真实的答复。也许是因为所有人都过分相信阿内尔当时在广告界和设计圈的名气了。这次果缤纷的包装升级几乎没有做对任何一个地方，唯一可以夸奖的地方是，新包装盖子的设计看上去像是一个真橙子。果缤纷在后来调整回旧包装时，仍然沿用了这个盖子。但是对一个盖子设计来说，3500万美元的投入确实高了一点儿。

其实果缤纷本来可以避免这个错误。相信企业在包装设计工作展开前，并没有通过包装设计工作简报，清晰地告知广告公司此项目是针对企业核心产品的包装升级设计，而不是一个全新产品的包装设计，而且没有和阿内尔就此包装项目进行深入探讨。企业应该知道，如果负责包装设计工作的设计师缺乏对包装所承载的商业常识的深度理解，就不要让他们过度自由发挥。

同时，企业也忽略了一个包装设计过程中的重要环节。在新包装推向市场之前，如果请专业市场调研公司做一下新旧包装的消费者对比调研，这次灾难也就不会出现。在此给企业负责包装设计工作的相关人员提几个建议：

- 包装设计不需要想太多，相较于包装设计的美学艺术价值，消费者看重的是包装对于产品实际价值的简单而有效的传递，而不是让人难以理解的新思想和新潮流。
- 好看因人而异，在包装的合适位置向消费者传递正确的产品信息，才是包装设计的首要任务。
- 要是实在难以确定新包装的优劣，可以花点钱找专业的市场调研公司做一下新包装的市场调研。但是尽量不要在企业内部找几个人问问就算做了调研，这些人大多是当局者迷，或者看见你是老板，不会说真话。
- 既然品牌的包装形象早已深入人心，为什么要选择完全放弃，一味追逐潮流？

第 9 章
漂亮的包装设计稿，不是结束

如今，许多企业将包装设计、延展、完稿制作、制版打样、印刷签样工作，分别交给不同的设计公司、企业内部人员、制版公司、印刷厂来完成，导致本应紧密结合为一体的包装设计、完稿制作、制版打样与印刷签样工作严重脱节。许多包装设计师甚至不了解什么叫包装完稿、制版打样和上机签样，从而使得设计精美的包装无法最终完美落地呈现。同时，许多企业包装工作的负责人不了解包装设计的工艺细节、完稿制作技术、制版打样与印刷签样工作的注意事项，也容易导致包装后期制版与签样工作频频出现问题，但负责人却难以发现其中的真正原因。

9.1 做好完稿与制版打样，才能保障落地效果

包装的完稿制作、制版打样与上机签样工作，是包装设计的最终效果得以完美呈现的重要保障。

包装的完稿制作是将包装设计稿转化成可印刷文件的一个重要过程，具有很强的专业性。包装完稿师会根据设计师的包装设计效果图和展开图，按照印刷制版要求，对包装上的图像与文字进行符合印刷工艺要求的技术处理。资深完稿师不仅要了解设计，还要懂包装的各种印刷工艺与印刷材质。完稿制作工作包括包装的分色、图案清晰度校正、文字排版处理等。包装的许多特殊印刷工艺效果，包括专色、UV、激光、垫白工艺等，都要通过完稿制作才能够最终实现。同时，包装所涉及的一些文字、标签、图像等是否符合法律、法规要求，也要在完稿阶段进行检查和校正，不能出现任何错误。包装完稿师在拿到包装设计师提供的设计文件时，要对包装的图像、文字与印刷工艺进行确认，明确最终包装为几色印刷，还要确认包装技术图是否准确、包装图像元素是否符合印刷精度需求，了解包装的材质与特殊印刷工艺，必要时还需要与设计师和印刷制版厂相关人员进行充分沟通。

不同的包装输出打样稿区别很大

许多企业设计产品包装时都有过这样的经历。在设计阶段，从电脑上看的包装效果图十分漂亮，可是包装印刷出来后的实际效果却很不理想。这是因为经过设计师精心修饰的包装效果图，与实际包装印刷展开文件有着很大区别。而且，许多企业负责包装设计的工作人员，习惯根据自己经常使用的电脑显示器，甚至手机显示屏上的效果，让设计师进行包装颜色调整，确定包装颜色。但是，不同显示器对颜色的显示差异很大，甚至同一台显示器在不同光线条件下，颜色显示都不一样，根本无法对同一个包装的颜色有统一的判别标准。许多专业包装设计公司的苹果电脑显示器，为了保证不偏色，需要每年定期校正颜色，与企业负责包装设计工作人员习惯使用的 PC 电脑、手机显示屏存在很大色差。设计师通过自己的苹果电脑显示

器，来校正客户显示器上的包装稿件颜色，是一件不可能完成的任务。

今天，许多包装设计公司在设计提案过程中，为了将包装呈现得漂亮，还会对包装效果图进行充分的修饰，这种过渡渲染的包装效果图，会与包装最终真实呈现的色彩出现很大偏差，不能用作包装看色的依据。电脑显示器、打印件、数码打样、传统分色打样、印刷打样等不同的包装观摩稿呈现的差别很大。

显示器观摩：指在电脑屏幕上校验文字和设计元素。通常包装设计公司会先发送包装效果图给客户。客户相关人员会在电脑上检查包装的颜色是否正确。这种方式的优点是快捷；缺点是受不同显示器分辨率、构造以及环境光线的影响，包装颜色还原非常不准确。

普通彩色打印输出：指通过办公用打印机（喷墨打印机或激光打印机），使用打印纸张（普通打印纸或高光相纸）打印输出稿文件。其优点是较快捷，方便仔细校验文字和设计元素，可书面留存。其缺点是色差大，同样不能用于包装颜色校正。

专业数码打样：指利用数码打样机和数码专用纸张进行包装完稿打样。其优点是通常可以提供较好的包装完稿颜色表现（可以模仿光面纸张或亚粉纸张打样效果）。其缺点是无法准确呈现包装上的专色（PANTONE），无法准确校准除纸张以外如塑料包膜、布面、铁质等特殊包装材质的打样颜色。

传统分色打样稿：指利用传统印刷分色打样机与指定印刷纸张进行的包装完稿打样。其优点是可以提供良好的包装完稿颜色表现（四色和专色 PANTONE），提供不同质地的包装完稿颜色表现（光面纸张效果及亚粉纸张效果）；其缺点是周期较长（一般需要 12 小时），无法有效呈现特殊印刷材质与工艺效果（镀铝膜、塑料包膜、烫色……）。

模拟包装仿真打样：指使用最终包装生产的印刷用纸，或仿相同类型的材料在传统打样机上进行的完稿打样。其优点是可以有效真实地还原包装设计的细节，方便在批量印刷生产前的审核及印刷签样工作；其缺点是成本较高，时间周期较长（一般需要几天，甚至一周）。

印刷打样：通常这种方法被认为是包装印刷成品打样的最佳方法。印刷打样通常在印刷机上，用真正的印版和与最终印刷相同的油墨打样。其优点是可以看到真正印在最终印刷用纸上的打样稿，颜色准确；其缺点是它是成本最高且周期最长的打样方法。

企业与设计公司对于包装设计颜色的正确判别，至少应该采用数码打样稿校正。

为了降低包装完稿错误率，保证最终呈现效果，最佳方案是采用更接近于真实印刷的传统分色打样稿进行颜色对比与校正。如果设计中需要使用铝膜或塑料热缩膜包装，那么采用模拟打样稿对包装颜色准确性与图形变形度进行判定会更准确。在进行包装完稿打样时，应尽量使用和最终包装印刷成品相同的材质，或模仿最终成品的印刷材质打样。打样也应按照包装正式印刷的色序进行，以确保接下来的上机印刷签样可以顺利进行，为最后的包装签样工作带来方便。图 9-1 展示了不同的包装打样版与打样机器。

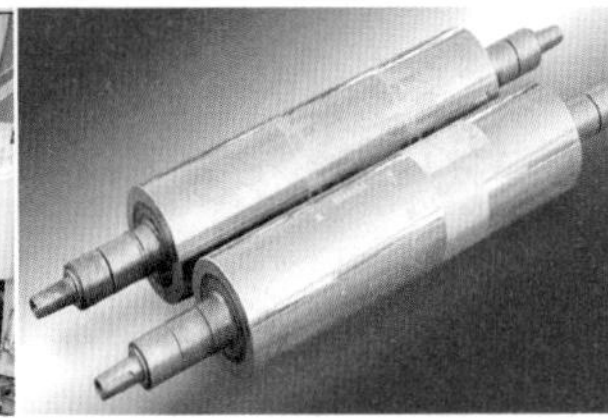

图 9-1　不同的包装打样版与打样机器

在包装设计完稿制作完成以后，设计公司要和企业一起讨论包装的制版打样，才能给出最完美的包装颜色管理建议，保障包装最终完美呈现。如今，由于大多数印刷制版公司都会提供免费打样服务，许多企业为了节省成本，往往不会让设计公司负责包装印刷前期的打样工作，甚至会将包装的延展与完稿工作交由自己企业的内部人员完成。许多包装设计师仅仅提供包装效果图，根本不了解包装的完稿、打样与印刷后期工作，有些包装设计师都没有见过包装打样稿，又如何能够保证包装设计得以最终完美呈现。

我曾为全球最大的纸制品企业金佰利（Kimberly-Clark）公司设计高洁丝（Kotex）卫生巾产品包装，由于四个产品的每个包装都由 7 个专色组合而成，为了保证最终的包装印刷成品可以还原出最完美的色彩效果，仅在打样调色阶段，我就和客户针对每个包装颜色的完稿与试色打样进行了多次讨论，对完稿反复进行了几十次调整。一直到最终上机签样环节，我还花费两天时间，和客户一起针对四个产品包装的色彩进行调整。负责企业包装设计工作的设计师，同时也应该负责企业的包装打样工作，这是因为：

第一，设计师不可能比照电脑屏幕或普通打印机的打印稿校对包装颜色，给出正确的包装颜色建议。他们同样需要通过包装打样来确定包装颜色，进而做出相应的设计调整。

第二，出片打样是一个模拟印刷的过程，设计师需要通过打样，检查包装设计在印刷时容易出现的工艺问题，及时调整设计完稿，避免在包装批量印刷生产阶段出现更大的问题。

第三，设计师需要留存包装打样稿，方便今后出现问题时快速找到原因。

第四，一名不了解包装完稿注意事项、打样与印刷工艺的包装设计师，不能称为好设计师。

9.2 包装检验流程，仔细、仔细、再仔细

错误的产品包装一旦上市，不仅需要重新制版印刷，还会影响产品销售，给企业带来巨大的损失。对于新设计的产品包装，为了保证包装文件在大货生产之前的正确性，包装完稿和打样必须经过设计公司的设计师、完稿师、客户负责人，以及企业的产品研发部、市场部、法务部等不同部门，针对产品配料、包装法律法规，以及其他文字、图案的严格检查，才可以最终印刷。

雀巢、可口可乐、宝洁等企业甚至单独成立了质量控制、包装材料与印刷研究部门，配合其他部门对包装完稿、打样、印刷出现的问题进行检查。同时，由于产品包装设计稿件也是包装设计公司递交给客户的产品，所以包装设计公司也应该制定一套严格的包装完稿与打样检验流程，才能确保交付给客户用于印刷的包装完稿文件正确。

为企业制定一套完整的包装完稿与打样检验流程十分重要。2005 年至 2015 年期间，雀巢、亿滋国际、好时、玛氏、金光食品等国际企业，先后与我们一起通过总结包装后期从完稿到印刷过程中的各个关键检验环节的注意事项，建立起来了一套完整的企业包装检验流程。

设计公司的包装完稿和打样的检查流程遵循完稿师、完稿经理、设计师、文案、创意主管、客户经理、客户总监的检查顺序，对文字、图形、颜色三部分按照步骤逐个排查。企业的检查顺序，可以按照负责包装工作的不同部门，如市场部、研发部、法务部、质量品控部的顺序排查，各部门对自己所负责的包装版块进行检查，最后再返回到市场部产品经理处进行最终复查。**市场部在拿到包装设计公司提供的完稿打样稿后，首先需要确认：**

（1）包装完稿按照最终确认的设计稿制作。

（2）包装的结构工程展开图清晰标注包装正面可视面积、包装印刷方向、各部分具体尺寸、条形码的位置与方向。凹版印刷卷膜包装结构图上，要明确标注电眼光标的规格及具体位置大小（光标宽度太小或太宽都会影响印刷设备的正常跟踪），电眼通道中留白、不出现文字或图形。

（3）包装上的所有文字与最终确定的文字信息一致。

（4）产品名称及品牌标志在使用上符合公司的标准。

（5）包装条形码（尺寸、数字）正确。

（6）设计公司在完稿文件上标注的颜色色数与色标号，符合印刷规定。

（7）完稿文件对包装特殊印刷工艺有清晰标注。

之后还要对包装文字、图形、颜色进行检查，检查是否有错别字、缺字、多字现象。另外，也有一些需要特别注意的地方：

（1）国家规定包装文字不可低于 1.8mm（尤其需要注意英文信息的字母大小）。

（2）确保产品净含量准确无误的前提下，与国家法律法规规定的净含量文字大小进行比照。

（3）品牌、品名是否有“TM”“R”信息。

（4）在确保条形码正确的前提下，确认条码尺寸与规范符合我国《商品条码管理办法》规定。

（5）包装上的保质期打码区域的位置与大小符合印刷厂的打码印刷规定。

（6）在包装中出现的小文字及较细的线条尽量使用专色或单色，避免多色套印不准。线条的粗细不要小于 0.15mm，反白线条不要用在包装多色画面区域上面，避免多色套印不准，导致白色无法显示出来。

（7）包装上的所有文字，是否使用的是企业已购买版权的字体。

对于包装的图形检查需要注意：

（1）完稿文件的图案排列是否正确。

（2）完稿文件上是否存在不合理的图案、线条、色块。

（3）完稿文件图案是否清晰，精度是否符合印刷要求。

（4）完稿文件的出血尺寸是否符合包装成品印刷裁切要求。

（5）针对不同产品包装的一些特殊工艺要求，包装图案也要做相应的调整。如若使用饮料热缩膜包装，包装图案会在包膜收缩时产生挤压变形，要适当地根据包装热缩比例调整图案。

（6）包装上使用的图案或照片是否侵权。

对于包装的颜色检查需要注意：

（1）包装颜色要严格控制在印刷规定的可用色数量范围内，CMYK 各算一色，其他专色各算一色。

（2）确认完稿打样颜色是否准确，参照 PANTONE 色标和色号，确认包装上的专色是否是已经确认的颜色。

（3）包装完稿打样的专色与专色、四色与专色的过渡部分是否均匀，没有“脏”的痕迹。

（4）包装完稿打样的图案的发光、渐变部分是否过渡均匀，没有断线现象出现。

（5）包装中很小的文字和较细的线条要尽量使用专色，如条件不允许也尽量使用单色，避免多色套印不准。

经过市场部产品经理检查后的包装会签文件，包含包装会签单和包装打样标准样张两部分内容，如图 9-2 所示。包装会签文件会进入企业不同相关部门，各部门检查完毕确认无误后填写包装会签单。最后，将包装会签单和包装打样一并返回到产品经理处。由产品经理留存包装打样会签文件以及包装完稿文件，最终交由印刷厂承印，或者待将来企业进行包装升级改版时，随时调阅包装文件。

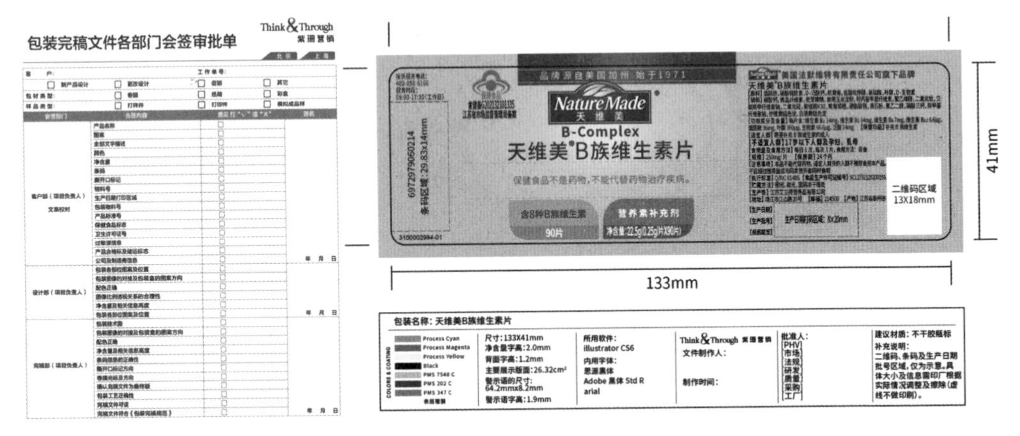

图 9-2　包装会签文件

留样的完稿文件需要标注：

- 包装文件的名称；
- 包装文件的设计或修改时间；

- 包装文件的尺寸大小；
- 包装使用到的所有颜色；
- 特殊印刷工艺的名称及使用位置；
- 包装印刷材质；
- 企业包装负责人及设计公司名称（便于企业内部人员与设计公司有变动时进行工作对接）。

设计公司提供的最终可用于制版印刷的完稿储存文件，需要做到：

- 完稿包装图像的分辨率不得低于300dpi；
- 勾画包装结构工程图时，需用适合的软件进行制作，需要标注清楚各线段的位置、尺寸的准确数值，也需要标注清晰包装出血大小；
- 如文件中含有模切，模切线颜色一律使用同一专色；模切线如果是分段勾画的，最后要将其连接为整条线段；
- 包装上叠加在一起的图案颜色，须删除多余的部分。包装上不需要的已废弃、无用的图像或文字，必须删除干净。

设计公司提供的最终可用于制版印刷的完稿储存文件，需要包含：

- 未转曲、可编辑的AI文件（注明：可修改文件而不是最终印刷文件）；
- 已转曲的AI文件（注明：最终印刷文件）；
- JPG或PDF格式的校对文件（注明：非印刷用文件，仅供客户及印刷商检查使用）；
- 包装完稿中使用的相关字体文件包、连接图、分层图、包装最终效果图。

同时，在完稿储存文件上需要注明正确的包装文件名称、客户名称、完成日期、文件输出格式、技术规范、包装用到的全部颜色、使用软件的版本，并预留有效的联系方式。

其实，再严谨的包装检验规则与检验流程，都需要不同人协作完成。有时候，环节越复杂，参与的人越多，出错的概率就越大。**企业要想确保产品包装万无一失的落地上市，除了制定一套完整的包装检验流程外，每一位参与其中的工作人员都必须做到在检查过程中仔细、仔细、再仔细。**

9.3 印刷签样，包装设计的最后一关

所有企业的产品包装，都需要在印刷厂完成最终印刷，才能够走向市场。包装的印刷上机签样工作十分重要，是对包装印刷品质最根本的质量控制方法。印刷签样是一项需要有丰富经验的专业人员参与的工作。印刷样张必须得到相关负责人员的签字确认后，才能最终批量印刷。印刷签样也是包装进行批量生产的最后检验环节，是保证最终整批包装成品大货印刷质量稳定、色彩一致的重要依据。签样质量直接关系到整批包装印刷的质量。印刷签样工作是产品包装最终得以完美呈现在消费者面前的保证。

了解印刷工艺与方法

如今经常被运用在包装印刷领域的印刷方法主要有平版、凸版、凹版、孔版印刷四大类。其中平版印刷是目前最普遍的纸张印刷方法，适用于所有普通纸张和特殊纸张的印刷，许多包装纸质标签、纸外盒和礼盒都采用平版印刷方式。平版印刷非常细腻，能高精度地清晰还原包装原稿的色彩层次，还可以采用许多特殊工艺，如覆膜、激凸、激光、烫金、烫银、UV 亮油、凹凸、压纹等。图 9-3 展示了不同印刷工艺的呈现效果。

图 9-3　不同印刷工艺的呈现效果

普遍运用于包装外箱的柔版印刷是凸版印刷的一种，印刷纸箱的柔性橡胶印版类似我们平日常用的橡皮图章，也经常被用于简单的塑料袋包装印刷。柔版印刷精细度远比不上平版印刷，但其最大优势在于印刷价格便宜。

一般纸质包装外箱都是用瓦楞纸加裱而成，其功能主要是保护箱内产品。图 9-4 展现了常用的白色纸板、黄色纸板两种瓦楞纸箱。印刷颜色时须特别注意所选颜色印在白纸板或黄纸板上的色彩偏色问题。尤其黄色纸板呈现的颜色会非常暗淡，在选择专色颜色的时候，尽量选择 PANTONE Solid Uncoated 色卡校对颜色。同时，由于纸箱通常都会用水性油墨印刷，印刷精细度很差，所以一般不会采用大

面积满版着色或叠色印刷方式印刷。如果一定要进行大面积着色，必须注意图像之间不能互相交接，要留出一定的空白区域（一般空白区域要达到 3mm 以上），以避免水性油墨之间互溶串色。

图 9-4　白色与黄色瓦楞纸包装外箱

一些使用在奶粉罐、铁听礼盒、铝罐等包装上的印刷也称为铁板印刷，属于胶版印刷的另一种特殊印刷形式。但因承载物为金属板，印刷方式与传统的胶版印刷有所不同。油墨被印刷在金属上时极不容易附着，须第一色的油墨干燥后才能继续印刷第二色，所以大多数铁板印刷机都是单色印机。每印刷一色，铁板会在专门的干燥房干燥 10~15 分钟，然后再印刷下一色。因此，采用铁板印刷的产品包装签样时间相对较长，当颜色有调整时，也不能及时在机器上做出微调，须重新印刷。

当条件不允许在铁板印刷机上看色签样时，只能在与其印刷原理相近的打样机上进行签样。并且，由于铁板印刷中的铁皮材料自身颜色不是白色，为了印刷颜色准确，需要先在铁皮上印刷白色。印刷白色有满版涂白和局部印刷白两种方法，满版涂白不需要透底，更显得白净纯粹。局部印刷白的透铁部分可以有更好的金属反射效果，但是白色部分会稍微显灰。图 9-5 中玛氏公司的士力架铁听礼盒包装如果采用局部印刷白，包装金色条部分透底反衬出的金属光泽效果会更好，但由于品牌标识有大面积白色，标识的白色会受到影响，为了保证品牌标识的完美呈现，最后只能选择满版涂白工艺，放弃了金色条部分透底的金属光泽效果。

丝网印刷是孔版印刷的一种方式，印刷油墨特别浓厚，最宜制作特殊效果的包装印件，尤其适合印刷数量不大而墨色要求饱和度强、浓度厚的包装。因为丝网印刷可以在立体面上施印，所以它的印刷灵活性是其他印刷方法不能比拟的。丝网印刷配合激光雕刻等工艺，比较适合在金属、玻璃瓶、硬塑料或木盒包装等硬质材料上使用。图 9-5 展示了采用铁板印刷与玻璃丝网印刷的产品包装。

图 9-5　采用铁板印刷与玻璃丝网印刷的产品包装

凹版印刷，一般适用于大批量的塑料卷膜包装和铝膜包装，如图 9-6 所示。因包装类印刷品对颜色的要求较为严格，印刷时往往会使用大量专色，并避免各颜色之间的相互影响，所以更适合塑料包装的凹版印刷，色数通常可以达到 10 色。

图 9-6　采用凹版印刷的产品包装

凹版印刷在对包装色泽的呈现上，比普通纸张更鲜艳明亮。凹版印刷所使用的印版多为金属滚筒，图案采用电子或激光雕刻技术，对制版的工艺要求很高，制作和修改制版的周期也很长，所以印版多由专业制版公司单独制版。同样的制版在不同印刷工厂印刷时，因印刷机、油墨、印版处理方式的不同，印刷成品有时会存在一定差异，印刷签样时须及时发现问题并处理。

柔版印刷承印材料范围比较广泛，纸包装、塑料薄膜包装、铝箔包装、不干胶标签等都可以采用这种方法。由于柔版印刷所用的油墨为水性油墨和溶剂型油墨，无毒、无污染，既符合绿色环保要求，又能满足食品包装的安全要求，这种印刷方法已经被许多食品包装采用。在欧美，柔版印刷发展很快，现在约 70% 的包装都使用柔版印刷。但是在我国，由于柔版印刷起步比较晚，胶版印刷和凹版印刷所占的市场份额相当大，特别是在高档产品的包装印刷方面更是如此。但是，随着柔版印刷技术的不断提升，其印刷质量直追胶版印刷和凹版印刷，印刷精度可达到 150 线 / 英寸，印刷效果层次丰富、色彩鲜明，视觉效果越来越好。同时，柔版印刷机不仅能够实现承印材料的双面印刷，而且印刷上光、覆膜、烫金、模切、收卷等多道工序也能够一次完成，不必再另行通过其他后加工设备完成，大大缩短了印刷周期，降低了印刷成本，也给印刷签样工作带来了更大的方便。

包装的印刷签样

包装的印刷签样是一项对技术要求很高的工作，牵涉很多专业方面的知识，如印刷工艺、印刷机调色原理、印刷网点百分比、颜色相对反差值、油墨的密度值、油墨色彩调配等。许多印刷厂家会使用图 9-7 展现的相关仪器，如密度仪、分光光度仪、测控条进行包装签样，但还是需要借助签样人员的技术经验来做判断，因此，对于签样人员的技术经验要求就会很高。包装的印刷签样工作分为如下三个阶段。

图 9-7　包装印刷检测密度仪、分光光度仪、测控条

第一阶段：包装签样前的准备

包装签样的最重要依据就是采用制版打样稿进行比对校正，所以在签样前必须带好制版打样稿，如果包装的专色很多，还要带上 PANTONE 色卡。而数码打样稿只能作为签样参考，因为数码打样机器的工作原理不同于印刷机的工作原理，无法还原包装上的专色和特殊工艺，所以在包装正式印刷时用数码打样稿来签样必须慎重对待。

上机签样前，对包装上的文字以及图案做再一次检查，也非常重要。万事都有百密一疏，有些产品包装的最终改版文件是在印刷厂完成的，没有经过企业内部严格审批流程，容易出现问题。同时，上机签样也是包装设计成品前的最后一个步骤，完成以后包装就要批量生产，不能出现任何错误。一些人认为，之前的包装完稿文件已经经过了许多人的检查，不会有任何错误了。但是，任何事情都不会像它表面看起来那么简单。只要有人参与的工作，就不可能确保每一个环节都不犯错，环节越复杂，参与的人越多，出错的概率就越大，最坏的情况永远会发生。

我签样时就曾不止一次检查出令人匪夷所思的错误。有包装条码缺少了一条竖线导致无法扫描的，有透明包装上的文字没有垫白色无法看清的，有品牌标识没有 R 标的，甚至还有促销包装上的标语“送 1000 台苹果手机”多写了一个“0”变成“送 10000 台”的。所以，对于印刷厂上机签样的检查，签样人员一定要对照打样稿再次检查以下事项：

- 再次仔细检查包装上的全部文字是否正确；
- 再次检验包装上的图案是否正确（清晰度准确、色彩正确、没有多余图形或线条……）；
- 再次检查包装条码是否可以被扫描读取（最好的方法是自己通过手机下载条码扫描 App，扫码进行测试）。

第二阶段：包装的印刷上机校色

校正包装颜色的时候，什么时候看样最适当？等印刷参数与印刷条件调整到基本稳定、包装墨色饱和稳定、颜色和样稿基本一致、印刷机转速均匀、包装套版准确时，就可以拿出一张包装印刷样张与制版打样稿对比，进行校色微调。

包装上的专色不会与其他颜色产生冲突时，校正起来比较容易，每个专色都可以对照 PANTONE 色标进行颜色配比校正。而包装上的四色（CMYK）是相互影响的，校正起来比较复杂。有时甚至会因为制版偏差问题，导致包装上不同区域的四色并不能 100% 还原打样稿色彩，这就需要签样人员依据包装版面信息的重要性原则，做好签样颜色的优先排序。比如，首先保证品牌标识的颜色准确，其次保证产品颜色准确，然后保证标识颜色准确。

不同的印刷方式导致签样方式也有所不同。首先一定要在光线均匀的专业签样台上进行签样，才能保证颜色的准确性。在凹版印刷校色时特别要注意：检查塑料包膜印刷的校样时，由于包装透明的原因，需要把样张垫在白色纸张上校正颜色。检查镀铝膜包装校样时，则需要把签样样张垫在铝箔纸张上（可在样张与铝箔纸之间涂抹些水增加样张和铝膜的黏度），再垫上白纸校正颜色，会更加准确。图 9-8 展示了包装印刷机与凹版印刷签样台。

图 9-8 包装印刷机与凹版印刷签样台

对于包装颜色调整，首先要懂得印刷机的印刷原理。几色印刷机就代表在印刷时最多可以使用几套色印版（四个基本色：品红、黄、青、黑加其他专色）。当颜色出现偏差时，需要观察是哪个色相出了问题，再通过对印刷机的相同颜色印版进行压力调整来校正颜色。当包装颜色不均匀时，也可以通过向印刷机的不同油墨槽中添加颜色或添加稀释剂来调整。包装画面局部出现斑点或划痕，一般是版辊不清洁造成的。这时可以观察印刷机上的制版版面，判断是否需要洗版。对于包装颜色的调整，还要懂得最基本的调色原理，如红 100%+ 黄 100%= 大红、黄 100%+ 红 40%= 橙、黄 100%+ 蓝 100%= 深绿、蓝 60%+ 红 100%= 紫、黄 100%+ 红 70%+ 蓝 50%= 咖色，然后，每个颜色加多少数值，变化有多大，就要看每个人的经验了。

其实，**在包装上机签样的过程中，最重要的是和印刷机的领机长进行深入沟通，一位有经验、有耐心的好领机，不仅可以迅速指出包装印刷出现的问题，而且可以很快将颜色校正到最满意的程度。**

第三阶段：包装的印刷签样与留样

什么时候签样最适当？没印多长时间就急于签样是不可取的。要将印刷机的印刷参数与印刷条件调整稳定以后，包装颜色的饱和度均匀且适中，图像规矩清晰，印刷效果和样张基本一致时，再开始签样工作。在塑料包膜印刷过程中，印刷机版辊左右压力不均匀，也会导致整版包装左右样张会有细微的颜色偏差。所以，在签样时要选取整版印刷包材的中间样张，作为封样样品。合格的封样样张会作为该批次包装成品的质量衡量标准，需要做到：

- 封样样张套印准确，规矩线齐全；
- 封样样张墨色均匀，图像清晰；
- 封样样张图案位置正确，文字正确，无掉版、漏字、错字、缺笔断划现象；
- 封样样张的色彩、色相与签样样张一致；
- 封样样张的包装裁切位、模切线、粘口等位置正确。

由于在包装大货印刷生产过程中，每一批次的印刷都不可避免地会产生颜色偏差，因此包装的最终签样必须保留三种不同样张，即标准样张、上限样张（颜色较深）和下限样张（颜色较淡）。如果只有一种标准样张，在以后的包装产品验收时就会出现问题。而且，因为样张今后要交由企业市场部、质检部、品控部等不同部门留存，以及不同负责包装承印的印厂使用，所以每份包装的样张至少应该留存 8~10 份。

第 10 章
包装设计的未来

趋势是指影响人类社会、经济、政治和技术的事物发展变化的方向，它形成速度很慢，并且不好判定。但是谁能准确把握发展的趋势，谁就会拥有未来。全球包装设计行业未来发展的趋势，总结起来包括 4 个方面。

（1）印刷技术的进步让包装个性化。

（2）互联网科技进步推动交互智能包装设计。

（3）互联网电商平台快速发展重塑体验便捷包装。

（4）环保意识包装设计满足人类社会未来发展需要。

10.1 印刷新技术，让包装个性化

全球知名广告技术公司 Criteo 的调研报告显示：Z 世代相比于其他消费人群，更希望自己能够与众不同。49% 的 Z 世代受访者希望企业可以销售更独特的个性定制产品；79% 的 Z 世代受访者愿意向与朋友分享他们认为极具个性的产品包装。

随着 Z 世代年轻人逐渐成为消费品的主力消费人群，他们追求更极致的消费体验，青睐更个性化的产品。但是，从前依靠工业化规模生产的产品包装因为印刷技术与成本原因，通常都采用传统凸版或凹版印刷技术。一个产品包装，一次印刷起订量要几万甚至几十万，才可以有效控制成本，不可能实现同一个产品不同图案的个性化定制印刷。然而今天，数字印刷技术的进步已经能够满足一包装一图案、同一产品不同画面的个性化包装需求。如今，数字印刷技术的质量也越来越接近于胶版印刷，色彩越来越鲜艳，色域越来越宽广，数字印刷设备对纸张、塑料、金属等承印材料的适应性有了明显提高，印刷适用范围有了明显扩大。

早在 2009 年，喜力啤酒就利用数字印刷技术在荷兰开始尝试个性化的定制包装，并且连续数年在全球各地市场推出了通过数字印刷技术实现的喜力啤酒限定款个性包装。札幌啤酒是日本数字印刷个性化包装的践行者，在每年的特别节日、祭典或季节时旗下的黑标生啤 SAPPORO 都会推出相应的数字印刷限定款包装，并因此获得了年轻消费者的追捧。图 10-1 展现了喜力啤酒和札幌啤酒采用数字印刷的包装。

图 10-1　喜力啤酒与札幌啤酒采用数字印刷的包装

2016 年，在美国 Mad Decent Block Party Festival 音乐节期间，百威淡啤（Bud Light）使用 31 种基础图形，通过数字印刷技术最终创造出了 20 万个完全不一样的

产品罐身包装，每一个包装图案都独一无二，个性十足。这也让百威啤酒成为美国首个将数字印刷技术运用在包装设计上的啤酒品牌。这种个性化包装，不仅为百威淡啤营造出更缤纷多彩的音乐节饮用场景，而且为百威赢得了无数年轻消费者喜爱。

同年，美国可口可乐公司为健怡可乐推出了新的数字印刷包装，采用主题为“It’s Mine”的现代绘画形式，先设计了36种基本图案，之后又自动生成了几百万个不重样的健怡可乐包装。这批包装投向市场后，瞬间成为消费者的聚焦点。

美国汽水品牌胡椒博士（Dr. Pepper）为迎合千禧一代的喜好，也在2016年推出了一项名为“Pick Your Pepper”的营销活动，采用数字印刷技术推出了一系列具有90年代复古梦幻风格的包装，使用印有如黑胶唱片和唱片机、复古女装和彩虹独角兽等的共150款包装标签。同时，他们还上线了一个让用户参与制作GIF的小网站，基于那150种印花图案，消费者可以在这个网站上制作自己喜欢的GIF动图，然后分享到Facebook或Twitter上。

图10-2展示了百威淡啤、健怡可乐和胡椒博士的数字印刷包装。

图10-2 百威淡啤、健怡可乐和胡椒博士的数字印刷包装

数字印刷帮助企业通过产品包装使得品牌更具个性、产品更添活力，不仅给消费者提供了更多的选择，还进一步实现了品牌与消费者更好的互动与交流。除了数字印刷技术外，如今，还有很多印刷新技术也被广泛运用在包装设计领域，例如感温油墨、感光油墨、触感油墨等。这些独特的印刷新技术让产品包装尽显特色。相信未来印刷技术的进一步提升，一定会为产品包装设计工作创造无限可能。

10.2 互联网交互技术，让包装动起来

互联网技术的进步同样也在改变着传统的包装设计思维。产品包装可以通过

多种互联网技术与消费者产生虚拟互联，包括二维码、微信小程序、近场通信（NFC）、射频识别（RFID）以及增强现实（AR）技术等。

二维码技术在包装设计中的应用

二维码是一个近几年来在移动设备上流行的编码方式，也是连接现实与虚拟最有力的工具之一，在许多产品包装上已经得到了广泛运用。相对于包装上的条形码单一的价格扫描功能，二维码强大的功能为品牌与消费者之间的互动与沟通提供了更加丰富的可能性。

二维码比传统的条形码能存储更多的信息。在产品包装上印制二维码，可以帮助企业与消费者实现更多的沟通与互动，消费者通过扫码可以获得更多的品牌与产品信息。如今二维码在包装中主要有以下几种作用：

- 获取信息（消费者可以了解更多厂商信息资料）；
- 链接网站（消费者可以跳转到企业微博、企业官网、公众号、App、线上购物网站）；
- 推送广告（消费者可以直接浏览商家推送的视频、音频广告）；
- 溯源防伪（消费者可以直接查看产品生产地；同时企业也可以获取消费者购买此产品的最终消费地点）；
- 参与优惠促销活动（消费者可以下载电子优惠券，参与抽奖活动）；
- CRM 会员管理（消费者可以通过手机扫码获取电子会员信息，享受 VIP 级服务）；
- 手机支付（消费者可以用自己的手机端通道完成在线支付）。

随着一些专注于一物一码的二维码科技公司对二维码技术的不断研究开发，今天企业在包装上印制二维码，已经不再是简单让消费者通过扫码获得更多信息的单一功能了。在包装上使用二维码，也可以给企业市场营销的诸多工作带来便利。

企业通过在产品包装上印制一物一码的二维码，可以实现对消费者的信息捕捉，创业再通过大数据更好更准确地分析研究消费者，服务消费者，为企业的广告传递、消费者售后服务和管理带来更多帮助。此外，在产品包装上印刷二维码还可以帮助企业管控产品创新、生产、原材料管理、物流配送各个环节，有利于产品防伪、防止不同销售区域和销售渠道的产品串货，更方便地推进市场促销活动，甚至可以对企业生产与销售的全部产品真正做到全面有效的管控。例如，比多米科技为六个核桃打造的一物一码系统，通过在包装上印制一物一码的二维码，企业可以按照产品的生产批次、编码，随机、随时在后台设置对不同区域的市场营销活动，随时针对不同市场的竞争者，在区域市场发动营销攻势。所有促销活动都可以通过企业的互联网信息后台随时发起。

2022 年，国产奶粉行业领军者飞鹤经过两年时间研发，推出行业首创的罐内二维码专利技术（图 10-3）。设计在包装罐体内部刮粉板上的二维码不易被破坏，既可以实现内码印刷油墨与奶粉不接触，保障食品安全，又让赋码位置更隐蔽，做到了真正的“暗码”属性。消费者揭盖扫码后，不仅可以获得积分好礼奖励，还可以进入星妈会平台，和 4000 多万宝妈一起，解决各种育儿问题，获得个性化定制育儿服务。另外，企业还可以通过消费者扫码行为，对异常销售信息进行追踪，有效防止假冒伪劣产品出现，更好地保障合规经营者的权益。

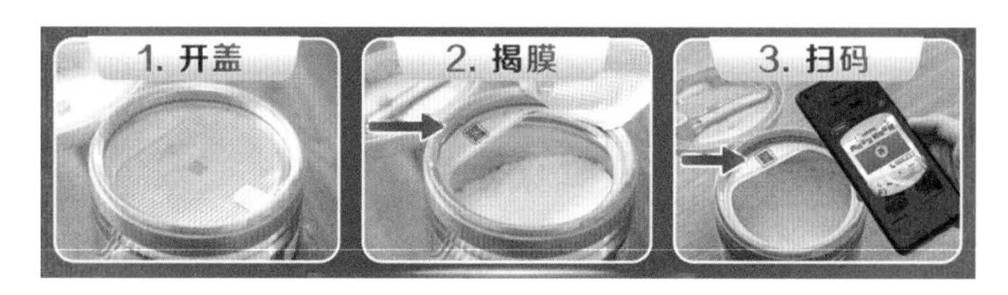

图 10-3 使用二维码技术的飞鹤奶粉包装容器

AR 虚拟现实技术在包装设计中的应用

近几年，AR 技术也在产品包装上得到了广泛运用。AR 技术也被称为增强现实技术，可以让原本静态的二维画面产生奇妙的三维立体的动态变化。同时，从理论上来说，AR 技术可储存搭载的信息量是没有上限的，超大的信息量摄入也意味着信息传递的最大化。

AR 技术不仅给包装的表现形式带来改变，而且进一步扩展了包装的社交属性，令包装可以以更吸引人的形式展现在消费者眼前。不同的产品包装都可以通过 AR 技术，用手机扫描方式更好地与消费者互动，与他们零距离地进行沟通，让产品信息沟通的趣味性与体验感进一步增强，具有产品信息的最大化、产品场景的真实化等多种优势。同时，运用 AR 技术设计的产品包装不只是加强了产品本身的互动性，商家的一些促销推广活动和游戏也可以通过 AR 技术植入到产品包装中，提供给消费者更好的产品社交体验。

表情包（Emoji）是年轻族群在网络沟通交流时经常使用的一种方式。百事可乐运用 AR 技术，在 2016 年夏天推出一套 Emoji 系列包装，将 70 个 Emoji 表情印在百事可乐的包装罐上。消费者用手机扫描百事可乐包装上的这些表情，就会看到这些表现喜悦、悲伤、生气等情绪的表情在自己的眼前跳跃起来，栩栩如生。百事通过 AR 技术让产品包装社交化，更有趣。

2017 年，QQ 音乐开放了 AR 互动功能，为百事可乐包装的 Emoji 玩法提供了更酷炫的沉浸式社交体验。百事可乐在包装上不仅新增了流行的网络用语，同时，消费者只要打开手机 QQ 的扫一扫功能，通过 AR 模式扫描包装上的 Emoji，就能实时观看动画。这让消费者在购买的过程中产生有趣的互动体验。另外，百事还携手新晋"百事时尚爱豆"王嘉尔等 KOL 共同推广全新的 AR 产品包装，消费者通过扫描包装上的特定画面，可以看到这些艺人的动态舞蹈视频。百事同时在微博发起了"百事就现在"的话题讨论，只要年轻消费者与百事全新 Emoji 罐合照，就有机会获取奖品。

百事公司还将 AR 技术运用在游戏包装活动中，美国百事可乐和 DC 漫画合作推出了一系列隐藏着电影角色造型的铝罐包装。消费者可以通过 AR 技术扫描包装上的像素图形来发现隐藏的超级英雄，还可以下载这个超级英雄的闯关电子游戏，这款包装为人们带来了更好的消费互动体验。图 10-4 展示了百事可乐运用 AR 技术的产品包装。

图 10-4　百事可乐运用 AR 技术的产品包装

2017年，农夫山泉为了进一步增加产品的趣味性与互动性，联合网易云音乐推出了采用AR技术的限量款“音乐瓶”。经过精心挑选的30条网易云用户乐评，被印制在了农夫山泉天然水的包装上，如图10-5所示。这些天然水瓶子上的乐评文字引发了消费者的情感共鸣，戳中了无数人的心，让网友惊呼：喝下的是水，流出的是眼泪。

图10-5　农夫山泉使用AR技术的包装

更让消费者感到惊喜的是，这次的乐评不仅停留在看的基础上，每个农夫山泉的瓶子都有属于自己的歌曲。消费者只要通过任意App扫描附在瓶身上的二维码，就可以跳转到网易云音乐App上与瓶身乐评相对应的歌曲的页面，而且无须下载就可以直接收听。农夫山泉还进一步为“音乐瓶”推出了一支视频广告，实现了产品包装与消费者的真正互动。

其他数字技术在包装设计中的应用

图10-6展现了Johnnie Walker酒、Malibu酒、Fizzics咖啡的产品包装运用数字技术与消费者产生互动的过程。苏格兰威士忌品牌Johnnie Walker与法国人头马公司把芯片植入到每个产品包装的酒瓶塞中，Malibu酒则为每个产品瓶身包装加上了NFC标签，让每个产品包装上的识别标签都是独一无二的。这不仅令企业对每一个产品的跟踪和验证成为可能，而且还可以与每位消费者进行互动交流，将消费者引导至品牌的推广内容，以促进再次购买。

图10-6　Johnnie Walker酒、Malibu酒、Fizzics咖啡运用数字技术的包装

7-Eleven 在 2018 年夏天推出了一款 Fizzics 冷萃气泡咖啡，这款产品其实是一款包装自带制冷功能的黑科技饮品。消费者购买后只需上下翻转，再将底座拧紧，直到听到嘶嘶声时，咖啡就会降温，等待 75~90 秒后，原本的常温咖啡就会摇身一变成为一罐冰咖啡。虽然产品成本增加了大约 1.5 美元，但消费者非常愿意为这个让他们在炎炎夏日里可以轻松喝到冰咖啡的创意买单。

互联网技术将消费者对产品的体验和与品牌的互动融入包装中，促进了产品购买的同时，也为企业带来了新的市场营销机会。未来，互联网技术驱动的交互式智能包装必将长远地影响包装设计行业。

10.3 体验便捷包装设计，适应电商平台

快速发展的电子商务改变了人们的购物习惯与购买方式。虽然目前线下渠道仍占消费品整体市场销售额的 80%，但不可否认的是，网购的便利性必将进一步蚕食食品、饮料、日化等不同品类的大众消费品市场销售份额，而且对产品包装设计的未来发展也会产生深远影响。

从图 10-7 可以看出，线上电商完全改变了线下传统渠道的消费者购买路径：从“看到商品—拿到商品—购买商品”转变为“看到商品—购买商品—递送商品—拿到商品”。此外，区别于线下传统零售渠道在货架上陈列产品的形式，线上电商

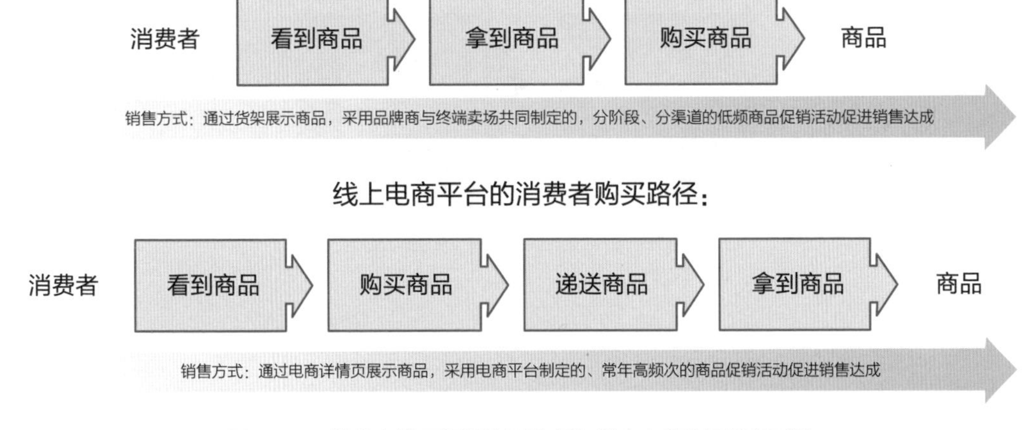

图 10-7 消费者线下渠道购买路径与线上电商购买路径对比

平台通过电商页面全方位地展示产品包装与卖点的呈现形式，对在线上电商销售的产品包装提出了新的设计要求。一些睿智的企业已经意识到，基于消费者线上购买路径与电商销售模式的改变，在线上平台销售的产品包装设计，应该将包装的电商页展示陈列效果、运输递送途中包装的安全性、最终消费者拆开包装体验产品三个环节结合起来思考创意。

今天，许多企业还会分别设计线上网购商品的包装与线下渠道的包装。这是因为，在某个电商平台销售的品牌与产品数量要远远超出一个线下卖场的承载量。仅2020年4月至2021年3月，京东平台新品数量就已经超过千万。而且许多消费者还习惯在不同电商平台进行相同产品的比价，进而确定在哪家平台购买。所以不同电商间的激烈竞争，也导致这些电商平台在提升服务的基础上，还要常年进行打折活动，用低价促进产品销售。许多在电商平台销售的产品为了获得持续的流量，会常年频繁参与平台发起的满减、买赠等打折促销活动，如果线上产品包装采用与线下渠道相同的设计形式，会引发窜货现象。

另外，由于线下渠道销售的产品，会被和同类商品一起摆放在货架上供消费者选择，所以需要尽量全面清晰地将产品卖点信息标注在包装正面，这样往往会造成线下渠道的产品包装上信息内容过多，影响美观。而电商平台对商品的展示方式是通过电商详情页，为每一件所售商品提供单独的全方位包装展示，以及相关信息的详细介绍，减少了需要通过包装传递给消费者的信息量。而且，消费者会通过显示器屏幕近距离审视在电商销售的产品包装，所以，一些通过电商平台销售的产品，在设计包装时，更注重包装的颜值是否符合目标消费者的审美预期，而不会将过多的产品信息添加在包装上，如图 10-8 所示。

图 10-8　线上渠道的产品包装设计

在线上电商销售的产品，对于产品的展示不能仅依靠单一的产品包装，产品电商详情页面清晰合理的整体规划、对产品利益的充分展示、美观度、与品牌传递的价值相符、符合目标受众的阅读与购买习惯，同样对产品销售起到至关重要的促进作用。可以说，电商页面设计是线上产品包装的货架延伸。

同时，考虑到目标受众的审美疲劳，以及与平台不同时期促销活动的配合，还需要频繁更新电商详情页的设计。随着中国电商行业的飞速发展，更多商家入驻电商平台，企业在线上的竞争，已经从最初的店铺竞争上升到品牌与平台之间的竞争。无疑，电商页面是否可以吸引目标受众停留，进而刺激他们产生购买意愿，已经成为所有希望获得线上销售增长的品牌关注的核心。

今天，95 后消费人群已经成为中国网上购物的主力军，他们甚至称得上是移动互联网电商消费生态的开拓者。随着他们的审美不断提升，他们在追求个性化、品质化的消费体验的同时，也对电商页面的美观度、个性化、差异化提出了更高要求，与上一代人单纯通过媒体广告接受消费理念相比，他们还有着更强的消费互动和分享意愿。因此，今天的电商页面也变得更加丰富多样、绚丽多彩，如图 10-9 所示。

图 10-9 电商页面示例

电商页面设计显现出 7 大趋势：

1）**更加注重品牌调性。**今天各线上商家的竞争不再仅限于价格战，更加聚焦于产品在品牌背书加持下体现出的品牌形象、内容、品质、信任等多维度的品牌力。

2）**动态设计被广泛应用。**随着 5G 时代到来，网速越来越快。相较于平面静态设计，动态设计更具有趣味性与带入感，而且可以承载更多内容信息。未来，更具创新性、更吸引眼球的动态设计将会被更多地运用在电商页面设计之中。

3）**动漫 IP 形象被广泛应用。**动漫 IP 形象作为虚拟形象，深受年轻消费人群喜爱，已经逐渐成为互联网流量时代的吸粉神器。动漫 IP 在品牌的电商页面设计中越来越得到广泛使用，如天猫的猫头、京东的狗、钉钉的羽燕、三只松鼠等，卡通动漫 IP 一方面有助于建立差异化的品牌识别，减少传播成本；另一方面具有良好的可塑性与延展性，能够为品牌提供情感故事，让品牌更有生命力，提升消费者对品牌的好感度。

4）C4D 和插画成为电商页面设计主流。插画和 C4D 因为绚丽的色彩、对空间的完美展现以及多样的表现手法，非常吸引年轻人的眼球，近年来在不同设计领域得到了广泛认可，尤其在电商页面设计领域被广泛采用。

5）“国潮”流行。在消费品领域，随着年轻一代越来越钟情于国货品牌，由此衍生的“国潮”风格的电商页面表现手法，更符合国人文化审美。最具代表性的线上电商品牌花西子和李子柒凭借独树一帜的“国潮”设计风格，得到了众多年轻人的青睐，也让许多国货品牌的电商页面设计开始走国风路线。

6）更注重互动工具的合理排列布局。如今的电商页面规划，会突出浏览、分享、下载、收藏、加入购物车或直接购买的按钮，让这些工具栏显著地出现在消费者的视野中，让他们无论处于哪种购买场景都能够随时方便地进行互动操作。同时，还会在页面设计中突出产品促销、价格优惠等营销活动，做到最大程度地吸引消费者注意，进而影响消费者购买。

7）虚拟偶像直播带货将被广泛运用。2022 年，随着“元宇宙”这个概念的爆火，虚拟偶像直播带货成了互联网电商新风口。许多虚拟主播进入电商直播行业，虚拟偶像洛天依和李佳琦的一场同台直播带货，就吸引了 200 多万的粉丝互动。仅仅在 2022 年 1 月，虚拟人领域融资数量就有近百起。初音未来、洛天依、柳夜熙、翎（Ling），以及专属于花西子的数字人“花西子”、专属于屈臣氏的“屈晨曦”等一众虚拟偶像纷纷登台。相信未来，随着“元宇宙”相关技术的不断进步，虚拟偶像直播带货不仅会越发紧密地和电商平台结合起来，而且还会深深影响电商页面的设计规划。

在线上电商销售的产品，由于有递送到消费者手中的运输要求，所以，更注重包装在递送过程中对产品的保护，和对购买商品的消费者的隐私保护。而消费者最终打开包装体验产品时，产品以及包装带给消费者超出预期的惊喜体验，对于促进他们复购起到至关重要的作用。

2018 年，宝洁的汰渍品牌推出采用“箱中袋”包装的超浓缩洗衣液，专在线上平台进行销售。为了适应产品配送与装货需求，这款产品包装（图 10-10）摒弃了线下产品包装原本经典的不规则形状的塑料包装容器，改用方形纸箱外层包裹塑料袋容器的形式，而且外层纸箱采用的是新型环保材质。新包装的配送打包十分方便。同时，这款包装容器还有一个特殊设计，在纸箱侧面有一个易撕口，里面隐藏着洗衣液取液开关，另一个易撕口位于包装顶部，用于隐藏量杯，而且纸箱底板还自带可伸缩“支架”，可以垫高底部，方便消费者倒出洗衣液。宝洁这一款针对电商设计的产品包装，相较于传统洗衣液的异形塑料包装，不仅更加方便运输，而且有着令人惊喜的开箱体验。

图 10-10　汰渍洗衣粉线上产品与线下产品包装对比

依托线上电商崛起的零食企业三只松鼠，在电商产品包装的电商页展示、运输递送、消费者拆开体验产品三个环节都做得非常优秀，如图 10-11 所示。企业受到年轻受众喜爱的、拥有可爱松鼠 IP 形象的产品包装，以及线上电商详情页整体规划，都会配合不同平台的大促活动，如春促、6·18、双 11、年货节、产品上新等，频繁更换店铺主题画面和站内内容画面，持续吸引消费者的关注。三只松鼠详细展示产品信息的包装静态图与动态视频，进一步拉近了品牌与消费者的距离，促进了销售购买的达成。

图 10-11　三只松鼠的产品包装、电商页面、快递外箱设计

为运输提供的三只松鼠专属包装纸箱，不但有效保护了产品与消费者隐私，而且进一步提升了品牌形象。同时，在坚果产品包装中准备好果壳袋、封口夹、湿纸巾等“坚果食用常规 12 套件”，为消费者提供了超出预期的开箱体验，让顾客深刻感受到了三只松鼠的深度服务。所有这些充分满足从网上购买零食的消费者需求的包装形式，成为消费者复购的关键，让三只松鼠在电商端的复购率达到了惊人的 35%。

企业只有通过成熟的电商营销战略和运营思考，才能够为复杂的线上购买体验设计更好的产品包装。同时，企业还要时刻关注电商销售渠道的发展变化，以及电商消费人群的购买需求与行为变化趋势，不断进行包装优化，才可以持续获得线上电商的销售增量与品牌价值的最大收益。

10.4 环保包装设计，满足社会发展需要

如今，塑料包装正成为全球最严重的环境污染诱因之一。然而今天，在全球范围全面推广环保包装仍然面临着巨大挑战。虽然大家心里都知道塑料包装造成的环境污染不容忽视，但是现实生活中，却鲜有人愿意放弃使用塑料包装。2019 年底，FBIF 食品饮料创新论坛邀请我为消费品企业的市场营销人员做包装设计培训，现场有一位做健康营养食品的网红企业创始人，他提到自己产品的包装采用非常厚的 PET 塑料瓶子，让消费者感觉很有品质。当我问他是否考虑过这么厚的塑料瓶对环境的污染问题时，得到的答复却是：环境污染不是企业考虑的事情，而是政府应该考虑的。然而，环境保护不应只是政府的责任，更应是每家企业、每个人的责任。

英国《卫报》曾发表过一篇报道，对在 51 个国家的海滩、河流、公园等场所发现的饮料瓶垃圾数量进行了调查统计。其中，可口可乐饮料瓶有 13834 件，百事可乐饮料瓶有 5155 件，雀巢饮料瓶有 8633 件。此篇报道将这三家全球知名消费品企业推上了风口浪尖。目前，这三家全球消费品巨头企业，已经开始在环保包装方面展开了实质性行动。相信未来，环保一定会对整个包装行业，无论是品牌商、制造商，还是包装设计公司，都产生深远的影响。

2018 年，可口可乐公司总裁兼 CEO 詹鲲杰提出“天下无废（World Without Waste）”的企业全球愿景：到 2025 年，可口可乐将在全球范围内使用 100% 可回

收的包装材料；到 2030 年，在全球范围内实现企业产品包装的等量回收和再利用。

同年，百事可乐和可持续塑料领域的技术创新企业 Loop Industries 签订了一份多年供应协议，百事可乐将从 Loop Industries 购买 100% 可回收的包装材料，并在 2020 年年初用于百事的产品包装上。百事可乐还计划在美国各地用铝罐取代塑料瓶来灌装 Aquafina 饮用水产品。

2020 年 9 月，雀巢宣布了一系列环保包装新举措，包括在美国投资 3000 万美元加大食品级包装再生塑料的使用，雀巢法国的美极浓汤开始使用可循环再生纸质包装，以及在智利建立了宠物食品包装再填充系统。目前，雀巢 87% 的包装材料已实现可循环再生或可重复使用。而且企业正在努力实现“到 2025 年 100% 包装材料可循环再生或可重复使用，并减少三分之一原生塑料使用量”的承诺。2020 年，雀巢作为全球最大的食品企业之一，向包括我们在内的所有包装设计供应商提出要求：为了保护环境，所有雀巢产品的包装印刷，必须严格限定在 5 种颜色内。

今天，许多能够实现环保包装的创新材料和印刷技术已经被很多企业采用。图 10-12 展示的水森活（ilohas）环保包装是日本包装设计师德田祐司的成名作。看似中规中矩的水森活包装被称为“可以感觉到的环保”，其包装瓶和标签选择了能减少原油消耗量的环保材质。同时，环保瓶更柔软也更薄，重量只有普通塑料瓶的 60%，可以被拧在一起，在垃圾回收时节省更多的空间。凭借着“可以拧的塑料瓶”这一卖点，水森活在上市后迅速引发话题，第一年就成了日本销量第一的瓶装水。

图 10-12　水森活（ilohas）环保包装

肯德基在中国香港销售的一款双层炸鸡汉堡的包装纸是可以食用的，如图 10-13 所示。这款包装纸以糯米原料制作，采用可食用墨水印刷，就连包装上的文案也在提示“这是可以吃的包装”。其实，这并不是肯德基第一次在环保包装方面动脑筋。早在 2015 年，肯德基就在英国推出了由饼干、糯米糖纸、白巧克力等可食用混合材料制成的咖啡杯。

图 10-13　肯德基环保包装

印尼 Evoware 公司开发出了一种由海藻制成的环保包装材料，如图 10-14 所示。海藻包装封闭好，不怕漏，并且 100% 可降解，还能食用，可以运用在咖啡袋、调料包等各种产品的包装上。用海藻制成的调料包，在热水浸泡会溶解，可直接食用，还省去了剪开调料包的过程，让“懒癌”患者就连这点小动作都不需要做。真心希望这款海藻包装可以被国内的很多方便面、零食、预制菜企业采用，不仅方便消费者的使用，还可以减少塑料包装对环境的污染。

图 10-14　由海藻制成的环保包装材料

如果你仅从图 10-15 的包装照片表面看，这款有格调的 100*100 牛奶包装底托是用环保纸板做的。但是你看不到的是在环保包装纸板内还暗藏了不同植物的种子，这就意味着即使你将这个包装随意丢弃在野外，当环保纸质包装降解后，里面的植物种子还可以在自然界生根发芽，创造美好的绿色世界。

图 10-15　100*100 牛奶环保包装

2019 年，嘉士伯啤酒发布了两款新研发的绿色木材纤维酒瓶。此款啤酒瓶是嘉士伯与 EcoXpac 公司合作设计的世界首款使用 100% 生物基、完全可回收的啤酒

“纸瓶”。这也是嘉士伯公司“共同迈向零目标”可持续发展计划的重要组成部分。该计划承诺嘉士伯于2030年前在整个价值链上减少30%碳足迹，直到最终实现企业零碳排放的目标。

2016年，Coveris为新鲜肉类行业提供了全新的环保包装解决方案，推出了新型树脂薄膜包装nextrus无骨收缩袋。这种新型树脂的收缩功能，不仅可以用更少的包装实现真空气密性，不会在包装的各个角落形成折角，其可回收率高达80%，成为肉类企业更环保更优质的包装选择。

Lactips公司开发出了由乳蛋白（酪蛋白）制成的可食用塑料，其生物膜在18天内就可完全生物降解，还可用作家居堆肥，是可生物降解保鲜膜的理想替代品。同时Lactips公司还声称这款材料在食品和饮料行业的环保智能包装领域具有巨大市场潜力。

图10-16展示了嘉士伯啤酒的环保包装，以及由Coveris公司、Lactips公司研发的环保包装。

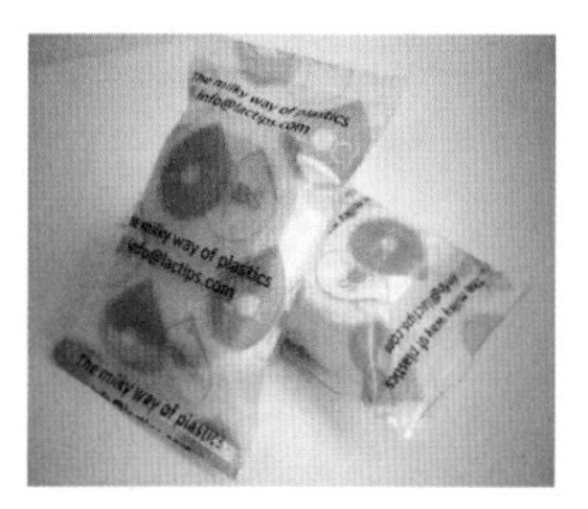

图10-16　嘉士伯啤酒、Coveris公司、Lactips公司的环保包装

随着包装造成环境污染的统计数据不断被披露，全球对可持续环保包装的呼声比以往任何时候都更加迫切。对于环境的保护，不仅是政府，同时也是企业与我们每一个人对世界的责任。2021年1月1日，中国政府颁布的“最严限塑令”已经在全国开始贯彻实施。不少企业正在积极采用可持续材料作为产品包装。近年来，科研机构也在大力开展可再生包装材料的研究，更多环保替代材料将成为消费品企业包装材料的新选择。更多运用环保材料的包装，必将是包装设计与制造领域未来的发展趋势与社会责任。

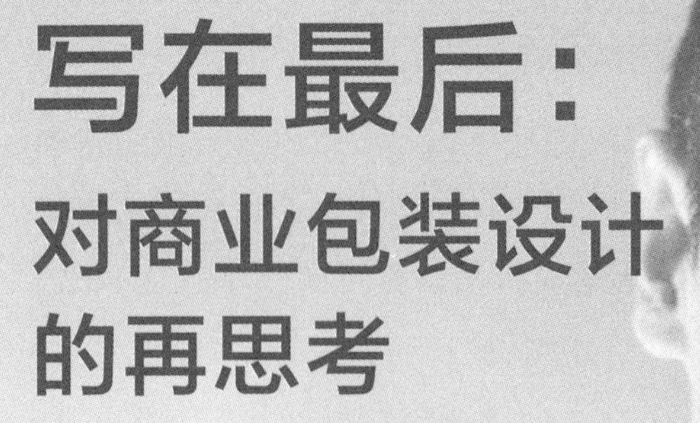

写在最后：

对商业包装设计的再思考

要深爱你所为之付出的行业；

愿意为之付出超出常人的时间与精力；

专注做一件事，不要分心，不要被打扰。

在我来看，这是成就一件事，甚至一世情，都必需的前提。

一生深爱他，一生肯为他付出、一生专一他。

多年以来，一些企业与设计界同行认为我是一名专注消费品行业的包装设计师。但我近年来思考与研究的领域早已不单是产品的包装设计，而是对消费品企业发展影响更深远的社会变化、行业竞争环境变化与消费者心理需求变化，以及不同类型、不同规模的，自己服务过的、没服务过的国内外消费品企业的商业模式、市场营销战略与战术，以及这些变化对于商业包装设计工作产生的内在与外在影响。

未来的中国消费品市场，许多消费品类都将迎来饱和型市场，众多企业都将面临一个更为残酷的竞争世界。更多的同质化产品、更贵的线上流量、更挑剔的消费者、更复杂的销售渠道，以及更多虎视眈眈的竞争对手充斥其间，与之伴随的是许多企业都将面临增长乏力的困境。

如今，我们所有人面对的是一个凡事求快的社会。快学习、快成长、快成事、追风口、赶潮流成了几乎每个行业、每个企业、每个人的追求。已经很少有人会去深入思考企业市场营销的本源与内涵。今天，许多传统消费品牌曾经依赖的定位理论（一句口号）和大媒介资源投放的这种简单直接的营销打法正在逐渐失去魔力。许多曾经风光一时的品牌如今已变得悄无声息。而另外一些新兴消费品牌借助内容营销、KOL 带货、短视频广告等方式产生裂变，迅速建立起目标受众对产品与品牌的认知。无往不利的“流量”赚钱方式，已经无法令企业保持长期的增长。2022年年初，许多面向年轻一代的被资本追逐多年的新消费品牌，如三只松鼠、钟薛高、王饱饱、拉面说、花西子、完美日记等，都纷纷出现了增长乏力现象。

消费品企业做成昙花一现的网红品牌容易，但是想要做成健康、持续、稳定成长的“长红”品牌，就没法快。企业市场壁垒的建立不是一朝一夕之功，需要的是耐心，必须经得起时间考验。人的成长需要稳定性，企业的发展需要持续性。现代管理学之父彼得·德鲁克说过：**“无论环境如何变化，成长都是企业必须要进行的是**

事情，否则就是在与进化论唱反调，企业在冬天的作为仍然是成长。这就是企业成长的持续性。”

近年来，我在给一些企业设计产品包装时，经常发现他们需要解决的核心问题，其实并不能通过设计一款漂亮的包装设计得到解决，而是首先需要解决这些企业市场洞察、市场细分、销售渠道优先选择、产品研发、产品线规划、品牌定位方向等市场营销战略方面的问题，以及个人主观思维局限性的问题。在我看来，包装并不只是一件漂亮的产品外表包裹物，而是企业市场营销要素的重要组成部分，更是产品的第一广告。消费者在销售终端购买商品时，与其说是在为产品买单，不如说是在为产品的包装买单。**对于商业包装设计的价值评判标准，不应仅限于其美学表现力，而应该考量其是否实现了企业销售产品的商业价值。**

其实，**企业为产品制定与实施的所有全面市场营销战略与战术行为，都是在为企业生产的产品进行持续不断的包装。但是这个包装并不是我们一般情况下认为的、有形的漂亮外包装，而是由许多市场营销要素组成的一个无形大包装。将这个无形大包装设计得更好看，一定可以为企业实现产品销售持续不断的增长。**

在此书结尾，我首先要感谢著名广告人林桂枝小姐。她在我刚参加工作时对我说过的三句话，影响了我一生对自己所热爱的这份工作的思考与做事方式。这三句话是：

- 这个行业始终都需要你投入大量时间和精力去思考与实践，不存在朝九晚五的工作时间，只要你醒着都可以保持工作状态。
- 不要为了拿奖去做创意。客户找你的目的不是为了拿奖，而是帮助他们的生意。
- 设计、创意、传播和市场营销虽然都是广告公司的工作，但这四件事区别很大。

第一句话，我在多年工作中已深有感触。第二句话，考验的是人做事的初心。而第三句话，对于当时刚刚进入这个行业的我，理解起来非常难。随着工作实践经验逐渐积累，从商业视角审视和梳理四者之间的关系，我才发现了它们彼此之间存在的关联性与巨大差异。可以说我是用了 10 年时间懵懂、用了 20 年时间才逐渐明白。

为了力求阐述得全面详尽，本书不仅有我自己对于消费品企业包装设计工作与市场营销观念的多年经验总结，还参考了很多市场营销领域的专家的书籍与不同机构的观点，借鉴了众多国内外包装设计师的作品，在此我也深表感谢。

我还要感谢自己愧对的女儿与一直陪伴她成长的母亲。我即将年满 18 岁的女儿对于她自己所喜爱的事业不畏付出的精神与执着的追求，超越了她的年龄，是我学习的榜样。同时，我也诚挚地感谢那些在我学习与工作道路上帮助和支持过我的导师、客户朋友、公司团队伙伴、包装行业同仁。感谢所有与我合作过的消费品企业，正是通过不同消费品企业交给我的众多包装设计工作，我才积累了很多经验，有了许多可以总结的包装设计实战案例。

最后，还要感谢我的大学同窗好友、中国著名包装设计师潘虎先生，感谢你推动了中国包装设计界对于“美学价值体现”的认知升级。你对商业包装设计的执着研究与探索，以及对工作的认真态度令我敬佩。我们的每次悬谈都会让我对消费品行业、包装设计行业，以及客户到底需要什么、你我能提供给客户什么有所思考。同样是做产品包装设计，你的关注点在于包装之美的价值体现，而我的关注点是包装商品价值的体现。我们都是深爱包装设计行业的匠人，对于商业包装设计真谛的思考和探索之路永无止境，愿你我共勉。

2022 年 3 月 3 日